- 中央高校基本科研业务费专项资金资助 B210207028
- 江苏省社会科学基金资助 12EYB008
- 江苏省博士后科研基金资助 1202087C
- 江苏省水资源与可持续发展研究中心资助
- 沿海开发与保护协同创新中心资助

苏北地区湖泊保护战略研究

马 骏◎著

河海大学出版社
HOHAI UNIVERSITY PRESS
·南京·

图书在版编目(CIP)数据

苏北地区湖泊保护战略研究 / 马骏著. -- 南京 :
河海大学出版社，2022.12
ISBN 978-7-5630-7855-4

Ⅰ. ①苏… Ⅱ. ①马… Ⅲ. ①湖泊—环境保护—发展
战略—研究—苏北地区 Ⅳ. ①X524.082.53

中国版本图书馆 CIP 数据核字(2022)第 239321 号

书　　名 苏北地区湖泊保护战略研究
书　　号 ISBN 978-7-5630-7855-4
责任编辑 龚　俊
特约编辑 梁顺弟　卞月眉
特约校对 丁寿萍
封面设计 徐娟娟
出版发行 河海大学出版社
地　　址 南京市西康路 1 号(邮编:210098)
电　　话 (025)83737852(总编室)
(025)83722833(营销部)
经　　销 江苏省新华发行集团有限公司
排　　版 南京布克文化发展有限公司
印　　刷 广东虎彩云印刷有限公司
开　　本 718 毫米×1000 毫米　1/16
印　　张 15.5
字　　数 249 千字
版　　次 2022 年 12 月第 1 版
印　　次 2022 年 12 月第 1 次印刷
定　　价 80.00 元

序

习近平总书记在2022年10月16日召开的中国共产党第二十次代表大会报告中指出，以中国式现代化全面推进中华民族伟大复兴，中国式现代化是人与自然和谐共生的现代化，要推动绿色发展，促进人与自然和谐共生，深入推进环境污染防治。湖泊是江河水系的重要组成部分，是蓄洪储水的重要空间，在防洪、供水、航运、生态等方面具有不可替代的作用。随着近年来苏北地区经济的快速发展，湖泊保护问题越来越受关注，湖泊管理与保护正面临严峻挑战。继《江苏省湖泊保护条例》及《江苏省省管湖泊保护规划》实施之后，洪泽湖、里下河腹部地区湖泊湖荡、高邮湖邵伯湖、白马湖宝应湖管理与保护联席会议陆续成立，深刻影响苏北地区高质量发展，迫切需要从战略高度系统研究湖泊保护的环境政策效应。

苏北地区分布在淮河中下游的湖群，面积达2 950平方公里，略次于太湖流域，占全省湖泊面积的43%，除洪泽湖外，分布于运河大堤以西的有白马湖、宝应湖、汜光湖、高邮湖、邵伯湖和斗湖等，分布于运河大堤以东的湖群，有大纵湖、蜈蚣湖、郭正湖、得胜湖、广洋湖、平旺湖、乌巾荡、南荡等，是苏北著名的水网圩区。沂河水系湖泊最少，只有一个骆马湖，面积296平方公里，占全省湖泊总面积的4.3%。骆马湖已成为淮北平原蓄泄沂、泗河来水的水库，它的兴建，使淮安地区1 000多万亩农田免除了洪水威胁，并解决了近600万亩农田的灌溉用水。但长期以来，一些地方围垦湖泊、侵占水域、超标排污、违法养殖、非法采砂，造成湖泊面积萎缩、水域空间减少、水质恶化、生物栖息地破坏等问题突出，湖泊功能发生退化。在湖泊实施湖长制是贯彻党的二十大精神、加强人与自然和谐共生的具体举措，是《关于全面推行河长制的意见》提出的明确要求，是加强湖泊管理保护、改善湖泊生态环境、维护湖泊健康生命、实现湖泊功能永续利用的重要制度保障。

该书通过研究苏北地区湖泊保护的战略，探索环境政策的经济影响机理，重新审视了湖泊资源价值，揭示了湖泊保护与经济发展的相互关系及内在影响机理，发现了湖泊保护与经济发展协同的规律，构建了湖泊保护与经济发展良性互动的有效机制，增强了湖泊保护的战略机遇意识，从战略高度探寻了保护湖泊的有效对策。同时通过测算环境政策的社会成本及效益，分析环境政策对整体经济及特定部门的影响，理清了不同的政策对经济的积极作用和消极影响，有助于政府正确地制定湖泊保护的环境政策，把握湖泊保护的尺度。

马骏在南京大学理论经济学博士后流动站工作期间承担的“苏北地区湖泊保护与经济发展协同机理与路径”科研项目入选江苏省博士后科研资助计划，并围绕环境经济学方向发表了多篇论文，从该书可以发现作者对于苏北地区湖泊保护问题的理论思考，以及努力解决现实问题的学术热情和执着。同时书中提出的河湖长制成效评价指标体系及湖泊保护战略等既为学界提供了探索湖泊保护的新思路、新方法，又可以促进政府相关管理机构科学保护湖泊，坚持科学发展、和谐发展的理念，积极转变经济增长方式，对于苏北地区的高质量发展具有较重要的参考价值。特此推荐！

沈坤荣

南京大学商学院教授、经济增长研究院院长

教育部“长江学者”特聘教授、江苏省“十四五”规划专家组成员、

江苏省人民政府参事

2022 年 11 月

摘 要

江苏面临着“两个率先”战略目标任务的实现，苏北地区经济是江苏经济的短板，但该地区河湖众多，为鱼米之乡。随着苏北经济的快速发展，为贯彻落实生态文明建设和经济高质量发展的总要求，湖泊保护迫在眉睫。

本书梳理了苏北地区主要湖泊现状，基于苏北地区湖泊治理问卷调查，进行了湖泊环境影响因素及湖泊治理措施调查分析，发现湖泊治理措施中湖长制建设在农户心中占据主导地位。以宿迁市等5市为对象，剖析了河湖长制在苏北湖泊战略保护中应用的主要挑战及解决措施。通过对中央政府和上下游政府建立微分博弈模型，提出苏北地区湖泊协同治理生态补偿分担机制。以洪泽湖为例，建立四阶段DEA模型，结合CiteSpace与主成分分析法评估政府生态补偿绩效，发现洪泽湖周边的产业发展对湖泊的生态补偿效率水平没有带来明显的负面影响，生态补偿效果发展不平衡，为改善苏北地区湖泊生态补偿财政政策现状提供了依据。基于2017年江苏省投入产出表，编制了江苏省SAM表，通过引入环境模块到可计算一般均衡CGE模型中，构建适用于研究水环境税的环境CGE模型，设置四种不同情景的税率，研究不同税率对水污染物减排、宏观经济、行业产出和贸易结构产生的影响，提出了完善水环境税制度的政策建议。

最后通过借鉴国内外湖泊保护的经验，提出制度化保障、绿色保护发展、经济与环境协同发展、多元共治等战略对策。

本书可为国家和地方政府部门制定发展规划提供决策依据，也可供与湖泊保护有关的教学科研及管理单位人员使用与参考。

关键词：苏北地区、湖泊保护、经济发展、战略对策

引　言

苏北地区位于江淮沂沭泗流域下游的平原水网地区，该地区湖泊水域达 6 000 平方公里，占全省地域面积的 6%，居全国之首，大小湖泊纵横交错。比较大的湖泊有洪泽湖、高邮湖、骆马湖、白马湖、宝应湖、邵伯湖等 12 个湖泊，各种小型湖泊与水库更是不计其数。近几十年来，随着区域气候环境的变化和人类活动干扰的加剧，苏北地区湖泊不仅在数量、形态和分布方面发生了巨大变化，而且湖泊水量、水质和水生生物种群与数量变化也十分显著。生态系统退化、水体富营养化、洪水调蓄能力降低和污染物增加等成为苏北湖泊普遍面临的重大问题。苏北湖泊生态环境涉及长江经济带及淮河生态经济带可持续发展，涉及“山水林田湖草沙”生命共同体协同发展，涉及包括生态文明建设在内的“五位一体”总体布局，在经济换挡的关键时期，以生态文明作为经济高质量发展的牵引力至关重要。因此，确定苏北地区湖泊保护的战略，促进生态环境与经济协调发展，事关当地甚至全省、全国人民的深远利益，事关我国生态文明建设和经济高质量发展的落实。

湖泊是苏北地区的重要资源，苏北地区面临着江苏提出的“两个率先”战略目标的实现，以及中央提出的生态文明建设的号召，如何在弥补经济短板的同时，不竭泽而渔，不走“先污染后治理”的老路，是摆在苏北人民面前迫切需要解决的问题。湖泊保护是系统工程，本书以洪泽湖和高邮湖等苏北地区的湖泊为主要研究对象，厘清目前苏北地区的湖泊现状及造成其污染的影响因素。研究了河湖长制、生态补偿及政企博弈机制、税收政策等对苏北地区湖泊保护的影响。最后借鉴国内外湖泊保护经验，因地制宜提出苏北地区湖泊保护的战略建议，以期能够为贯彻落实我国生态文明建设总体要求、推动中国经济高质量发展及苏北地区湖泊保护贡献微薄之力。

本书依托的“长江流域农业面源污染形成机制与协同治理路径研究”“苏北地区湖泊保护战略研究”“苏北地区湖泊保护与经济发展协同机理与路径研究”“长三角区域一体化发展的生态补偿机制研究”等相关课题分别被中央高校基本科研业务费项目(B210207028)、江苏省社会科学基金项目(12EYB008)、江苏省博士后科研基金(1202087C)及沿海开发与保护协同创新中心、江苏省水资源与可持续发展研究中心立项资助，本书是上述课题研究成果的凝练，课题组成员程常高、伍琳玲、石艳秋、高慧娴、旦增维旦、孟瑶、于倩文、黄可、杨叶晗等为相关课题研究及本书的编写做出了贡献。江苏省淮安市金湖县银涂镇等地相关人员在问卷调查中给予了诸多帮助与支持。南京大学理论经济学博士后流动站合作导师沈坤荣教授及河海大学各位同事也给予了诸多指点与启发。

本研究参考了河海大学河长制测评小组及南京水科院等国内外专家学者相关研究成果，因篇幅有限未能一一标注，在此一并致以诚挚的感谢！

目　录

第一章
苏北地区湖泊保护调查

苏北地区是江苏北部地区的简称，位于长江三角洲，是中国沿海经济带的重要组成部分，湖泊保护至关重要。调查是为探寻苏北地区湖泊保护有效途径，为苏北地区的湖泊保护战略制定和生态保护政策实施提供实质性的依据和指导性的建议。

1.1 主要湖泊现状分析

苏北地区的水系统架构较为复杂，包含着众多的河湖，它的水域面积更是达到了 16 000 km^2，当中的湖泊水域达到了 6 000 km^2，分别占据着全省地域面积的 16%和 6%。江苏省级以上管理湖泊中所属区县位于苏北地区的湖泊有 13 个，分别是洪泽湖、微山湖、骆马湖、白马湖、里下河湖泊群、宝应湖、大纵湖、东荡、九里荡、射阳湖、高邮湖、兰亭荡、王庄荡。

根据调查需要，本章选择洪泽湖、高邮湖作为苏北地区代表性湖泊。其中洪泽湖为中国四大淡水湖泊之一，流域涉及洪泽、淮阴、泗阳、泗洪和盱眙五区县。高邮湖为中国六大淡水湖泊之一，作为苏、皖两省的交界湖，横跨高邮、金湖、宝应、天长四市县。

1.1.1 洪泽湖

洪泽湖位于淮河流域中游和下游的结合部处，淮河上中游 15.8 万 km^2 的流域都汇水于洪泽湖，使得它成为淮河流域、南水北调东线工程的重要调蓄湖泊。

洪泽湖是苏北地区重要的水源地之一，在农业灌溉、城乡供水、交通航运、防洪保安以及维系生态平衡等方面发挥着极其重要的作用。保护好洪泽湖，关系到经济发展、社会稳定、人民幸福的大局。爱护好洪泽湖，不断提升洪泽湖治理能力，是当代水利人及社会各界的共同使命与职责。

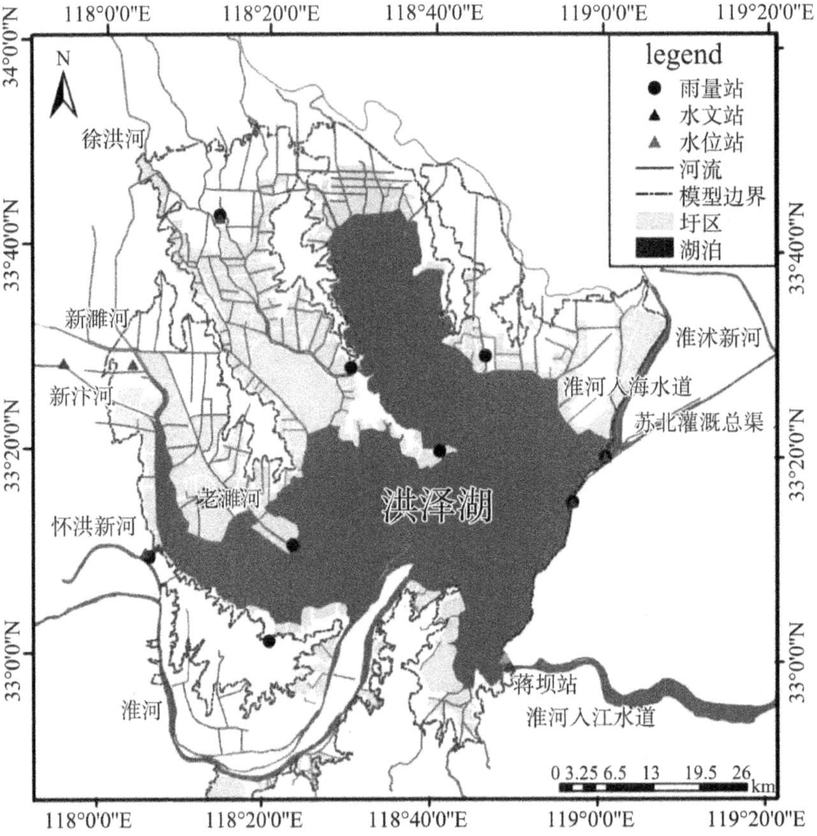

图 1-1　洪泽湖区域地理概况

资料来源：崔璨，董增川，罗赟，等. 基于水文一水动力模型的湖泊汛末蓄水策略智能优化设计：以洪泽湖为例[J/OL]. 水资源保护.. http://kns.cnki.net/kcms/detail/32.1356.tv.20221008.1722.012.html

图 1-2　洪泽湖湖面(摄于 2021 年)

（1）治理现状

①建立组织架构

2015 年 9 月，江苏省洪泽湖管理委员会正式成立，三年半后江苏省洪泽湖管理委员会提档升级，管委会主任担任人为副省长，管委会办公室主任担任人为省水利厅厅长，管委会的议事协调能力得到了进一步增强。湖泊管理机构也相继在洪泽湖周边的淮安、宿迁两市建立，专职管理洪泽湖的事业单位由沿湖 6 个县区陆续组建，使得人员编制得到了核定，经费来源也得到了明确。自此，洪泽湖的管理与保护形成了管委会带头、地级市行业指导、沿湖县分工负责、各单位狠抓落实的四级管理架构[1]。

②完善监管手段

在管理模式上，实现了湖泊网格化管理机制在全国范围内由无到有的突破，并采取了“人员入格、责任定格”的运行管理模式，将洪泽湖划分成 125 个网格，并明确了湖长、网格长和网格员。该管理机制被写入相关文件，得到科学认证，并在全国推广使用。在管理手段上，建立了以视频摄像进行定点监控、巡逻艇湖中不间断巡查、无人机天上航拍监巡、卫星遥感进行周期比对的全方位巡查体系；同时委托专业部门对取、排水区域进行精准监测，对湖区的水文、水质、富营养化及水生态定期取样检测。在省级层面上，制定了5项制度，如管委会会商、工作交办督办、工作报告、约谈、联络员信息报送等，按照“一月一调研、两月一会商、三月一通报”的形式进行协调推进[2]。

洪泽湖周围县(区)亦根据湖长制进行洪泽湖网格化管理。第一，实行统一管理与属地管理结合。充分利用河湖长制平台，全面统筹洪泽湖网格化管理，按照事权划分和属地管理原则，负责辖区内网格的运行管理，全面落实网格长、网格员责任，形成“全面覆盖、层层履职、网格到底、人员入格、责任定格”的管理网络体系。第二，环湖县区之间强化事务统筹与信息互通。网格化管理内包含防洪、生态、治安、交通、农业、渔业等多方面工作。各镇(街道)、成员单位应充分发挥事务枢纽、沟通平台作用，通过建立网格化信息平台，强化镇(街道)之间、成员单位之间的协作和沟通，切实统筹涉湖相关工作。第三，注重区域合作与部门联动。洪泽湖管理是一个系统工程，沿湖涉及9个镇(街道)和诸多相关职能部门，要强化彼此之间的协作关系，特别在打击非法建设、围湖造地、非法圈圩、非法采砂、非法养殖(种植)、非法排污，共同促进湖泊生态健康和水环境保护等方面要加强合作联动，形成管理长期合力。第四，沿湖各县区不断完善网格化管理机制。洪泽湖网格长职责：负责所辖网格内网格化管理运行，动态掌握所辖网格情况，开展网格巡查，及时处理所管网格内涉湖问题，按照程序及时向本级湖长制办公室通报所辖网格情况，完成湖长及县湖长制办公室交办的工作。洪泽湖网格员职责：具体负责基础网格内湖泊管理与保护的巡查监督工作；开展所辖网格的日常巡查；对巡查中发现的涉湖违法行为立即按程序上报并及时制止；完成上级交办的其它工作。

③查清湖泊现状

组织了“两口两船”的精细排查活动，获取了洪泽湖周边地区7 098条住家船、53条餐饮船、871个取水口门、192个排污口和2.1万居住人口的第一手资料，基本查清洪泽湖现状，完成了洪泽湖“作战蓝图”的绘制，从而为深入开展“洪泽湖治理保护3年工作计划”打下了坚实的基础。

④遏制违法行为

为处理好洪泽湖乱采、乱围、乱占等问题，采取“三清”策略，并高强度、高频次开展管控。首先是清除非法采砂船，对非法采砂船进行全面拆解，实现了“非法采砂零盗采、非法采砂船零滞留”的“双清零”目标。其次是清除非法圈围 600 余处，恢复其调蓄库容超 1 亿 m^3。最后，清除“两违三乱”，累计完成 190 项处置，完成率高达 98%，依法拆除多处违法项目，对非法建设行为起到了震慑作用。

泗洪县洪泽湖水域禁捕退捕，根据中华人民共和国农业农村部（以下简称农业部）、中华人民共和国财政部（以下简称财政部）、中华人民共和国人力资源社会保障部发布的（以下简称人力资源社会保障部）《长江流域重点水域禁捕和建立补偿制度的实施方案》和《江苏省国有渔业水域占用补偿暂行办法》《江苏省长江流域重点水域禁捕和建立补偿制度实施方案》《宿迁市重点水域禁捕退捕补偿安置指导意见》有关精神，按照省委省政府、市委市政府和县委县政府关于长江流域重点水域禁捕退捕的工作要求，因地制宜、统筹兼顾，在综合考虑经济发展水平的基础上，制定补偿标准和安置政策，对退捕渔民补偿到位、安置到位，实现应保尽保，兜牢民生底线。对退捕渔船渔民落实捕捞权收回补偿、船网回收补偿、提前签约交付奖励、临时生活补助、转产转业、社会保障和住房保障。坚持政府总抓、部门协同，各乡镇（街道）承担禁捕退捕补偿安置工作主体责任，按照县实施方案及补偿安置办法，加强组织领导，细化工作举措、吃透政策、核清底数、规范操作，又快又好推进各项工作。坚持保障民生，积极稳妥引导退捕渔民转产转业，建立健全退捕转产相关保障措施，合理补偿退捕渔民，确保资金足额到户、配套措施保障到人，杜绝退捕渔民返贫现象。坚持公开透明，依法规范程序，公开操作流程，自觉接受公众监督，畅通问题解决渠道，完善应急处置预案，确保补偿安置结果公开、公平、公正。

（2）存在的问题

①上下联动步调不够一致

洪泽湖相对于其他区域，管理的区域大、牵涉面广，且至今没有形成上下游一体化的联动管理体系。洪泽湖湖区居民、渔民以及住家船和餐饮船日常生活所造成的水质污染等问题需要多部门联动，但相关的政策支撑体系和法规还不够完善。省级层面的一些决策部署时常无法落实到位，主要因为沿湖市县在推进洪泽湖治理工作方面抓手少、担忧多，畏惧情绪较为严重，因此部署行动步调不一致，工作效率及工作质量较低。

②资金投入保障不够到位

洪泽湖管理的保护费用投入依据《洪泽湖治理保护三年工作计划》约为400亿，其管理保护历史欠账多、经济效益远小于社会效益，因此很难吸引企业资金和社会资金主动投入。当前洪泽湖资金渠道单一，主要依靠财政拨款，而全靠省级财政资金投入难度系数大，淮安、宿迁两市地方政府配套的资金来源又非常有限，一定程度上制约了洪泽湖生态保护的步伐。

③湖泊管理能力不够

即便目前组建了相关管理单位，相应地配置了管理人员和巡查设备，但水利方面的立法和执法力度还不够大，并且洪泽湖管理基地建设相对滞后，致使洪泽湖管理与现代化要求相比还有差距。洪泽湖管理队伍的人员配置供不应求、空间布局管控能力较弱、投入管理所用的装备数量较少、湖区部署的网络通信覆盖不全、监测科研能力不足等问题都限制了湖泊管理能力的提升。

④水域萎缩改观不够明显

20世纪50年代，洪泽湖水域面积为2 069 km^2，1995年水域面积降为1 850 km^2，此后仅十年时间就降至1 497 km^2[3]。目前，洪泽湖蓄水范围线内仍有历史圈圩约330 km^2，其中部分圈圩已演变成基本农田。尽管一些圈圩被拆除了，但水域面积依旧没有明显增加，湖泊调蓄功能并没有得到明显提升。

⑤湖区水质治理不够

洪泽湖属于过水型湖泊，源自淮河上游的水质无法得到控制，入湖支流水质长期超标，如老濉河、新汴河、安东河等，洪泽湖的湖区存在无序围网养殖的问题，工业和农业方面的面源污染依然存在，水体常年处于轻度富营养状态。自2001年以来，洪泽湖水生植物分布面积逐年递减，已由34.4%降为11.8%，水生植物的种类明显缩减；野生土著鱼种大量减少，到2020年仅剩41种。尽管开展了水质污染管控，但管控力度不大，治理不够系统。

⑥水域岸线管理不够有力

洪泽湖岸线没有得到统一的规划，存在不同行业之间管理与保护规划不能有机协调的问题。地方经济发展对湖泊岸线资源开发利用的需求存在较大差异，使得开发利用无序，项目布局不够合理，违规侵占、未批先建、破坏生态等现象时有发生。

1.1.2　高邮湖

高邮湖古称樊良湖，又名新开湖。高邮湖的蓄水量为 $29.89\times10^8\ m^3$、平均水深 4.01 m、最大水深 5.2 m、面积 745.3 km^2。它是周边城市重要的饮用水源地，关系到千家万户的饮用水安全，由于处于中营养状态，亟须进行水环境的整治。2014 年，中华人民共和国环境保护部(以下简称环境保护部)、中华人民共和国发展与改革委员会(以下简称发改委)、财政部联合出台的《水质较好湖泊生态环境保护总体规划(2013－2020 年)》提出：保护湖泊生态环境，避免走“先污染、后治理”老路，将对 365 个水质较好的湖泊进行治理和保护，而高邮湖就为其中之一[4]。

图 1-3　高邮湖(摄于 2021 年)

(1) 流域水环境质量现状及问题

①高邮河源湖区的水质逐年恶化，已无法完全满足湖区饮用水和河源地区的水质标准。

高邮湖水域水质指标整体状况呈现逐年恶化趋势，化学需氧量(COD)、总体氮和磷的平均指标明显超标，其中总磷含量超标最为严重。2019 年，高邮湖城区水质指标为Ⅳ～劣Ⅴ类，远远不能满足我国地表Ⅲ类水的目标水质要求[5]。

②入湖河流水质欠佳，污染负荷未能得到有效控制

天长市内主要河流入河水质和湖上游河流流域水环境质量均不能达到国家水资源标准，白塔河主要河水污染物排放浓度逐年增加（COD 明显下降），杨村河河水的含磷浓度逐年增加，并且秦栏河总磷排放浓度也逐年增加，河水的污染趋势尚未完全得到有效遏制。

③湖滨带萎缩、水生态系统退化，高邮湖自净机能减弱

高邮湖现有湖滨带受到外界的污染逐渐地萎缩，周边自然湿地面积逐年减少，甚至出现了岸堤破损、景观受到严重破坏等现象。更值得关注的是，居民进行围垦养殖，造成生态岸线用地紧张。

④水产养殖面积大，养殖业及渔民生活污染问题突出

高邮湖及周边的附属湖泊水域中达到一半的水体被围网养殖占领，民用水和工业用水的尾水未经任何处理就直接排入了湖泊，造成了高邮湖水域的水体所含有的总氮、总磷浓度严重超过国家水资源的标准。

⑤集镇管网不完善，污水收集处理率低

除天长市的各乡镇（铜城镇、杨村镇、永丰镇、石梁镇、秦栏镇）部分新建道路下按照规范设有污水管道外，其他乡镇街道用来排水的管渠均为雨污合流。铜城镇目前的排水体制是：老城区方面大多为合流制，而新城区方面有比较少的比例是雨污分流制。采用合流制的老城区容易产生一些恶劣污染破坏水源质量的问题，如存在合流制管网直接排入附近河道现象。相较于其他街镇所采用的排水管渠（大多为雨污合流），杨村镇部分新建的道路下设有污水管道。总体来说，大部分的街镇排水系统管道的埋设方向都是根据现场地势来进行确定，可见只有少数街镇进行系统规划来埋设排水管[6-9]。大部分乡镇并未考虑到周边地块的污水接入，使得城乡区域的排水系统较为混乱。

(2) 流域水环境治理思路

流域水环境治理要深入贯彻落实国家生态文明建设要求，统筹兼顾人民居住环境品质的提升和我国社会经济发展方式的转变，极力改善高邮湖流域水体生态质量，不断优化高邮湖沿岸人居环境和自然景观，改善沿湖周边城市的开放空间，拓展附近湖畔城市生态廊道，完善高邮湖流域水系格局。高邮湖治理是一项较为复杂的系统工程，应在对流域污染源深入调查分析的基础上，针

对受到污染流域存在的污染问题，采取有效且具有针对性的工程管理措施。

①高邮湖综合整治工程

充分合理地利用好高邮湖天然的景观资源和生态资源，共同建设起湖滨生态景观带。湖滨生态景观带在高邮湖的生态功能方面起着非常重大的作用，对湖滨生态系统的多样性和湖泊自净机能的恢复具有极为重要的意义。湖滨岸线的生态修复对于沿岸居民的生活非常有益。大力推进恢复湖滨生态系统工作，不断提升水质净化功能，重点建设龙岗村沿河景观岸线，落实汉河村、水源保护区自然修复 15 km 的岸线指标，以及高邮湖其他段自然修复 19 km 的岸线指标。通过河口湿地系统生态修复继续恢复环湖生态湿地，不断增强湖体的自净功能。开展河口湿地建设，将白塔河、铜龙河、洋湖河口等打造成生态湿地公园。

②沂湖、洋湖环境综合整治工程

环境综合治理工程主要对两湖进行了大范围的清淤疏浚，同时也进行湖泊岸线生态系统修复。鉴于洋湖、沂湖的自然修复岸线分别约为 15 km 和 38 km，通过在修复的过程中辅以管理手段，全面提升两湖水体的水质，重新恢复两湖的生态系统，同时也可以通过增强湖泊自净功能，对湖泊、河道水体生态进行修复。

③农业面源污染控制工程

在农业面源污染方面，采用围网养殖治理的方式来进行控制。高邮湖内的所有围网养殖全部禁止，百家荡、沂湖、洋湖的围网养殖面积削减了 50%以上。大范围实施生态化养殖，提高高邮湖水体的水质，逐步修复百家荡、洋湖、沂湖的水生态功能系统。实施了渔船港口建设工程，为洋湖闸、白塔河、沂湖等渔船港口置办了垃圾收集、污水收集等设施。高邮湖整个流域上的农村污水治理、农村建设分散式生态化污水处理设施总体规模达到 1.35 万 t/d[10-13]。

④管理保障

必要的工程措施和管理措施是流域水环境整治的管理保障。特别是以面源污染为主的小流域，管理措施在其治理过程中的作用显得尤为突出。为了达到规定的水体水质指标，在进行工程措施推进实施的同时，需要相关政府部门同步推进必不可少的管理措施，如推广生态化农业、强化水产养殖业和渔业管理、控制水产养殖规模等。管理措施的有效推进是达成水质目标的必要前提。需要坚定不移地落实“河长制”“湖长制”的要求，全面加强高邮湖全流域的区域合作和协同治理。高邮湖治理共涉及4个县市，并将高邮湖全流域作为整体，实施整体化、系统化的规划治理，要求各个县市之间要协同合作，紧密配合，全方位考虑流域统筹。

1.2 湖泊保护调查分析

1.2.1 调查问卷设计

当前苏北地区农业生产发展迅速，同时粗放式生产生活方式对环境也产生一定的负面效应。研究农户对苏北地区湖泊治理的认知、环境意识及其经营行为，对苏北地区湖泊的保护具有重要意义，能够有效缓解农业面源污染的现状。H. Scheel[14]和Fare等人[15]曾对一些高污染、高排放的工业企业进行绿色发展效率测算，选择因变量为各种污染物来进行分析。在此基础上，课题组选择农户作为调查对象，考虑到其他利益相关者的诉求，重点围绕农户对湖泊现状的认知、农户行为、湖泊环境及影响因素展开调查。为确保调查的精确性，课题组以家庭为单位，采用实地调查法，调查对象主要为江苏省金湖县银涂镇农户。在样本选择上采取随机抽样法，以户为单位，每户抽取一位愿意接受访问的农户为调查户，共发放240份问卷，在回收的238份问卷中，除去填写重复及填写不完整的无效问卷，可以作为有效问卷的有162份，问卷有效率为68%。具体问卷详见附录。

1.2.2 影响因素调查分析

湖泊流域人口增长和工农业的快速发展，造成了生活污水、工业废水和农业面源污染；未经处理的污水输入湖泊使得水体的总氮、总磷和COD等污染物增加，湖泊水环境污染不断加重，富营养化趋势明显[16]。20世纪80年代前后，流域内的浅水湖泊发生了翻天覆地的变化，水质由一开始除一些城郊湖泊外普遍较好转变为大部分湖泊已经呈现中营养或富营养化以上水平，部分湖泊甚至已达重富营养水平[17]。总的来说，工农业废水和城市生活污水包含的超标营养物质排入江湖，从而造成了水生态要素的生物地球化学循环失衡，致使江湖水质日益恶化，湖泊大面积的水体出现了富营养化，使得大面积水华暴发，水质性的缺水日趋严重。目前，与富营养化状态有关的氮、磷以及有机物污染的污染因素已成为影响湖泊富营养化和污染水平的重要指标[18-21]。

湖泊富营养化的表现因养分特征和湖泊自身属性而异。具体而言，湖泊富营养化包括四种典型表现，即浮游植物响应型（藻型）、大型水生植物响应型（草型）、草藻结合型及非响应型。这样的湖泊是我国富营养化湖泊的代表。藻型富营养化的特征一般如下：水体中营养物质的增加导致浮游藻类的增殖和水华暴发；水体透明度降低，底部溶解氧减少，地表水体 pH 值明显升高；产生大量的毒素或者异味；大型水生植物和水生动物出现大规模死亡或基因退化[22-25]。

研究发现当湖水中氮磷浓度接近 45 mg/L 时，若氮磷比在 14 至 16 之间，则湖水水体更适合大型水生植物生长。早期研究认为，草型富营养化是自然富营养化演化的后期形态。也有学者认为，以大型水生植物为主的湖泊不应该纳入富营养化研究范围，因为在植物生长季节，大型水生植物会从水体中吸收养分，湖水透明度会随之增加，水质总体改善，这一说法不符合富营养化不可避免的传统观点。根据经验，富营养化是一个过程，草型富营养化的发展过程如下：水体中的养分增加，小型漂浮植物在这个竞争中具有明显的优势；大量漂浮植物死亡，导致残留物在湖底分解，为沉水植物提供了大量的营养；沉水植物死亡倒下，会被不完全分解并填满湖底，湖盆上升，沼生植物扩大生存空间；水生生态系统结构异化，湖泊蜕变成为沼泽。

草型富营养化最终会导致湖泊的沼泽化，这种现象也是大多数湖泊自然演化的结果。在低营养水体中，水生植物的生长受到抑制，底泥沉降速度慢。当湖水水体营养丰富时，相对较小的水生植物，如槐花、满江红，繁殖速度较快。在生长季节结束时，这些植物死亡并沉积在湖底，残渣为沉水植物的生长提供了充足的养分。兴盛的沉水植物群落会降低深湖的流速，加快湖泊的沉积速度。沉水植物生长季节结束后，沉水植物死亡倒伏，湖泊底部溶氧不足以完全分解多余的杂物，湖盆进一步隆升。沼生植物如芦苇、野莲柏、灯心草、苔草、酢浆草等逐渐向湖心发育。对东太湖沼泽的研究表明，外部污染和水体富营养化水平的加剧是沼泽加速形成的物质基础。后续发现茭草等水植生物的扩张繁衍,更进一步促进了湖泊的沼泽化[26-30]。

草藻结合型湖泊有着草型和藻型的两个特点。此类湖泊多为平原湖泊,其特点是营养丰富、水浅(一般深度为 3 m 以内)。一般来说,天然湖泊的富营养化过程是从藻型的贫营养开始,然后发展到以大型植物为主的富营养化阶段。因此,草藻结合型湖泊是天然湖泊富营养化过程中的一个必经阶段[31]。

大型水生植物和浮游植物之间存在着营养和光的竞争。早期,浮游植物在光照方面具有明显优势,而大型水生植物在营养方面具有竞争优势。但是,这些优势在一定条件下可以相互转化。春季,由于冬季大型植物遗骸向水体释放大量的氮、磷,速生藻类占据了营养和光的双重优势。大量藻类繁殖导致水体透明度急剧下降,生产层(光层)发生变化。瘦弱的大型植物的生长进度被抑制。从水体和湖底沉积物中获取生物养分的沉水植物在营养竞争中具有明显优势:通过遮阴重度抑制浮游植物光合作用的挺水植物在光竞争中具有优势;一些浮水植物生长速度快,遮阴严密,兼有营养和光照的优势。这种优势将在生物演替过程中进一步强化。处于竞争劣势的浮游植物的减少增加了水体的透明度和大型植物的滞沙和消浪作用,消浪作用有助于保持高透明度,因此具有营养优势的大型植物在光方面进一步获得了竞争优势[32]。

这一竞争过程的内在机制是从最初的藻类优势到最终的大型植物优势,但具体的竞争过程受很多外部因素的影响。事实上,很多湖泊都处于草藻并行的状态,这些湖泊大多没有直接危害,只是存在进一步向草型或藻型湖泊发展的潜在风险。

这些年来,我国的湖泊发生了很大的变化,尤其是近 30 年。随着流域和区域经济社会的快速发展,我国湖泊水量和面积呈双下降趋势,当中就有 243 个独立湖泊消失。其中,102 个湖泊因围垦消失,97 个湖泊因自然和人为因素干涸。长江流域湖泊受开垦等人类侵占活动破坏严重,面积下降问题突出;蒙新湖区等地湖泊受干旱、流域开发等影响,当地的降水量下降,湖面也因此收缩比较严重。

生物多样性是人类生存和经济得以持续发展的基础。然而,随着经济的高速发展、人口数量的过快增长、对湖泊资源的滥用和对湖水治理的失策,湖泊生物多样性受到有史以来最为严重的威胁[33]。我国主要面临着生物多样性下降、物种减少和物种的单一化等系列问题。例如，调查研究发现，洪泽湖的物种和个体数量均已大大减少。底栖物种从 1998 年的 76 种减少到 2003 年的 50 种，鱼类在 1998 年至 2003 年共减少 29 种。此外，洪泽湖的水生高等植物也存在着退化现象。中华人民共和国成立初期，水生高等植物面积占湖泊总面积的 90%。然而，在过去几十年的发展中，水生高等植物的面积大大减少，1980 年代末在湖泊总面积中占比为 34.44%，现在不到 30%。

水生植物受到外界污染而严重退化，覆盖率也随之下降。最近几年来看，我国的湖泊水生态面临着严重的威胁，覆盖率下降。湖泊的水生态问题面临严重挑战。湖泊流域社会和经济发展等因素导致人类所造成的湖泊污染负荷量不断增加，进而导致湖泊水体的物理、化学条件发生了变化，最终影响湖泊水体中水生植物的生长和分布[34]。目前我国湖泊水生植物所面临的主要问题包括：水生植物覆盖分布的面积日益减少且深度下降、总生物量变少、物种多样性开始变得单一化，以及耐污染性强的植物的快速发展。在 1993 年至 2008 年间，洪泽湖水生植被面积减少 375.16 km^2。随着南水北调工程的实施，洪泽湖水位开始慢慢上升，这将导致湿地植被发生不可逆转的变化。

湖泊的水体水质整体下降明显，存在部分湖泊水质不达标的问题。我国相对于其他国家来说湖泊的拥有量位居前列，湖泊水质的好坏直接影响着我国整体水质的状况。近几年，许多湖泊受到污染的状况日益严重，致使湖泊水质有明显的下降趋势，更有部分湖泊水质在经过评估后等级降为了Ⅴ类和劣Ⅴ类。这不仅给人民的生活质量造成了严重影响，还制约着当地经济的可持续发展。

水质下滑主要体现在以下两个方面：1）生态系统不完整，湖泊综合营养状态指数达到中度至重度富营养化水平；2）藻类占主要优势，局部水域仍然有大面积水质不达标情况，给湖岸居民的生活用水造成危害。洪泽湖的主要污染特征是：1）水体水质总体上处于Ⅳ类，且有着不断下降的趋势；2）湖泊水体的富营养化程度相对较轻，大多数处于中营养或轻度富营养化水平，且局部会有水华发生；3）饮用水源地的水体水质基本上达到了标准，但仍存在一定的生活用水安全隐患。在 1993 年到 1999 年间，洪泽湖总磷和总氮也呈现出明显的上升趋势。2000 年到 2008 年间洪泽湖的水质营养化状态指标为Ⅳ

类和Ⅴ类，水质的超标指标为总磷、总氮（特别是总氮浓度维持在 2.0 mg/L 以上）。自 21 世纪以来，洪泽湖水质综合营养状态指数一直处于 53 以上，轻度富营养化状况仍然是湖泊的常态[35-36]。

根据收集的有效问卷，本书从湖泊富营养化程度、湖泊面积萎缩、湖泊生物资源退化、入湖污染物增加四个方面进行分析。富营养化程度指的是在人类活动的影响下，生物所需的氮、磷等营养物质大量进入湖泊缓流水体，引起藻类及其他浮游生物迅速繁殖，水体溶解氧量下降，水质恶化，鱼类及其他生物大量死亡的现象。湖泊面积萎缩指的是内流湖泊面积缩小，其原因是蒸发旺盛、过度取水、环境污染。外流湖泊面积缩小原因一般是围湖造田、泥沙淤积和环境污染。湖泊生物资源退化指的是物种减少，鱼类资源种类减少，湖泊水生植被严重退化，覆盖度下降。入湖污染物增加指的是湖泊水质下降明显，部分湖泊水质不达标。

表 1-1　湖泊环境影响因素调查问卷分析

问卷题项	选项	样本数	百分比
导致湖泊环境问题加剧的成因	富营养化程度	147	91%
	湖泊面积萎缩	132	81%
	湖泊生物资源退化	125	77%
	入湖污染物增加	154	95%
	湖泊数量减少	116	72%
导致湖泊富营养化的成因	生活污水排放	144	89%
	工业废水排放	124	77%
	化肥污染	137	85%
	集约化养殖污染	126	78%
	垃圾污染	140	86%
	空气污染	107	66%
导致湖泊面积萎缩的原因	气候变化	114	70%
	土质原因	143	88%
	过度开发（植被减少、水土流失）	160	98%
	围湖造田、围湖养鱼	154	95%
	过度引用（农业灌溉、工业用水）	112	69%
	人类工程（修建水库、市政建设、旅游业及房地产开发的热潮）	132	81%

（续表）

问卷题项	选项	样本数	百分比
导致湖泊生物资源退化的成因	水域环境恶化	113	69%
	养殖污染	78	48%
	放养水产动物的品种单一	66	41%
	涸泽而渔	65	40%
	生物入侵	35	22%
	设施的不合理建造	111	68%
	养殖技术科技含量低，种质资源退化	124	76%
导致湖泊污染物增加的成因	自然污染	117	72%
	工业废水污染	140	86%
	农业污染	147	91%
	生活污水污染	140	86%
	垃圾污染	144	89%
	空气污染	113	70%

对于湖泊富营养化程度，89%的农户认为生活废水是导致苏北地区湖泊富营养化的关键因素，85%的农户认为化肥的过度使用严重加深湖泊富营养化的程度，垃圾污染的影响也不容小觑。对于湖泊面积萎缩现象，98%的农户认为过度开发（植被减少、水土流失）造成了这一现象。对于湖泊生物资源退化的成因，76%的农户选择养殖技术科技含量低，种质资源退化。针对导致湖泊污染物增加的成因，91%的农户认为农业污染是造成湖泊污染物增加的主要原因。近几十年来，苏北地区湖泊生态系统总体处于不断退化状态，集中表现为鱼类资源种类减少，数量大幅下降，生物多样性不断降低，高等水生维管束植物与底栖生物分布范围缩小，而浮游植物（藻类）等大量繁殖并不断集聚形成生态灾害。湖泊富营养化治理的技术难点在于水中营养物质的去除和水生生态系统的恢复。从安全性和可持续性的要求来看，生态修复技术是最佳选择。以植物为主，动物和微生物为辅，检验各种生物的有机结合，形成合理的食物链，构建良好的水生态平衡体系，逐步去除水中的营养物质；不断探索和开发能够有效去除水中氮磷的新植物物种、微生物菌株和滤食性动物，是未来更有效解决湖泊富营养化的新挑战。只对藻类的生长进行抑制并不能够完全解决湖泊富营养化的问题，需要多种技术共同作用才能达到最

佳的效果,物理和化学方法只能成为一个应急或者辅助的治理措施。生物抑藻技术的应用应综合考虑湖泊水生态系统各组分的相互关系,合理构建新的生态系统,在抑制藻类生长的同时,达到消除水体中营养盐含量的目的。

1.2.3 治理措施调查分析

根据收集的有效问卷,针对苏北地区湖泊治理情况,表 1-2 主要分为三种湖泊治理措施。第一,湖长制建设必不可少,在此制度下,严格湖泊水域空间管控,严格控制开发利用行为;加强湖泊岸线管理保护,实行分区管理,强化岸线用途管制;加强湖泊水资源保护和水污染防治,落实最严格水资源管理制度和排污许可证制度,严格控制入湖污染物总量;加大湖泊水环境综合整治力度;开展湖泊生态治理与修复;健全湖泊执法监管机制。第二,加强政府干预度,加强对湖泊管理的行政手段。第三,公众对湖泊景观的满意度也至关重要,主要指公众对于湖泊景观环境的主观评价。调查问卷分析如下。

表 1-2 湖泊治理措施调查问卷分析

问卷题项	选项	样本数	百分比
措施	湖长制建设	147	91%
	政府干预度(政府专项整治工作完成率)	98	60%
	公众对湖泊景观的满意度	113	70%

在湖泊治理措施中,湖长制建设在农户心中占据主导地位,需要大力贯彻落实。湖长制政策,是我国政府基于绿色发展、习近平新时代生态文明建设理念,在全国范围内对湖泊所在地各级党政主要领导按职责分工,组织实施湖泊管理保护工作的政策生产与创新,是地方各级党政领导对其主管辖区内湖泊的管理与保护承担第一责任的政策制度。地方湖长职责集中体现为四个方面:一是严格责任水域空间管控,实行分区管理并重点监控水域内各项开发利用行为;二是强化湖泊污染防治与水体保护,有效控制湖泊水体污染物的排放量;三是推进湖泊水体环境的生态治理与修复工作;四是构建完善、科学的湖泊水域执法监管机制,在执法监管的基础上依法惩治违法行为,防微杜渐。作为河长制的必要补充与具体的水环境管理制度安排,湖长制度的实施有利于减少苏北地区湖泊污染物的过度排放,改善湖泊水体环境,推

动湖泊生态系统的恢复与更新,不仅是建设强富美高新江苏也是建设美丽中国的重大举措,建议逐步在全国范围内推广。苏北地区应加大生活、工业、农业废水污染管控力度,制定严格的法律法规,规范污水排放准则,加大对排放不达标准企业的打击力度,落实各地生态环境部门的职责。大力推进环保教育的普及,全面提高公民的环境保护意识;提倡减少化肥农药的使用,优化调整和发展农村产业体系,积极引进高新技术成果,大力发展绿色生态农业。不仅仅应该严格控制污染物排入水体,当地政府更应该全方位地优化当地的产业结构,使产业逐渐向环境友好型转换。水生态环境的修复是一项十分重要的工作,与人们的生活密切相关。针对不同的水体制定合适的修复方案可以有效地修复、改善受损的湖泊生态环境,同时被修复的水体会有很大的景观特性。

1.3　本章小结

湖泊作为一种宝贵的自然资源,在苏北地区的经济社会可持续发展中起着重要作用。然而,由于经济的快速发展,工业化、城镇化的快速推进,人类对湖泊资源掠夺性开采和开发已经对湖泊造成了严重的破坏,导致湖泊形势十分严峻,如湖面萎缩、水质恶化、生态功能退化、资源急剧减少等。从湖泊管理的角度来看,由于湖泊及其流域之间自然、社会和经济系统密切联系,开展湖泊管理,必须以湖泊及其流域为研究对象,研究湖泊-流域相互作用,从而在微观尺度上揭示水陆界面过程和物质输移规律;在中观尺度上理解水陆生态系统的结构与功能演变过程与机制;在宏观尺度上定量区分自然演变、人类活动和全球变化对湖泊-流域系统的影响。

综上所述,湖泊开发、利用和保护问题的主要症结在于不能妥善处理人与自然的关系、经济发展与湖泊资源环境保护的关系、眼前利益和长远利益的关系、局部利益和全局利益的关系。因此,面对苏北地区的湖泊开发利用和保护问题,必须加强湖泊管理,建立和完善适合苏北地区的湖泊管理制度,加强湖泊开发、利用和保护,促进湖泊生态系统有效发挥功能,实现湖泊的可持续开发利用和保护。湖泊具有供水、防洪、旅游、调节气候、净化环境、保持生态、维护生物多样性以及提供水产品等多种生态服务价值。不同湖泊所处的流域自然环境和社会经济背景不同，其应维持和发展的主导生态功能也不尽相同。即使在同一湖区，不同湖泊承担的主导功能，以及各主导功能的重要性位序也会有较大差异，有些湖泊第一主导功能是防洪，而另外一些湖泊的第一主导功能是供水，还有些湖泊的第一主导功能则是旅游。采取相同的管理思路和管理模式，将难以适应不同区域或不同类型湖泊千差万别的特点和保护需求。

根据不同类型湖泊所处区域的自然环境特点和社会经济状况，以及湖泊自身的主导功能和辅助功能，制定苏北地区湖泊保护的总体框架和目标，明确不同类型、不同区域湖泊保护的重点和路径；在此基础上，分别确定重要湖泊的功能定位、保护目标、保护对象和保护范围，合理划分重要功能保护区、缓冲区、开发利用区等，分类型、分层次对重要湖泊进行有效保护，规范和引导资源的可持续利用，强化维护和提升湖泊的主导功能。同时，针对不同湖泊面临的生态与环境问题，清理和整治各种与功能定位不相符合的不合理的开发与占用行为，对遭受破坏的功能进行逐步修复，恢复湖泊生态功能的完整性和系统健康。对目前仍然具有良性生态结构并发挥正常生态功能的湖泊实施有效的保护和管理，以维护优良生态系统；对正在受到破坏、威胁或生态系统结构和功能呈现退化趋势的湖泊加大综合整治和保护力度，以遏制生态系统退化的势头；对生态系统结构和功能已经遭受严重破坏的湖泊进行系统的环境治理和生态修复，清理和整治各种与功能定位不相符合的不合理的开发与占用行为，以重建和恢复受损生态系统；对一些生物多样性热点区、珍稀濒危物种栖息地和繁育场、重要生态涵养源区、特殊类型湖泊与湿地生态系统等进行强制抢救性保护，以维护区域生态系统平衡。

第二章 苏北地区河湖长制成效评价

2.1 河湖长制内涵及要素组成

2.1.1 政策背景

自 20 世纪 80 年代初环境保护被列为我国的一项基本国策后，中央政府颁布了一系列治理环境污染的法律法规。除了 1989 年通过的《中华人民共和国环境保护法》，全国人大及其常委会迄今已经制定了几十部关于环境与资源保护的法律，包括《水污染防治法》《大气污染防治法》《固体废物污染环境防治法》等。同时，为了加大环境政策的统筹协调力度，中央政府不断调高环境保护局的级别，并于 2008 年将国家环境保护总局从国务院的直属单位升格为组成部门，2018 年又将环境保护部的全部职责和其他 6 个部门相关的职责整合，组建了新的生态环境部。尽管中央政府很早就开始重视环境保护，但几十年的高速工业化使我国面临的环境污染问题至今仍十分严峻。以水污染为例，截至 2020 年，在全国 6 336 个地下水监测点中，水质为较差级以下的占比高达 52.1%。地方政府未能有效执行中央政府制定的环境政策，往往被视为环境治理低效的重要原因。在官员晋升锦标赛下，经济增长仍然是绩效考核的主要指标，地方政府具有非完全执行中央环境政策的激励。在此背景下，针对性地解决“九龙治水”的难题成为制定新型河湖环境治理政策的主要抓手之一，河湖长制应运而生。作为从环保问责制和领导督办制衍生而来的水污染治理责任承包制，河湖长制将治污责任落实到地方党政一把手，可以有效解决长期以来地方政府缺乏治污激励的痼疾，也可以避免以邻为壑，实现上下游共治。而且，地方主要官员具有协调辖区众多涉水部门的权力，能够避免过去“九龙治水”的局面。

2.1.2 政策内涵

本章关注的河湖长制，首先是典型的地方性环境治理政策。该政策发轫于 2007 年暴发的无锡太湖蓝藻危机。这次水源地污染事件造成了严重的社会影响，迫使无锡当地政府开始寻找治理水污染的新模式。在无锡市政府首次推出河湖长制政策后，这一政策逐渐在我国其他地区推广。以 2008 年为例，江苏太湖流域的苏州等地、浙江长兴、云南昆明、河南周口、辽宁全境以及河北邯郸等地陆续推行了河湖长制。自 2016 年底中共中央办公厅和国务院办公厅印发《关于全面推行河长制的意见》以来，各地区纷纷加快推行河湖长制的脚步。2017 年召开的十九届中央全面深化改革领导小组第一次会议，审议通过了《关于在湖泊实施湖长制的指导意见》。会议强调，全面推行（河）湖长制，要坚持人与自然和谐共生的基本方略，遵循湖泊的生态功能和特性，严格湖泊水域空间管控，强化湖泊岸线管理保护，加强湖泊水资源保护和水污染防治，开展湖泊生态治理与修复，健全湖泊执法监管机制。

（1）河湖长制发展阶段与基本原则

总的来说，河湖长制经历了“长兴创新→无锡试水→全国推行”这三个阶段，河湖长制基本原则为：

①坚持生态优先、绿色发展。牢固树立尊重自然、顺应自然、保护自然的理念，处理好河湖管理保护与开发利用的关系，强化规划约束，促进河湖休养生息、维护河湖生态功能；

②坚持党政领导、部门联动。建立健全以党政领导负责制为核心的责任体系，明确各级（河）湖长职责，强化工作措施，协调各方力量，形成一级抓一级、层层抓落实的工作格局；

③坚持问题导向、因地制宜。立足不同地区、不同河湖实际，统筹上下游、左右岸，实行一河一策、一湖一策，解决好河湖管理保护的突出问题；

④坚持强化监督、严格考核。依法治水管水，建立健全河湖管理保护监督考核和责任追究制度，拓展公众参与渠道，营造全社会共同关心和保护河湖的良好氛围。

(2) 河湖长制的组织形式

建立省、市、县、乡四级(河)湖长体系。各省(自治区、直辖市)设立总(河)湖长，由党委或政府主要负责同志担任；各省(自治区、直辖市)行政区域内主要河湖设立(河)湖长，由省级负责同志担任；各河湖所在市、县、乡均分级分段设立(河)湖长，由同级负责同志担任。县级及以上(河)湖长设置相应的(河)湖长制办公室，具体组成由各地根据实际确定。苏北地区部分地级市在国家河湖长制度指导文件基础上建立“双总河(湖)长”与“领导小组＋(河)湖长办”的组织领导架构；探索推行河湖长、断面长、网格长“三长一体”同步实施机制；首创“一河(湖)长两助理”协调推进机制。在市、县、乡、村四个层级，落实河(湖)长，实现水域全覆盖。同时，部分地级市配套建立联席会议、信息报送、(河)湖长巡查、督查考核、责任追究、(河)湖长述职等制度，实现河湖长制由冠名制向责任制的质变。

(3) 各级河湖长的工作职责

各级(河)湖长负责组织领导相应河湖的管理和保护工作，包括水资源保护、水域岸线管理、水污染防治、水环境治理等，牵头组织对侵占河道、围垦湖泊、超标排污、非法采砂、破坏航道、围网养鱼等突出问题依法进行清理整治，协调解决重大问题；对跨行政区域的河湖明晰管理责任，协调上下游、左右岸实行联防联控；对相关部门和下一级(河)湖长履职情况进行督导，对目标任务完成情况进行考核，强化激励问责。(河)湖长制办公室承担(河)湖长制组织实施具体工作，落实(河)湖长确定的事项。各有关部门和单位按照职责分工，协同推进各项工作。

(4) 河湖长制的主要任务

一是加强水资源保护，全面落实最严格水资源管理制度，严守“三条红线”；二是加强河湖水域岸线管理保护，严格水域、岸线等水生态空间管控，严禁侵占河道、围垦湖泊；三是加强水污染防治，统筹水上、岸上污染治理，排查入河湖污染源，优化入河排污口布局；四是加强水环境治理，保障饮用水水源安全，加大黑臭水体治理力度，实现河湖环境整洁优美、水清岸绿；五是加强水生态修复，依法划定河湖管理范围，强化山水林田湖系统治理；六是加强执法监管，严厉打击涉河湖违法行为。

①加强水资源保护落实

建立最严格水资源管理制度，严守水资源开发利用控制、用水效率控制、水功能区限制纳污三条红线，强化地方各级政府责任，严格考核评估和监督。实行水资源消耗总量和强度双控办法，防止不合理新增取水，切实做到以水定需、量水而行、因水制宜。坚持节水优先，全面提高用水效率，水资源短缺地区、生态脆弱地区要严格限制发展高耗水项目，加快实施农业、工业和城乡节水技术改造，坚决遏制用水浪费现象。严格管理监督水功能区，根据水功能区划确定的河流水域纳污容量和限制排污总量，落实污染物达标排放要求，切实监管入河湖排污口，严格控制入河湖排污总量。

②加强河湖水域岸线管理保护

严格管控水域岸线等水生态空间，依法划定河湖管理范围。落实规划岸线分区管理要求，强化岸线保护和节约集约利用。严禁以各种名义侵占河道、围垦湖泊、非法采砂，对岸线乱占滥用、多占少用、占而不用等突出问题开展清理整治，恢复河湖水域岸线生态功能。

③加强水污染防治

落实《地区水污染防治行动计划》，明确河湖水污染防治目标和任务，统筹水上、岸上污染治理，完善入河湖排污管控机制和考核体系。排查入河湖污染源，加强综合防治，严格治理工矿企业污染、城镇生活污染、畜禽养殖污染、水产养殖污染、农业面源污染、船舶港口污染，改善水环境质量。优化入河湖排污口布局，实施入河湖排污口整治。

④加强水环境治理

强化水环境质量目标管理，按照水功能区确定各类水体的水质保护目标。切实保障饮用水水源安全，开展饮用水水源规范化建设，依法清理饮用水水源保护区内违法建筑和排污口。加强河湖水环境综合整治，推进水环境治理网格化和信息化建设，建立健全水环境风险评估排查、预警预报与响应机制。结合城市总体规划，因地制宜建设亲水生态岸线，加大黑臭水体治理力度，实现河湖环境整洁优美、水清岸绿。以生活污水处理、生活垃圾处理为重点，综合整治农村水环境，推进美丽乡村建设。

⑤加强水生态修复

推进河湖生态修复和保护，禁止侵占自然河湖、湿地等水源涵养空间。在规划的基础上稳步实施退田还湖还湿、退渔还湖，恢复河湖水系的自然连通，加强水生生物资源养护，提高水生生物多样性。开展河湖健康评估。强化山水林田湖系统治理，加大江河源头区、水源涵养区、生态敏感区保护力度，对三江源区、南水北调水源区等重要生态保护区实行更严格的保护。积极推进建立生态保护补偿机制，加强水土流失预防监督和综合整治，建设生态清洁型小流域，维护河湖生态环境。

⑥加强执法监管

建立健全法规制度，加大河湖管理保护监管力度，建立健全部门联合执法机制，完善行政执法与刑事司法衔接机制。建立河湖日常监管巡查制度，实行河湖动态监管。落实河湖管理保护执法监管责任主体、人员、设备和经费。严厉打击涉河湖违法行为，坚决清理整治非法排污、设障、捕捞、养殖、采砂、采矿、围垦、侵占水域岸线等活动。

2.1.3　要素组成

江苏是全国淡水湖泊分布集中的省份之一，湖泊面积 6 000 多 km^2，约占全省国土面积的 6%，居全国之首。加强湖泊湖长制工作，是贯彻党的十九大精神、加强生态文明建设的具体举措，是江苏省全面推行（河）湖长制的重要任务，是加强湖泊管理保护、改善湖泊生态环境、维护湖泊健康生命、实现湖泊功能永续利用的重要制度保障。2018 年 8 月，江苏省在全省湖泊实施湖长制，建立“一湖一档”五级湖长体系。《江苏省在全省湖泊实施湖长制意见》明确规定，全省境内所有湖泊实现湖长制全覆盖，建立健全省、市、县（市、区）、乡（镇、街道）、村（居委会）五级湖长体系。各级（河）湖长制工作办公室承担湖长制工作日常事务，湖泊最高层级的湖长是第一责任人，对湖泊管理保护负总责，统筹协调湖泊与出入湖河流的管理保护工作，协调解决湖泊管理保护中的重大问题，对本级相关部门和下级湖长履职情况进行督促检查和考核问责，推动各项工作落实。《江苏省在全省湖泊实施湖长制意见》规定，湖泊所在地按照事权划分和属地管理原则，负责辖区内网格运行管理，到 2019 年底，全省湖泊网格化管理机制全面建立。各地市要切实加强组织领导，明确进度安排，确保各项要求落到实处；对所有湖泊逐个明确各级湖长，进一步细化落实湖长工作职责，层层建立责任制；抓紧摸清湖泊基本情况，开展《江苏省湖泊保护名录》修订工作，建立“一湖一档”；科学制定“一湖一策”方案，做到精准施策；完善湖泊水量、水质和水生态监测系统建设，系统开展湖泊水功能区、饮用水源地、入湖排污口监测工作；按照（河）湖长制考核办法，制定湖长制考核问责细则；充分利用各类媒体，向社会广泛宣传介绍湖长制推进情况，营造公众参与、齐抓共管的良好社会氛围。

省委书记、省长担任省级总河长。省委副书记、副省长担任省级副总河长。15 位省委、省政府领导分别担任 20 条河道的省级河长、14 个湖泊的省级湖长。

江苏省级总河长、副总河长和省级河湖长职务及管理范围如下：

(1) 总河长

省委书记、省人大常委会主任

省委副书记、省长

(2) 河长湖长

河长湖长具体职务及管理范围详见表 2-1。

表 2-1　河长湖长职务及管理范围

河湖名称	河湖长职务	管理范围
长江江苏段	省委副书记、常务副省长	长江干流江苏段
淮河洪泽湖	省委常委、副省长	淮河干流江苏段、徐洪河，洪泽湖
沭　河	省委常委、省委秘书长	沭河、新沭河
淮河入海水道	省委常委、省委宣传部部长、统战部部长	淮河入海水道、苏北灌溉总渠
淮河入江水道	省委常委、省委政法委书记	淮河入江水道，高邮湖、宝应湖、白马湖
京杭运河苏北段	省委常委、省委组织部部长	京杭大运河苏北段
秦淮河	省委常委、南京市委书记	秦淮河（含秦淮新河、外秦淮河）
新孟河	副省长	新孟河、新沟河，滆湖
骆马湖	副省长	骆马湖，新沂河、沂河、分淮入沂
太　湖	副省长	太湖，苏南运河、太浦河
通榆河	副省长	通榆河、泰州引江河

2.2 河湖长制现状

2.2.1 宿迁市

宿迁市地处淮河、沂沭泗流域中下游，南临洪泽湖，北接骆马湖，水系发达，承接上游 21 万 km^2 面积的来水，素有“洪水走廊”之称，是著名的酒都花乡。宿迁市内有两大水系——淮河水系和沂沭泗水系。全市总面积 8 555.0 km^2。其中淮河水系面积 4 225.6 km^2，沂沭泗水系面积 4 329.4 km^2；洪泽湖水面面积 1 248.0 km^2，骆马湖水面面积 222 km^2。随着工业化、城镇化进程的快速推进，河湖水域侵占、环境杂乱、水质污染、生态退化、功能衰减等问题日益凸显。合力攻坚，推动河湖生态修复，解决复杂水问题，维护河湖健康是河湖保护的重要使命。宿迁市以推进河湖长制为切入点，合力攻坚，推动河湖生态修复，积极营造“湖泊如镜河如练，绿满大地水清澄”的水生态愿景。

河湖整治“攻坚战”重点突破。2019 年，宿迁市委和市政府重拳出击，主要领导担任总指挥，积极谋划、高位协调推进河湖“四乱”整治任务。分管领导一线督导，不间断开展现场巡查，抓整改，促落实。在各级河湖长坚强有力的推进下，宿迁市按时完成水利部重点交办“三乱”整治任务，得到水利部督导组的高度评价和充分肯定。

非法采砂“歼灭战”圆满收官。洪泽湖、骆马湖禁采行动由市级湖长亲自挂帅，协调组织各级河湖长，纪检、公安、属地多管齐下，拆解非法采砂船 599 只，打击采砂团伙 46 个，立案查处 10 多名公职人员，妥善引导 3 万余名涉砂人员退出湖区，使长期饱受非法采砂之虐的洪泽湖、骆马湖恢复了往昔平静。

2.2.2 连云港

连云港位于鲁中南丘陵与淮北平原的结合部，境内山海齐观，平原、大海、高山齐全，河湖、丘陵、滩涂、湿地、海岛俱备。全市共有河道 5 798 条，其中流域性河道 4 条，区域性骨干河道 18 条，重要跨县河道 15 条，重要县域河道45条，县级河道125条，乡镇级河道858条，村级河道4 733条。其中流域面积50 km^2 及以上的河流104条，市内总长度1 765 km；流域面积50 km^2 以下至乡镇级主要河流704条，长度3 870.2 km。水库167座，其中大型水库3座（石梁河水库、小塔山水库、安峰山水库）、中型水库8座、在册小型水库156座，总库容12.9亿 m^3。

连云港市于2017年全面推行河湖长制，并坚持生态优先、绿色发展。把河库生态保护放在重中之重的位置，坚持绿色发展、强化规划约束，处理好严格保护与合理利用、依法管理与科学治理、河库资源的生态属性与经济属性等关系，促进河库休养生息，维护河库生态功能。2020年，连云港市现代河湖管理保护规划体系基本建立，河湖管理机构、人员、经费全面落实，人为侵害河湖行为得到全面遏制，日供水万吨以上集中式饮用水水源地水质达标率达到98%以上，重点水功能区水质达标率达到82%，地表水省级以上考核断面水质优良（达到或优于Ⅲ类）比例达到70%以上，地表水丧失使用功能（劣于Ⅴ类）的水体和市区建成区内黑臭水体基本消除。河湖资源利用科学有序，河湖水域面积稳中有升，河湖防洪、供水、生态功能明显提升，“互联互通、功能良好、水质达标、生态优美”的现代河网水系基本建成，群众满意度和获得感明显提高。

2.2.3 徐州市

徐州市地处苏鲁豫皖四省交界处，总面积11 765 km^2，其中水域面积1 191 km^2，占10.12%。以故黄河为分水岭，形成故黄河水系、沂沭泗水系和奎濉河水系，“一市三域”水系复杂。全市有村级以上沟河1.4万余条，其中流域性河道8条，总长537.22 km；区域性河道94条，总长2 239.42 km；县镇河道2 030条，总长8 301.06 km；有湖泊7座，水域总面积812.21 km^2；有中小型水库72座，总库容28 537.59万 m^3。

徐州市把落实“河长制”作为加快全市治水工作的总抓手，把打造生态河湖作为徐州水环境治理的总目标，不断探索河湖管理制度创新和模式创新，积极推进“治”“管”结合，走出了一条全面落实河长责任，协调整合各方力量，统筹推进水污染治理、水环境改善、水生态修复的治水新路子。

2.2.4　淮安市

淮安市地处淮河下游，境内河湖众多、水网纵横，拥有洪泽湖、高邮湖等省管湖泊5个，淮河、淮河入海水道等流域性河道10条，清安河、文渠河等区域性河道52条，县区级以上河道350多条，镇(街)级河道2 000多条，村(居)级河道16 000多条，水域面积占总面积的四分之一以上。全市兴建大中小型水利建筑物10万余座，建成万亩以上灌区24个、中小型水库126座、大中型抽水站8座，是江苏省治淮最前沿、南水北调主通道和民生水利主战场，也是全省由省级领导担任(河)湖长之河湖数量最多、落实(河)湖长制要求任务最重的设区市。淮安市政府于2018年10月出台《关于进一步加强湖长制工作的实施方案》(以下简称《方案》)，明确在全面推行河长制的基础上，进一步全面推行湖长制，加强湖泊保护管理，改善湖泊生态环境，维护湖泊健康生命，实现湖泊功能永续利用。

《方案》要求，进一步健全完善全市湖长制工作体系。一是要实现淮安市全市境内所有湖泊全覆盖；二是要完善总体架构，建立健全市、县区、乡镇(街道)、村(居)四级湖长体系；三是要完善组织体系，明确各级党委、政府主要负责同志担任总湖长，统筹推进湖长制工作；四是要完善管理机制，落实湖泊网格化管理、推进湖泊流域化管理、建立涉湖事项社会多元化治理体系。

《方案》明确，实施严格湖泊水域空间管控、强化湖泊资源管理保护、加强湖泊水资源保护和水污染防治、加大湖泊水环境综合整治力度、开展湖泊生态治理与修复、建立湖泊管理长效机制、健全湖泊执法监管机制、提升湖泊综合功能等八大任务，全面加强湖泊管理保护、改善湖泊生态环境、维护湖泊健康生命，实现湖泊功能永续利用。

《方案》明确，强化保障措施，要求各地参照河长制考核办法，制定湖长制工作考核问责细则，考核结果将作为地方党政领导干部河长制工作综合考核评价的重要内容。实行湖泊生态环境损害责任追究终身制。对造成湖泊面积萎缩、水体恶化、生态功能退化等生态环境损害的，严格按照有关规定追究相关单位和人员的责任。

注重内涵拓展，精心打造河湖长制“升级版”。作为水利大市，淮安市抓住全面推行河(湖)长制这一巨大契机,积极探索用新理念、新方法推动治水兴水新实践。淮安积极推动洪泽湖等 5 个省管湖泊实行网格化管理模式。该做法对湖泊全域划分管理单元,落实网格长、网格员,做到涉湖违法行为及时发现、报告、处理,全面弥补(河)湖长巡河不足的问题,实现河湖管护全天候、全方位、全覆盖,切实维护生态湖泊健康生命。从 2017 开始,淮安实行洪泽湖网格化管理,非敞水区域共划分网格 62 个、网格员 50 人、网格长 19 人,形成"全面覆盖、层层履职、网格到边、人员入格、责任定格"的管理网络体系,实现"责任到位、监督定位、奖惩定量"的管控目标。该做法在白马湖、宝应湖、高邮湖、里下河湖荡 4 个省管湖泊管理中推广。针对"县区、镇街、村居"三级跨界河道管护工作量大、矛盾多、资金少等问题,淮安在洪泽区开展三级跨界河道精准管护试点工作,积极探索三级跨界河道精准管护在全市可复制、可推广的成功经验。充分发挥河湖长制平台作用,明确河湖长是河湖管理、保护和治理的第一责任人,协调解决河湖管理保护中的重大问题,统筹上下游、左右岸、干支流的综合治理;明晰跨界河道的管护责任,实施联防联控、共治共享管护模式。重点研究制定河道管护标准,对涉河湖的行政区域和管理单位,积极探索整合河道管护人员、设备、资金等要素,实行统一管理与调度。制定建立源头控制、系统治理、联合行动、综合保障、监督反馈的河湖管护五大工作机制,明确河湖管护责任主体,落实管护机构、管护人员和管护经费,加强河湖工作巡查、监测、维修、养护、保洁,全面实现"河畅、水清、岸绿、景美"的现代化河湖管护目标。

2.2.5 盐城市

盐城市地处里下河腹地,地势低平、河流纵横、湖泊众多。全市面积 1.7 万 km^2,其中河湖水面面积 2 700 多 km^2,全市共有省骨干河道 122 条,省管湖泊湖荡 11 个,县级河道 393 条,乡(镇)级河道 4 798 条,村级河道 1.6 万余条。盐城市政府于 2018 年印发《盐城市全面推行湖长制工作实施方案》(以下简称《盐城市湖长制方案》)。《盐城市湖长制方案》明确湖长制工作体系。全市境内所有湖泊湖荡实现湖长制全覆盖。建立健全市、县(市、区)、镇(街道、园区)、村(社区)四级湖长体系。各级河长制办公室承担湖长制工作日常事务。盐城市境内列入《江苏省湖泊保护条例》的省管湖泊湖荡:大纵湖、大洋湾等由市委或市政府负责同志担任市级湖长，湖泊湖荡所在地党政负责同志分别担任县、乡、村级湖长。其他湖泊湖荡由湖泊所在地党政负责同志担任湖长。市领导担任湖长的湖泊湖荡由市公安局明确负责同志担任市级湖泊湖荡警长，湖泊所在县明确县级湖泊湖荡警长；其他湖泊湖荡由各地明确县级湖泊湖荡警长；镇、村级湖泊湖荡警长，由各地根据实际情况设定。湖泊所在地要按照事权划分和属地管理的原则，负责辖区内网格化运行管理。到2019年底，全市湖泊网格化管理机制全面建立。

《盐城市湖长制方案》明确湖长工作职责。规定湖泊最高层级的湖长是湖泊管理的第一责任人，对湖泊管理保护负总责。要统筹协调湖泊与出入湖河流的管理保护工作，明晰各管理主体责任，实行联防联控；协调解决湖泊管理保护中的重大问题，推进湖泊保护规划与“一湖一策”方案编制实施、水陆域空间管控、湖泊资源管理、流域水资源保护和水污染防治、水环境治理、水生态修复、湖泊综合功能提升等；依法组织整治围湖造地、侵占水域、违法取水、超标排污、违法养殖、非法采砂等突出问题。对本级相关部门和下级湖长履职情况进行督促检查和考核问责，推动各项工作落实。其他各级湖长对湖泊在本辖区内的管理保护负直接责任，按职责分工组织实施湖泊管理保护工作。各级湖泊湖荡警长负责组织湖泊管理范围内治安管理工作，包括船民、船舶治安管理，涉水行业、单位治安管理，水域治安巡逻防范和水上治安防控网络建设等。

《盐城市湖长制方案》明确保障措施落实。要切实加强组织领导，明确进度安排，确保各项要求落到实处；对所有湖泊湖荡逐个明确各级湖长，确保全覆盖，进一步细化实化湖长工作职责，层层建立责任制；要落实湖泊管理单位，强化部门联动，确保湖泊管理保护工作取得实效；要抓紧摸清湖泊基本情况，配合开展《江苏省湖泊保护名录》修订工作，建立“一湖一档”；要科学制定“一湖一策”方案，做到精准施策；要完善湖泊水量、水质和水生态监测系统建设，系统开展湖泊水功能区、饮用水源地、入湖排污口监测工作；要按照河长制考核办法，制定湖长制考核问责细则；要充分利用各类媒体，向社会广泛宣传介绍湖长制推进情况，营造公众参与、齐抓共管的良好社会氛围。

2.3 河湖长制挑战及措施

2.3.1 主要挑战

事实上,河湖长制在地方实践过程中是否具有显著的治理效应仍然存在争议。例如,王书明和蔡萌萌(2011)[37]提出,河湖长制无法根除委托-代理问题,基层(河)湖长可能会合谋隐瞒真实的治理信息,使得行政问责难以落实。河湖长制过于依赖人治,会受到地方官员差异性治理激励的影响,可能导致"人走政息",受限于地方官员的有限精力,还可能存在"县官不如现管"的现象。

(1) 难以形成多部门统筹合力治理

推行河湖长制过程中,水利部门唱独角戏的现象非常突出。主要体现在:一湖一策和一河一策的内容广泛偏重于水利部门的职责,河流保护制度没有形成合力;长期以来,水污染防治机构职能交叉,条块分割,如中华人民共和国水利部(以下简称水利部)、环境保护部都下设有跨流域、跨区域的垂管执法机构,在个别地区,两个部门在河湖治理中形成了"环保不下水,水利不上岸"的惯性思维,面对一些跨界水污染问题,流域管理机构协调地方政府的能力十分有限。主要原因在于两个方面,一是不少人认为河流水系保护就是水利部门的职责,而实际上河流水系的开发与保护还涉及国土、环保、城建、渔业、林业、航运等部门的责任。二是河湖长制度履行不畅。一些市县多将河湖长办公室放置在水利部门,河湖长办公室无法协调其他部门职能,很多工作都无法顺利推行。

(2) 河湖长办人员仍需进一步补充

河湖长办自身力量薄弱,县镇级河湖长办人员有待进一步壮大,业务能力需要进一步加强。特别是镇级河湖长办工作人员少而不专,而且一兼多职,对河湖长制工作开展有一定的影响,在使用先进电子设备和有效执行河道、湖泊管理措施方面难度较大。

(3) 社会参与度不高

对河流湖泊实施管理保护,离不开全社会的广泛参与。目前江苏省建立了五级河湖长制度，部分基层还根据工作实际，灵活设置了类型多样的“民间河湖长”“河湖警长”“社会监督员”等，积极鼓励社会人士广泛参与河流湖泊的水系管理和保护。但是总体来说，河湖长制度依旧存在社会各界参与度不高的问题。主要原因在于，一是认识有误区。不少普通群众认为保护河流湖泊是各级政府的事情，与群众无关。二是宣传不到位。目前河湖长制在政府部门横向普及的多一些，但是没有广泛发动群众来参与河流水系保护治理，导致老百姓对河湖长制度知晓率低。

(4) 河湖长制资金保障压力大

建议上级加大河湖长制专项资金补助力度，有效减轻地方财政压力。同时积极推进下游对上游生态补偿工作。在河湖长制度建设中，要建立一种工作越积极、财政支持力度越大的正向激励机制。此外，河道整治还可以尝试以市场化方式运作，以减少政府资金压力。以招投标形式，规定参与河道治理的公司享有河道两岸一定距离的商业开发权，形成“谁治理、谁受益”的运作模式，推动河道治理的可持续性。

(5) 河湖长制培训工作的针对性仍需进一步加强

河湖长制工作政策性、系统性强，相关业务知识需要及时更新，建议上级进一步加大政策解读力度，便于基层及时更新业务知识点，进一步加强培训的针对性。

(6) 跨区域湖泊缺乏上下联动、协调配合机制，湖泊管理难度较大

目前，跨境中小湖泊虽均已实行属地河湖长制管理，但上下游、左右岸分属不同行政区域，管理标准和要求可能不尽相同，同时上游河段对下游河段的影响因素不易量化，造成出现问题责任认定不易，可能影响河道管理效果。例如，洪泽湖横跨淮安、宿迁两市，穿越情况较为复杂，具体考评难以界定主体责任。

2.3.2 主要措施

(1) 推行河湖长制，必须着力构建多方共治格局。河湖长是党政领导，由于其他工作繁多，在具体河湖上所投入的精力势必不能满足生态河湖建设的要求。事实上，依靠个别人管好一条河的设想本身就存在问题，更切实的考量应该是如何以河湖长制为抓手，调动更多的资源把河湖管起来。这就要求

在推行过程中大胆创新探索，配套行政力量、技术力量、社会力量，共同配合河湖长开展工作，形成体系化、实体化运行的多方共治格局。苏北湖泊保护的实际操作过程中可以向“一(河)湖长两助理”“五位一体”管护机制、“民间河湖长”等方面探索，在较大程度上整合了各方力量，为河湖长制工作注入了新的丰富内涵，也有效推动了河湖长制工作落地、落实、落细。

(2) 强化要素保障，全面提升工作效能。推广运用“智慧河湖长”信息平台及手机 APP，充分利用纪委监督平台，高效发挥河湖长办协调督导作用，加大明察暗访力度，推进“234”专项整治常态化、规范化，确保重大涉水问题“零增加”。进一步加强河湖长工作机构、护河队伍建设，着力提升河湖长制工作效能，全面加快幸福河湖建设步伐。

(3) 进一步加大舆论宣传，扩大群众参与河湖长制建设的深度和广度。在引导社会公众参与方面，要充分运用各类媒体做好宣传、引导工作，加强水法、环境保护法等宣传，大力宣传河湖、水库保护工作的重大意义，形成全社会关注水环境治理的浓厚氛围；要因势利导，充分动员社会团体、民间组织等力量参与到水环境治理工作中来，形成保护河湖人人参与，齐抓共管的良好社会风尚。在社会监督方面，要广泛发动社会力量参与工程建设、监督管理，进一步发挥好“民间河湖长”作用，并在媒体上对各级“河湖长”上一年度的河湖环境保护目标和任务完成情况进行检查和考核，将考核结果向社会公布，接受社会的监督。

(4) 加强多部门协作，建立共商协作机制。深入开展“一湖一策”、三级联动、多湖共治等工作，建立健全联席会议、信息共享、监督检查和联合执法等制度，重点解决跨界河湖管护、农村水系疏浚连通、水体污染防治等突出问题，协同落实河湖长制各项任务。由地方政府配合国土、公安、城管、水利等部门联合采取执法行动，加快推进河湖水域岸线和水利工程管理范围确权划界，同时严厉打击乱占、乱建等问题，维护良好的水事秩序。与此同时，可借鉴浙江省“河湖长＋警长”模式，由公安部门分级分段设立河湖警长，全力护航河湖长制工作，促进河湖管理保护长效化、规范化。

(5) 适时培训，提升水准。积极开展河湖长相关工作知识培训，进一步增强各级河湖长的业务能力和水平，邀请专家进行“绿水青山就是金山银山，河湖长制河湖长治”或“落实绿色发展理念，全面推行河湖长制”等为主题的知识培训与专题讲座。开展“河管竞赛”，每个区每年评出一位优秀河湖长，邀请优秀河湖长汇报先进事迹，并推荐优秀河湖长与全国各省市河湖长交流先进经验和做法，通过不断学习和交流，提高各级河湖长业务能力。

2.4 河湖长制评价

在全面推行河湖长制的过程中，党中央、国务院同样重视河（湖）长制的监督考核环节，2016 年 12 月 11 日，中共中央办公厅、国务院办公厅印发了《关于全面推行河长制的意见》，指出要坚持强化监督、严格考核，要求各地区建立健全河湖管理监督考核和责任制度。水利部表示，考核的重点是解决考核谁、考核什么以及考核结果怎么用的问题。同年，水利部、环境保护部制定的《贯彻落实〈关于全面推行河（湖）长制的意见〉实施方案》中要求各地加强对河（湖）长制工作的监督考核，确保各项任务的有效落实。

有学者通过分析解读河长制的任务要求，运用 DPSIRM 模型、云模型等方法，构建河长制评价指标体系与评价模型，对河长制推行成效进行了评价。沈晓梅等基于河长制目标要求，运用 DPSIRM 模型分析建立了河长制综合评价指标体系[38]；李红梅等从监督手段、指标构建、考核方式三个角度出发，构建了河长制绩效评价指标体系[39]。作为河长制的最早起源地，江苏省河长制推行情况始终是研究热点。姜明栋等通过建立河长制推行成效评价指标体系，利用空间面板数据，系统分析了江苏省 2006—2015 年河长制实施现状和差异[40]；熊烨等以江苏省 2007—2016 年河长制实施状况为研究对象，运用 QCA 方法分析了资源禀赋、行政压力等对河长制转移程度的影响[41]。章运超、王家生等基于 TOPSIS 模型构建了河长制绩效评价模型，并运用障碍度模型来诊断影响河长制绩效评价水平的指标[42]。左其亭、郝明辉等通过对幸福河概念内涵的进一步梳理，提出幸福河评价体系；以安全运行、持续供给、生态健康、和谐发展“四大判断准则”为框架，按“目标—准则—指标”三层级，构建幸福河评价指标体系，并引入“幸福河指数”来定量评价河流幸福河状态，采用“单指标量化—多指标综合—多准则集成”方法，定量计算幸福河指数[43]。沈坤荣、金刚等基于国控监测点水污染数据和手工整理的河长制演进数据，采用双重差分法，识别河长制在地方实践过程中的政策效应，结果发现，河长制达到了初步的水污染治理效果，他们认为在全面推行河长制的进程中，各级政府制定清晰且适宜的治理目标，设计健全可行的问责机制，引进专业第三方水质检测机构进行监督，将取得更好的治理效益[44]。

从已有的研究成果可以看出，针对江苏省河长制推行成效的评价，主要集中在河长制提出至全面推行河长制期间。本章以《关于全面推行河长制的意见》的提出为时间起点，依据2017—2019年苏北地区全面推行河湖长制成效现状，构建符合苏北地区实际的河湖长制推行成效评价指标体系和评价模型，对苏北地区全面推行河湖长制成效进行系统评价，总结苏北地区河湖长制发展状态，考核河湖长工作，通过评价发现薄弱环节，调整工作思路，以期为其他地区河湖长制推行成效评价提供借鉴。

2.4.1 评价模型建立

在全面推行河湖长制成效评价中，一部分指标存在一定模糊性，没有十分明确的界限和清楚的外延。模糊综合评价是指在综合考虑被评价对象各影响因素的基础上，建立模糊集合和相对应的隶属度矩阵，并运用模糊运算法则对原本的定性评价进行量化综合。本书运用综合了变权思想的模糊综合评价法构建全面推行河湖长制成效评价模型，综合考虑各评价者对于评价指标的意见，对被评价对象的优劣程度做出准确、整体及科学的评价。

(1) 变权理论与模糊综合评价法

主观赋权法和客观赋权法是确定指标权重的两类主要方法，前者是人们依据主观上对评价指标的重视程度来确定权重的一种方法，如变异系数法、层次分析法、德尔菲法、环比评分法、二项系数法等[45]。客观赋权法则是按照评价指标原始信息量来确定相应的指标权重，如熵权法、主成分分析法、复相关系数法、CRITIC法等。但是，河湖长制评价模型是一个多因素、多层次的复杂评价系统，若仅考虑相对重要性而忽视了指标状态值与其阈值的差距，模型评价结果往往会具有片面性[46-47]。与常权综合评价方法不同的是，变权综合评价既考虑了各评价指标之间的相对重要性，也考虑了目标值关于诸要素决策变量的水平组态。为了提高河湖长制评价模型的精度，使用变权理论方法选取评价指标，可以使结果更加贴近区域实际[48-49]。

变权系数综合评价法主要有激励型、惩罚型、混合型三种，本书采用惩罚型变权方法对评价指标进行处理。惩罚型变权方法出于对河湖长制工作评价模型动态性的考虑，对低于一定标准的因素进行权重调整，从而降低综合评价指标值。其具体原理为静态权向量 W 和状态变权向量 $\boldsymbol{S}_{(\boldsymbol{X})}$ 归一化的 Hadamard 乘积为变权向量 $\boldsymbol{W}_{(\boldsymbol{X})}=(w_{1(x)},w_{2(x)},\cdots,w_{m(x)})$。

定义 1：常权向量 $\boldsymbol{W}_0=(w_1,w_2,\cdots,w_m)$ 满足归一性，即 $\sum_{i=1}^{m}w_i=1$。

定义 2：对于给定映射 $W:[0,1]^m\to(0,1)^m$，$X=(x_1,x_2,\cdots,x_m)\to\boldsymbol{W}_{(X)}$，称向量 $\boldsymbol{W}_{(\boldsymbol{X})}=(w_{1(x)},w_{2(x)},\cdots,w_{m(x)})$ 为一个 m 维状态变权向量，如果满足连续性：$w_j(x_1,x_2,\cdots,x_m)(j=1,2,\cdots m)$ 关于每个变元 $x_j(j=1,2,\cdots m)$ 连续；归一性：$\sum_{j=1}^{m}w_j(x_1,x_2,\cdots,x_m)=1$；$w_j(x_1,x_2,\cdots,x_m)$ 关于 x_j 单调递减，则称 $\boldsymbol{W}_{(\boldsymbol{X})}$ 为惩罚型变权向量。

定义 3：$\boldsymbol{S}_{(\boldsymbol{X})}=(s_{1(x)},s_{2(x)},\cdots,s_{m(x)})^T$ 是一个 m 维的状态变权向量，如果满足：$x_i\geqslant x_j\to S_{i(X)}\leqslant S_{j(X)}$；$S_j(x_1,x_2,\cdots,x_m)(j=1,2,\cdots m)$ 关于每个变元 $x_j(j=1,2,\cdots m)$ 连续；对 $\forall i\in\{1,2,\cdots,m\}$，$\exists a_i\in(0,1)$，使得 $w_i(x)$ 在 $[0,a_i]$ 上单调递减，则称 $\boldsymbol{S}_{(X)}$ 为惩罚型状态变权向量，惩罚变权的公式可表示为：

$$W_{0(X)}=\frac{(w_1S_{1(X)},w_1S_{1(X)},\cdots,w_1S_{1(X)})}{\sum_{j=1}^{m}w_jS_{j(X)}}=\frac{W_0S_{(X)}}{\sum_{j=1}^{m}w_jS_{j(X)}} \tag{2-1}$$

根据“河湖长制”的内涵和研究区域特点，惩罚型变权向量函数可表示为：

$$S_{j(X)}=\begin{cases}2-\log_{a_i}(x_i+\lambda) & x_i\in(0,\alpha_i)\\ 1 & x_i\in(\alpha_i,k)\end{cases} \tag{2-2}$$

其中，α_i 表示惩罚水平，α 取值越大表明这些低于否定水平的评价因素所受的惩罚越重，根据已有研究和咨询专家确定 α 值为 0.8，x_i 表示指标状态值，λ 表示接近于 0 的参数。

模糊综合评价法是基于模糊变换和最大隶属度的原则，综合考虑各个影响因素进行决策的方法。其优点是被评价的客体具有唯一的评价值而不受评价客体所处集合的特性影响，因此模糊综合评价法能全面系统地反映河湖长制建设的基本情况。该评价方法具体步骤如下：

根据评价指标体系建立评价因素集，$U=\{u_1,u_2,\cdots,u_i,\cdots,u_m\}(i=1,2,\cdots,m)$，$m$ 为影响评价对象因素的个数。根据评价客体的特性确定评价等级，评价等级构成评语集，$V=\{v_1,v_2,\cdots,v_j,\cdots,v_n\}(j=1,2,\cdots,n)$，$n$ 为评价等级数。对集合 U 中的评价因素 u_i 进行单因素评价，确定 u_i 对评语集中的评价等级 v_j 的隶属度 k_{ij}，则可得到评价因素隶属度集 $k_i=(k_{i1}.k_{i2},\cdots,k_{in})$，进而可得出评价因素集 U 所对应的模糊综合评价矩阵 $\boldsymbol{K}$：

$$\boldsymbol{K}=\begin{bmatrix} k_{11} & \cdots & k_{1n} \\ \vdots & \ddots & \vdots \\ k_{m1} & \cdots & k_{mn} \end{bmatrix}(i=1,2,\cdots,m,j=1,2,\cdots,n) \tag{2-3}$$

其中，k_{ij} 为第 i 个因素 u_i 在第 j 个评价等级的隶属度，对其进行归一化处理使 $\sum_{j=1}^{n}k_{ij}=1$。

由于不同影响因子对评价对象的影响程度不同，因此引入一个模糊子集 E 为权重集，$E=\{e_1,e_2,\cdots,e_i,\cdots,e_n\}(i=1,2,\cdots,n)$，其中 e_i 表示评价因素集 U 中第 i 个评价因素的权重，权重集元素为变权后的数值，即 $e_i=w_i$。用模糊权重向量 E 将各个评价因素的隶属度进行综合，得到评价客体对模糊子集的隶属度。引入评语集上的一个模糊子集 A，称为模糊集，则指标的综合评判结果为：

$$A=EK=[a_1,a_2,\cdots,a_j,\cdots,a_n] \tag{2-4}$$

其中 $a_i=\vee_{i=1}^{n}(e_i\wedge k_{ij})$，表示第 i 个评价因素的权重的综合隶属度。

(2) 建立评价指标集

依据评价指标体系（见图 2-1），分层次建立评价指标集，包括目标层 A、准则层 B 、指标层 C（见表 2-2）。参考水利现代化指标体系等级和标准，结合江苏省河湖长制考核标准、发展规划中的目标层、指标层的特点等确定评价标准集，将全面推行河湖长制成效分为Ⅰ级（优秀）、Ⅱ级（良好）、Ⅲ级（合格）、Ⅳ级（不合格）4 个等级（见表 2-3）。

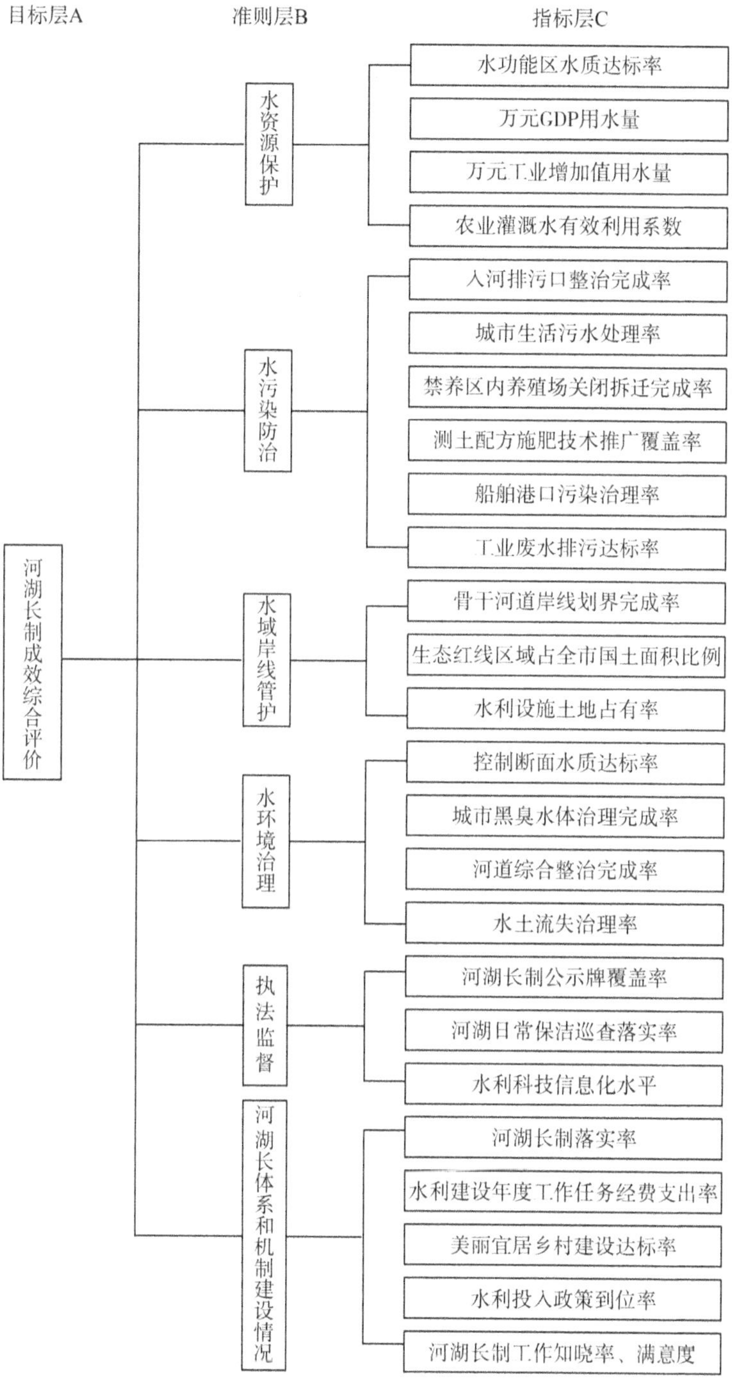

图 2-1 河湖长制成效评价指标体系图

表 2-2　河湖长制成效评价指标体系及文献来源

目标层 A	准则层 B	指标层 C	文献来源
河湖长制成效综合评价	水资源保护 B_1	水功能区水质达标率	[47],[48],[50],[55]
		万元 GDP 用水量	[48],[49]
		万元工业增加值用水量	[39],[40]
		农业灌溉水有效利用系数	[48],[51]
		入河排污口整治完成率	[48],[53]
		城市生活污水处理率	[46],[47]
	水污染防治 B_2	禁养区内养殖场关闭拆迁完成率	[44],[48]
		测土配方施肥技术推广覆盖率	[45],[46]
		船舶港口污染治理率	[48],[51]
		工业废水排污达标率	[45],[52]
	水域岸线管护 B_3	骨干河道岸线划界完成率	[47],[52]
	水环境治理 B_4	生态红线区域占全市国土面积比例	[47],[49],[50]
		水利设施土地占有率	[50],[51]
		控制断面水质达标率	[46],[47]
		城市黑臭水体治理完成率	[48],[52]
	执法监督 B_5	河道综合整治完成率	[44],[49],[51]
		水土流失治理率	[48],[55]
		河湖长制公示牌覆盖率	[46],[47]
		河湖日常保洁巡查落实率	[39],[40],[45]
		水利科技信息化水平	[41],[45]
	河湖长体系和机制建设情况 B_6	河湖长制落实率	[38],[39]
		水利建设年度工作任务经费支出率	[45],[47],[48]
		河湖长制工作知晓率、满意度	[52],[54]
		水利投入政策到位率	[48],[50]
		美丽宜居乡村建设达标率	[49],[56],[57]

表 2-3 河湖长制成效评价分级标准

目标层 A	准则层 B	指标层 C	单位	Ⅰ	Ⅱ	Ⅲ	Ⅳ
河湖长制成效综合评价	水资源保护 B_1	水功能区水质达标率	%	<30	[30,60)	[60,80)	≥80
		万元 GDP 用水量	m^3/万	(0,50]	[50,90)	[90,120)	≥120
		万元工业增加值用水量	m^3/万	(0,30]	[30,40)	[40,60)	≥60
		农业灌溉水有效利用系数	—	(0.63,1]	[0.53,0.63)	[0.43,0.53)	<0.43
		入河排污口整治完成率	%	<60	[60,70)	[70,80)	≥80
		城市生活污水处理率	%	<60	[60,70)	[70,80)	≥80
	水污染防治 B_2	禁养区内养殖场关闭拆迁完成率	%	<60	[60,70)	[70,80)	≥80
		测土配方施肥技术推广覆盖率	%	<50	[50,60)	[60,70)	≥70
		船舶港口污染治理率	%	<70	[70,80)	[80,90)	≥90
		工业废水排污达标率	%	<60	[60,70)	[70,80)	≥80
	水域岸线管护 B_3	骨干河道岸线划界完成率	%	<70	[70,80)	[80,90)	≥90
	水环境治理 B_4	生态红线区域占全市国土面积比例	%	<70	[70,80)	[80,90)	≥90
		水利设施土地占有率	%	<60	[60,70)	[70,80)	≥80
		控制断面水质达标率	%	<65	[65,75)	[75,85)	≥85
		城市黑臭水体治理完成率	%	<70	[70,80)	[80,90)	≥90
	执法监督 B_5	河道综合整治完成率	%	<70	[70,80)	[80,90)	≥90
		水土流失治理率	%	<70	[70,80)	[80,90)	≥90
		河湖长制公示牌覆盖率	%	<65	[65,75)	[75,85)	≥85
		河湖日常保洁巡查落实率	%	<65	[65,75)	[75,85)	≥85
	河湖长体系和机制建设情况 B_6	水利科技信息化水平	定性	不合格	合格	良好	优秀
		河长制落实率	%	<70	[70,80)	[80,90)	≥90
		水利建设年度工作任务经费支出率	%	<80	[80,90)	[90,95)	≥95
		河湖长制工作知晓率、满意度	%	<50	[50,60)	[60,70)	≥70
		水利投入政策到位率	%	<55	[55,65)	[65,75)	≥75
		美丽宜居乡村建设达标率	%	<60	[60,70)	[70,80)	≥80

结合 2017—2021 年的评价指标值，可得出因素集 U 对应的评价矩阵 $\boldsymbol{K}$，因篇幅有限，在此仅给出 2019、2020 年的隶属度矩阵，分别为：

$$\boldsymbol{K}_{2019}=\begin{bmatrix}0.14&0.26&0.6\\0.22&0.64&0.14\\0.26&0.13&0.61\\0.33&0.41&0.26\\0.27&0.29&0.44\\0.19&0.48&0.33\\0.23&0.19&0.58\\0.43&0.2&0.37\\0.26&0.31&0.43\\0.39&0.29&0.32\\0.21&0.35&0.44\\0.38&0.17&0.45\\0.47&0.11&0.42\\0.18&0.54&0.28\\0.26&0.31&0.43\\0.27&0.44&0.29\\0.32&0.36&0.32\\0.4&0.35&0.25\\0.21&0.42&0.37\\0.15&0.32&0.53\end{bmatrix}\boldsymbol{K}_{2020}=\begin{bmatrix}0.29&0.26&0.39\\0.31&0.64&0.05\\0.23&0.45&0.32\\0.32&0.39&0.28\\0.11&0.25&0.64\\0.47&0.39&0.14\\0.55&0.23&0.22\\0.24&0.52&0.24\\0.39&0.21&0.4\\0.39&0.47&0.14\\0.17&0.68&0.15\\0.32&0.15&0.53\\0.47&0.11&0.42\\0.22&0.54&0.24\\0.16&0.58&0.26\\0.25&0.64&0.11\\0.29&0.46&0.25\\0.58&0.26&0.16\\0.14&0.86&0.00\\0.49&0.00&0.51\end{bmatrix} \tag{2-5}$$

本章采用组合赋权法和变权法相结合的方式来确定河湖长制成效评价指标权重，使评价结果进一步贴近区域实际情况。

课题组组织了河海大学、南京水利科学研究院等相关单位专家，将指标列表分发给专家组进行打分，请专家组围绕河湖长制成效评价指标的权重提出自己的意见；编者汇总整理专家调查表，归并相似打分指标，根据指标均分，剔除偏离各个指标权重均值的最大值和最小值，经过反复征询、归纳、修改，最后汇总成专家基本一致的看法。然后综合组合赋权法和变权思想，在确定常权的基础上考虑惩罚型状态变权矩阵 $\boldsymbol{S}_{(\boldsymbol{X})}=(s_{1(x)},s_{2(x)},\cdots,s_{m(x)})^{\mathrm{T}}$。变权向量 w_i 是静态权向量 $\boldsymbol{W}$ 和状态变权向量 $\boldsymbol{S}_{(\boldsymbol{X})}$ 归一化的 Hadamard 乘积。最终各个评价指标权重值如表 2-4：

表 2-4 河湖长制成效评价指标权重

准则层 B	准则层权重	指标层 C	指标层权重	常权	变权
B_1	0.138	C_1	0.125	0.051	0.022
		C_2	0.286	0.067	0.038
		C_3	0.241	0.058	0.032
		C_4	0.113	0.030	0.017
B_2	0.113	C_5	0.235	0.059	0.035
		C_6	0.235	0.059	0.035
		C_7	0.211	0.054	0.034
		C_8	0.128	0.027	0.022
		C_9	0.174	0.038	0.020
		C_{10}	0.252	0.071	0.037
B_3	0.223	C_{11}	0.139	0.027	0.021
		C_{12}	0.227	0.066	0.035
		C_{13}	0.168	0.040	0.023
B_4	0.156	C_{14}	0.361	0.076	0.072
		C_{15}	0.105	0.030	0.023
		C_{16}	0.358	0.091	0.050
		C_{17}	0.117	0.017	0.384
B_5	0.196	C_{18}	0.231	0.063	0.034
		C_{19}	0.158	0.029	0.051
		C_{20}	0.140	0.046	0.016
B_6	0.172 2	C_{21}	0.267	0.037	0.039
		C_{22}	0.192	0.027	0.022
		C_{23}	0.189	0.026	0.012
		C_{24}	0.189	0.026	0.046
		C_{25}	0.163	0.023	0.021

为了反映苏北地区五市河湖长制实施以来成效情况，选用河海大学测评小组2017—2021年的测评数据评价其河湖长制成效情况。查阅苏北地区五市《水资源公报》《环境公报》《统计年鉴》《“十三五”生态环境保护规划》《“十三五”水污染防治专项规划》等资料，参考苏北地区五市水务局、环境保护局等相关单位网上公开信息，得到了2017—2021年的指标数据，个别年份的缺失数据采用插值法补全。

为了定量反映各个等级评价指标对河湖长制工作评价值的影响，对评价集等级进行一分制数量化，评价值越高，表示河湖长制成效越高。

$$s=s_1\times \text{I}+s_2\times \text{II}+s_3\times \text{III} \tag{2-6}$$

其中，$s_1=0.9$，$s_2=0.09$，$s_3=0.01$，当$s\leqslant 0.2$时，河湖长制成效评价等级为Ⅲ级，属于差状态；当$s\in(0.2,0.4]$时，河湖长制成效评价等级为Ⅱ级，属于中等状态；当$s>0.4$时，河湖长制成效评价等级为Ⅰ级，属于优秀状态。

2.4.2 评价模型结果

(1) 淮安市

表2-5 淮安市河湖长制成效模糊综合评价结果

年份	Ⅰ	Ⅱ	Ⅲ	s
2017	0.320	0.345	0.432	0.323
2018	0.339	0.325	0.495	0.339
2019	0.352	0.429	0.511	0.360
2020	0.433	0.531	0.398	0.441

根据采集数据和指标权重计算可得2017—2020年淮安市河湖长制成效的模糊综合评价结果(表2-5)。由评价结果表可知，2017—2018年综合评价值低于0.4，评价等级为中等，说明淮安市河湖长制工作建设水平不到位，从河湖长制成效综合评价值的年际变化来看，2017年至2020年淮安市河湖长制成效模糊综合评价结果逐步提高，2020年已经达到0.441，评价等级为优秀，说明淮安市近年来的河湖长制工作认真贯彻落实中央、省关于河湖长制各项决策部署，久久为功、持续发力，有效推动水环境质量稳定改善，人民群众的满意度持续提高，河湖长制整体工作建设水平有较大进步。

淮安市主要存在的问题有：

①综合治理有待加强

发展循环农业，有效减少面源污染，充分发挥河湖长制生态保护与经济发展协同推进、相互促进作用，引进社会资本建设田园综合体、国家湿地公园、休闲度假区等生态主题景点，切实推进水旅融合，河库生态效益、周边土地价值同步提升，河库产业发展、群众致富脱贫同步推进。进一步强化协同统筹，深入推进水生态文明建设协调发展。强化综合施策、源头治理，进一步加强重点流域综合整治、工业企业废水治理、饮用水保障工程建设，加快推进水土流失综合治理，加大黑臭水体治理力度，提高全省污水处理和城乡垃圾治理能力，确保水环境质量持续改善，坚决打赢“碧水保卫战”。结合实施乡村振兴战略和幸福美丽新村建设，开展河湖管护示范县建设，发挥典型示范和引领带动作用，推动全市河湖长制工作取得新成效。加强以山水林田湖草沙系统治理为核心的健康河湖治理管护研究，推动河湖治理管护标准化建设。发展“生态农业”“循环经济”是防治水污染的治本之策，有待大力推进。

②跨区域河流缺乏上下联动、协调配合机制，河道管理难度较大

目前，跨界中小河流虽均已实行属地河湖长制管理，但上下游、左右岸分属不同行政区域，管理标准和要求可能不尽相同，同时上游河段对下游河段的影响因素不易量化，造成出现问题责任认定不易，可能影响河道管理效果。例如，涟西一干渠河段贯穿多个乡镇，上游穿过红窑镇后，流入朱码镇，穿越情况较为复杂，具体考评难以界定主体责任。

③乡镇群众素质良莠不齐，群众参与度不够

乡镇居民的参与度不够，不充分了解习近平生态文明思想，导致沿河支流居民生活垃圾堆放不规范，没有定期收集处理，直接成为水体污染源。例如，高家堰镇林柴路，盱城街道樊营等地的河道两侧有较多垃圾，碎纸屑、白色塑料袋、剩饭剩菜等生活垃圾随意丢入河道。

④“自查自考”，考核机制不完善

河湖长制的问责机制还没有解决“怎么考、谁来考、如何追究责任”三大问题。现有的考核来自体制内自上而下的“自查自考”，没有引入第三方独立评价，缺乏社会公众意见的参考，考核结果缺乏公正性和可信度。由于水系相互连通影响，造成了流域上“条块分割”，上下游河段的影响因素不易量化，

一个行政区划到另一行政区划的污染很难界定，再加上一条河流上上下下有几个甚至几十个河长，治水责任难以划清，导致责任难以追究。督察考核是压实河长责任的关键一招。要针对不同考核对象研究制定差异化考核办法，明确考核主体，量化考核指标，规范考核方式，强化考核结果应用，将考核结果作为地方领导干部综合考核评价和自然资源资产离任审计的重要依据。要建立健全责任追究制度，对于责任单位和责任人履职不力，存在不作为、慢作为、乱作为的，要发现一起、查处一起，严肃问责。

⑤河湖长制培训工作的针对性仍需进一步加强

河湖长制工作政策性、系统性强，相关业务知识需要及时更新，建议上级进一步加大政策解读力度，便于基层及时更新业务知识点，进一步加强培训的针对性。

⑥水环境问题

Ⅰ. 加强水污染防治，黑臭河道治理刻不容缓

进一步加大水污染防治工作力度，全力推进河湖“两违三乱”整治，保护河道空间的完整，维护河道的健康生命；加强对农业面源污染治理手段和技术的研究；对黑臭水体、水污染源治理以及历史原因形成的河道管理范围内非法建设项目整治等方面，加大财政配套支持；加强市级干流岸线清理整治工作；进一步加大督查指导力度，杜绝“两违三乱”反弹，确保整治彻底到位；对河道污水直排、垃圾倾倒入河、破坏河道护岸等问题展开联合执法整治，对违规违法的企业及个人加大处罚和教育力度；定期开展河湖长、河湖长办人员专题培训。黑臭水体整治工作存在整治不到位、水质情况不稳定的现象，洪泽区、清江浦区黑臭水体整治情况刻不容缓。

Ⅱ. 整治“两违三乱”，加强河湖水域岸线保护

自“两违三乱”专项整治以来，各县区“两违三乱”专项整治效果明显，但基层单位承担的工作压力、资金压力依然很大，特别是“两违三乱”治理过程中涉及投资者、农民补偿等问题；“两违三乱”存量多，整治难度大，河道问题历史成因复杂。“三乱”治理在砂石码头建设、采砂管理、住家船整治等方面缺少与社会发展、经济建设统一的规划，淮安市目前对砂石码头的集中治理忽略了大部分县区不存在大的合法的货运码头的现状，导致砂石价格上涨，从而增加了城市基本建设的成本。

Ⅲ．农村河道治理保护问题

有的农村河湖水面有漂浮物，水质情况较差，有行水障碍物和阻水高杆植物；部分水域围网肥水养殖、畜禽养殖情况仍然存在；农业面源污染较为严重；有的农村河道岸坡存在乱种乱垦的现象。特别是淮阴区，部分农村河道乱种乱垦、农业面源污染较为严重。

Ⅳ．保障措施落实问题

ⅰ 资金保障问题

河湖长制工作涉及面广、量大，存在历史欠账，工程投入巨大，但上级资金支持较少；镇、村级河长由于人员总体偏少，经费不足等因素，影响了管河、护河工作的深入开展。资金不足的问题成为河湖治理、保护的最大瓶颈。

ⅱ 人员保障问题

河湖长制虽已全面施行，但各级河长办力量配备还不到位，河湖长效管护人员还缺乏，影响了实施效果。各市县河湖长制办公室人员对河长制专业化、系统化的认识水平不足。

ⅲ 宣传力度问题

河湖长制宣传力度还需加大。开展群众满意度调查时发现，大部分市民感受到河湖水环境的显著改善，但对河湖长制的理念及其全面推行还不够了解。

（2）盐城市

表 2-6　盐城市河湖长制成效模糊综合评价结果

年份	Ⅰ	Ⅱ	Ⅲ	s
2017	0.327	0.420	0.429	0.336
2018	0.328	0.417	0.411	0.336
2019	0.401	0.432	0.458	0.404
2020	0.459	0.539	0.323	0.464

根据采集数据和指标权重计算可得 2017—2020 年盐城市河湖长制成效的模糊综合评价结果（表 2-6）。由评价结果表可知，2017—2018 年综合评价值低于 0.4，评价等级为中等，说明盐城市河湖长制工作建设水平不到位，从河湖长制成效综合评价值的年际变化来看，2017 年至 2020 年盐城市河湖长

制成效模糊综合评价结果逐步提高，2019、2020 年已经分别达到 0.404 和 0.464，评价等级为优秀，说明盐城市近年来的河湖长制工作认真贯彻落实中央、省关于河湖长制各项决策部署，久久为功、持续发力，有效推动水环境质量稳定改善，人民群众的满意度持续提高，河湖长制整体工作建设水平有较大进步。

盐城市主要存在的问题有：

①组织对外培训次数偏少，建议多组织各级河湖长及河湖长办成员参与委外培训，充分领会河湖长制政策文件精神，借鉴外地工作经验，以便更好地推进河湖长制工作。

②一河一策方案分析了河道情况，提出了 2018—2020 年的框架计划，未明确具体年度、具体工作内容、具体投入预算，不具可操作性；未进行完成情况统计。

③进一步加强河长巡河的监管督促工作，继续做好河湖长制工作宣传，教育河道周边老百姓不要随意乱扔垃圾，为做好河清岸绿贡献力量。

④应当对存在污染的河湖及时组织人手进行垃圾清理，开展集中整治活动，及时查处污染河水、占用河道等违法行为，及时拆除违章建筑，清理河道垃圾，恢复河道原有的功能和两岸景观，加强水质管理，真正实现“河畅、水清、景美”的目标。

(3) 连云港市

表 2-7　连云港市河湖长制成效模糊综合评价结果

年份	Ⅰ	Ⅱ	Ⅲ	s
2017	0.311	0.409	0.529	0.322
2018	0.331	0.420	0.409	0.339
2019	0.421	0.409	0.522	0.420
2020	0.429	0.439	0.399	0.429

根据采集数据和指标权重计算可得 2017—2020 年连云港市河湖长制成效的模糊综合评价结果(表 2-7)。由评价结果表可知，2017—2018 年综合评价值低于 0.4，评价等级为中等，说明连云港市河湖长制工作建设水平不到位，从河湖长制成效综合评价值的年际变化来看，2017 年至 2020 年连云港市

河湖长制成效模糊综合评价结果逐步提高，2019、2020 年已经分别达到 0.420 和 0.429，评价等级为优秀，说明连云港市近年来的河湖长制工作认真贯彻落实中央、省关于河湖长制各项决策部署，久久为功、持续发力，有效推动水环境质量稳定改善，人民群众的满意度持续提高，河湖长制整体工作建设水平有较大进步。

连云港市主要存在的问题有：

①河湖长制办公室的任务重，水利局、流域机构的很多工作都分配给河湖长办，导致河湖长制办公室精力不够，事权不匹配的问题很严重。顶层设计方面，目前河湖长制办公室的职责是发现问题，但河湖长制办公室仅仅是个业务性较强的组织协调部门，只应该拥有监督、协调的职责，当前的职责有点过多。

②上级对河湖长制工作经费支持不足。河湖长制工作涉及面广、量大，如工程补短板、水质防污染等，工程投入巨大，但上级的资金支持较少。

③河湖长制工作的督查考核没有继续加强到位，大家都想着尽量减少考核，从而对这项工作不大重视，长久下来会懈怠。

④现在存在“上热下冷”的现象。“上热”指的是省、市级领导都非常重视河湖长制工作的开展；“下冷”即基层的热情不够、精力不够、经济不够。现在所有工作都要落实到乡镇，乡镇的工作也很繁忙，而且乡镇的河长大多是兼职人员，有些干部还不是全脱产，所以出现精力不够的问题。

⑤乡镇领导班子换届太频繁，有时候上一位领导刚熟悉情况又被调任了，长此循环下去，不利于河湖长制工作的开展。

⑥部分基层河长认识不够，业务不熟，巡河不到位，流于表面，甚至只拍照巡河，形式主义过盛。同时管理人员专业知识水平不足，基层也缺乏专业人才。目前村级河长均是由村干部担任，村干部对水利知识了解较少，对河道的日常监管缺乏合理手段。

⑦市、县（区）的河湖长办人数过少，兼职人员也很少，如海州区河湖长办无兼职人员。这往往不利于管河、护河工作的深入。

⑧群众爱河、护河的意识有待提高。多数沿河两岸的居民治水护河的意识还不强，面对已经整治好的河道，还会乱扔垃圾，乱排污水，给当地河湖长工作增加了很大难度。

(4) 徐州市

表 2-8　徐州市河湖长制成效模糊综合评价结果

年份	Ⅰ	Ⅱ	Ⅲ	s
2017	0.329	0.399	0.514	0.337
2018	0.341	0.432	0.423	0.350
2019	0.415	0.409	0.521	0.415
2020	0.419	0.455	0.399	0.422

根据采集数据和指标权重计算可得 2017—2020 年徐州市河湖长制成效的模糊综合评价结果(表 2-8)。由评价结果表可知,2017—2018 年综合评价值低于 0.4,评价等级为中等,说明徐州市河湖长制工作建设水平不到位,从河湖长制成效综合评价值的年际变化来看,2017 年至 2020 年徐州市河湖长制成效模糊综合评价结果逐步提高,2019、2020 年已经分别达到 0.415 和 0.422,评价等级为优秀,说明徐州市近年来的河湖长制工作认真贯彻落实中央、省关于河湖长制各项决策部署,久久为功、持续发力,有效推动水环境质量稳定改善,人民群众的满意度持续提高,河湖长制整体工作建设水平有较大进步。

徐州市主要存在的问题有:

①河湖长制工作涉及多个部门,初步建立了河湖长制工作联动机制,但由于河湖道管理涉及面广,随着机构改革和部门职能的调整完善,成员单位之间配合有待磨合,部门间协调联动尚需进一步加强。

②部分地方满足于上级布置,未能有效结合本地实际,存在机械落实现象,工作成效打了折扣。

③虽然加大主流媒体对河湖长制工作的宣传力度,并积极开展了系列主题活动,但是由于河湖众多,管理任务繁重,加之县(市)区财政较为困难,人民群众生态环保意识有待提升,对河湖长制工作宣传深度有待加强。

(5) 宿迁市

表 2-9　宿迁市河湖长制成效模糊综合评价结果

年份	Ⅰ	Ⅱ	Ⅲ	s
2017	0.336	0.329	0.425	0.336

（续表）

年份	Ⅰ	Ⅱ	Ⅲ	s
2018	0.329	0.401	0.499	0.337
2019	0.429	0.442	0.517	0.431
2020	0.435	0.529	0.354	0.442

根据采集数据和指标权重计算可得2017—2020年宿迁市河湖长制成效的模糊综合评价结果(表2-9)。由评价结果表可知,2017—2018年综合评价值低于0.4,评价等级为中等,说明宿迁市河湖长制工作建设水平不到位,从河湖长制成效综合评价值的年际变化来看,2017年至2020年宿迁市河湖长制成效模糊综合评价结果逐步提高,2019、2020年已经分别达到0.431和0.442,评价等级为优秀,说明宿迁市近年来的河湖长制工作认真贯彻落实中央、省关于河湖长制各项决策部署,久久为功、持续发力,有效推动水环境质量稳定改善,人民群众的满意度持续提高,河湖长制整体工作建设水平有较大进步。

宿迁市主要存在的问题有:

①思想认识需要进一步提高

少数部门单位对河湖长制工作认识不够,没有把河湖长制摆到重要位置,片面认为河湖长制工作只是河湖长办和街道属地的事,各项工作措施落实不到位,对违法排污单位执法力度不够,对行业监管力度不足;部分基层河长对责任河流了解不深入,对自身职责不清楚,责任意识不够,履职成效不够。

②工作机制落实不到位

虽然目前已建立了部门联动、工作会议、信息报送、督查考核等工作制度,但落实不到位,比如部门缺乏联动,对基层责任部门和基层河长支持力度不够;河渠管护经费保障不足;河湖长制管理工作绩效考核问责机制待完善;河湖长制宣传教育力度不够。

③河湖治理任重道远

受社会生产、公民生活、旅游交通等影响,大量垃圾与污染物进入河道,加之雨污混排、管网错接、城市基础设施落后、污水收集率与处理能力不足等因素导致污水通过跑、冒、滴、漏等方式常态化入河,河水水质变差甚至不达标。河道范围内捡栽捡种、违法建设、乱搭乱建、垃圾随意倾倒等问题整治不彻底、屡禁不绝,河流权界不清、多重行政主体由于自身原因使得河流管护难度增大。此外,“头痛医头,脚痛医脚”式的缺乏整体化的基础设施整治仍然制约着“绿水青山就是金山银山”转化路径的探索,绿色经济价值的体现仍任重道远。

(6) 苏北地区五市综合评价结果

①2017 年

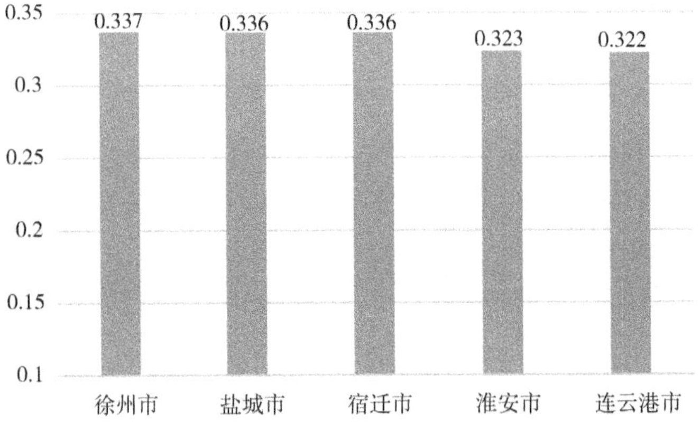

图 2-2　2017 年苏北地区五市河湖长制成效评价得分排序

2017 年苏北地区五市河湖长制成效评价得分从高到低分别为:徐州市、盐城市、宿迁市、淮安市、连云港市,五个市的评估分数均处于 0.2 分至 0.4 分之间,河湖长制成效评价等级为Ⅱ级,属于中等状态。河湖长制在一定程度上实现了水环境行政管理权力的集中统一,较好解决了水环境治理过程管理多头、职责不清、互相推诿等难题。但是由于 2017 年河湖长制刚刚建立,仍然存在一些问题:

Ⅰ. 认识不够,业务不熟。部分河湖长巡河湖不到位,掌握情况不清,有些甚至不了解河湖基本状况、排污口设置情况。

Ⅱ. 宣传不力,职责不清。镇、村级河湖长宣传不到位,渠库河长基本上只是挂名。有的河段流域较长,跨区域管理不便,相互之间协调不力,导致工作落实不到位。

Ⅲ. 群众参与度不高,保护意识不强。“民间河湖长”还没有真正发挥作用,特别是在城市污水处理、工矿企业排污和畜禽养殖面源污染治理等方面还存在很多薄弱点。

②2018 年

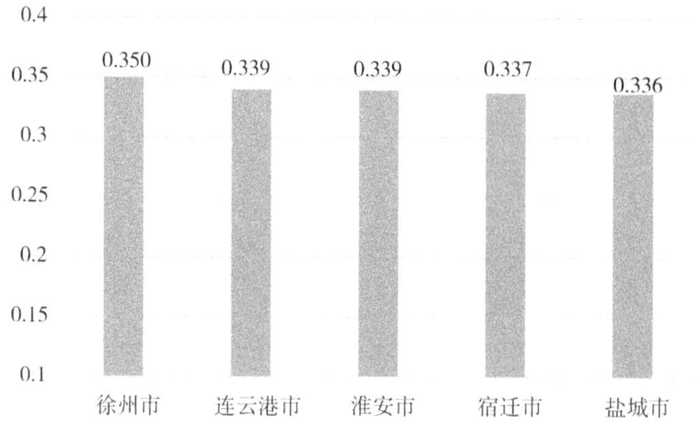

图 2-3　2018 年苏北地区五市河湖长制成效评价得分排序

2018 年苏北地区五市河湖长制成效评价得分从高到低分别为：徐州市、连云港市、淮安市、宿迁市、盐城市，五个市的评估分数均处于 0.2 分至 0.4 分之间，河湖长制成效评价等级为Ⅱ级，属于中等状态。2018 年是“河湖长制”建立的第二年，苏北地区五市河湖长制工作存在的共性问题是：

Ⅰ. 思想认识问题。河湖管理保护是一项长期的、艰巨的任务，建立了河湖长制只是刚刚开始，既要解决好当前存在的突出问题，集中力量打好攻坚战，也要做好打持久战的准备。

Ⅱ. 进展不平衡问题。有的地方实施河湖长制比较早，有的地方河湖长才刚刚开始履职，有的地方河湖长刚刚明确，还没有检查巡河湖。

Ⅲ. 问题整改不及时问题。现在很多河湖长已经开始巡河湖，发现了一些河湖的问题，有的地方群众也反映一些问题。对这些问题，有的地方能够及时进行整改、见到成效，有的地方整改不及时。

③2019 年

2019 年苏北地区五市河湖长制成效评价得分从高到低分别为：宿迁市、连云港市、徐州市、盐城市、淮安市。其中宿迁市、连云港市、徐州市、盐城市的评估分数大于 0.4 分，河湖长制成效评价等级为Ⅰ级，属于优秀状态。淮安市的分数处于 0.2 分至 0.4 分之间，河湖长制成效评价等级为Ⅱ级，属于中等状态。在此阶段苏北地区五市河湖长制成效存在的问题主要是：

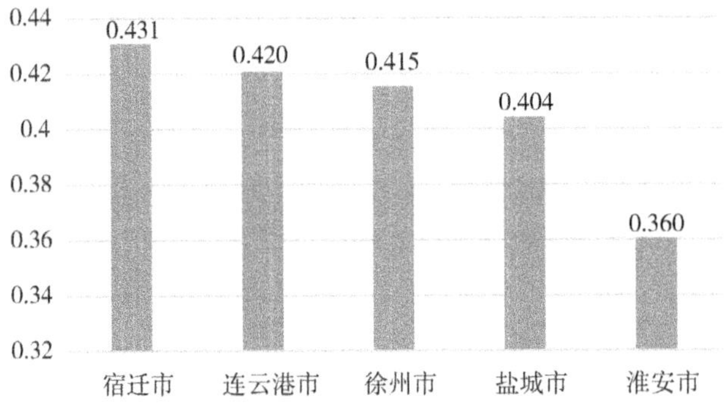

图 2-4　2019 年苏北地区五市河湖长制成效评价得分排序

Ⅰ. 水环境保护观念未贯彻人心。在部分城市郊区和农村地区,河边湖边堆砌垃圾的现象屡见不鲜,沿湖公园的垃圾也不计其数,企业也肆意地往河道里排放污水。环保条幅树立了很多,但依旧没解决问题。大多数人在个人利益和保护水环境面前,往往会选择前者。人们不愿去关注水污染,对污染水环境的问题“明知故犯”。

Ⅱ. 群众与政府人员存在隔阂。有些居民虽具有较强的环保意识却不愿去采取行动。

Ⅲ. 河湖长地位的现实弊端。现行阶段河湖长主要由各级党政机关人员担任,河湖道污染处理起来很棘手。

④2020 年

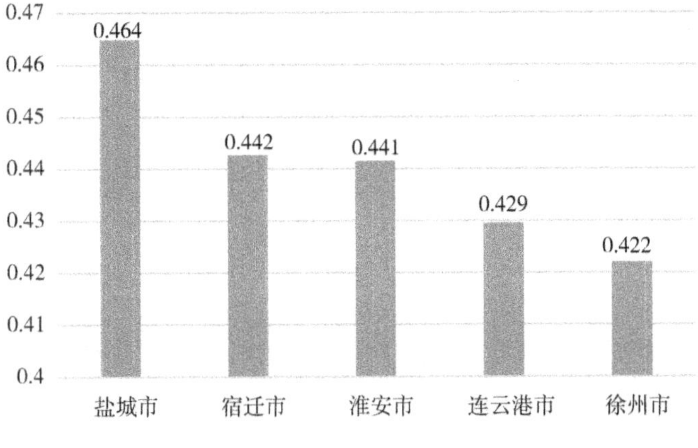

图 2-5　2020 年苏北地区五市河湖长制成效评价得分排序

2020 年苏北地区五市河湖长制成效评价得分从高到低分别为：盐城市、宿迁市、淮安市、连云港市、徐州市。其中五个城市的评估分数均大于 0.4 分，河湖长制成效评价等级为Ⅰ级，属于优秀状态。

⑤苏北地区五市河湖长制成效模糊综合评价结果

表 2-10 苏北地区五市河湖长制成效模糊综合评价结果

年份	Ⅰ	Ⅱ	Ⅲ	s
2017	0.319	0.414	0.455	0.329
2018	0.348	0.364	0.529	0.351
2019	0.409	0.423	0.524	0.411
2020	0.477	0.621	0.317	0.488

根据采集数据和指标权重计算可得 2017—2020 年苏北地区五市河湖长制成效的模糊综合评价结果（表 2-10）。由评价结果表可知，2017—2018 年综合评价值分别为 0.329 和 0.351，评价等级为较差，说明苏北地区五市河湖长制工作建设水平不到位，从河湖长制成效综合评价值的年际变化来看，2017 年至 2020 年苏北地区五市河湖长制成效模糊综合评价结果逐步提高，2019 年已经达到 0.411，评价等级为优秀，说明苏北地区五市近年来的河湖长制工作认真贯彻落实中央、省关于河湖长制各项决策部署，久久为功、持续发力，有效推动水环境质量稳定改善，人民群众的满意度持续提高，河湖长制整体工作建设水平有较大进步。

2.5 经验总结

苏北地区五市全面推行河湖长制以来，河湖实现了从“没人管”到“有人管”、从“多头管”到“统一管”、从“管不住”到“管得好”、从最初的“见河长、见机制”到如今的“见行动、见成效”，河湖监管保护不断强化，河湖水质稳步提升。苏北地区五市抓住全面推行河湖长制这一契机，积极探索用新理念、新方法推动复杂河湖问题的解决。除此之外，新兴技术的引入使得河湖环境治理工作效率得到显著提高，苏北各地市推进“河湖长制＋信息化”模式的探索实践，河湖长履职、交办问题整改、样本河道建设、信访举报等河湖长制重点工作进入市纪委监委“污染防治监督平台”。监察部门根据监管平台实时数据开展日常督察，对履职不到位的河湖长及责任单位及时启动问责追责程序。推进“党员河湖长＋企业河湖长”的探索实践，聘请一批党员和企业家担任河湖长，履行河段巡查员、宣传员、参谋员、联络员、示范员职责，推进所辖河段河（湖）长制工作取得实效，并将巡河湖经验在全域范围内推广，招募民间河湖长，开启了社会力量参与河湖治理新局面。

2017 年全面推行河湖长制以来，苏北地区湖泊监管保护不断强化，湖泊水质稳步提升，河畅、水清、岸绿、景美正逐步变为现实。河湖长制六大任务成效明显，各地积极探索，向高质量发展推动，向最后一公里深入，向群众的获得感落实。活水、五位一体、幸福美丽河湖建设是江苏高质量发展的主题词。在未来的河湖管理工作中，有关部门应将幸福河湖与乡村振兴相结合，打造水美乡村等多个示范点，真正做到水清、岸绿、河畅、景美、人民幸福的河道，取得显著成效。

苏北地区五市积极推行河湖长工作长效机制，取得了不俗成绩，但河湖治理绝非一朝一夕之功，护水治水永远在路上。针对考评和现场核查中出现的问题，有以下工作建议。

2.5.1　落实责任

全面推行河湖长制，是完整、准确、全面贯彻新发展理念、推动高质量发展、满足人民群众对美好生活需要的必然要求；要着力推动河湖长制由全面建立体系到全面落实落地，切实提高河湖管理保护水平；要把水环境治理作为优先任务，巩固提升重点领域水污染治理成果，强化水污染流域协同防治，统筹水上岸上污染治理，加强河湖水域岸线管控，严格管理河道采砂；要严格保护河湖水资源，强化水资源刚性约束，全面实施国家节水行动；要加快修复河湖水生态，加强湿地生态保护修复和水土流失治理，强化河湖水生生物资源保护；要全面强化河湖管理保护责任制落实，各级河湖长要担责尽责，联席会议各成员单位要按照职责分工履职尽责，切实形成流域统筹、区域协同、部门联动、全社会关心参与的河湖管理保护格局。河湖长制落实的根本在河长，但还有少数基层河湖长政治担当不足，表面敷衍，对习近平生态文明思想认识不够深刻，对全面推行河长制、湖长制重大改革举措理解不够透彻。推行河湖长制，必须着力构建多方共治格局。河湖长是党政领导，由于其他工作繁多，在具体河湖上所投入的精力势必不能满足生态河湖建设的要求。事实上，乡镇河湖问题很多，如何以河湖长制为抓手，调动更多的资源把河湖保护好是需要认真思考的。这就要求地方在推行过程中大胆创新探索，配套行政力量、技术力量、社会力量，共同配合河湖长开展工作，形成体系化、实体化运行的多方共治格局。

2.5.2　系统治理

因地制宜，系统治理，对于干旱缺水的河道，要在最大可能的情况下，让河道保持生态基流，保证其生态功能，从而增强群众的河道保护意识，也能最大限度地改善其生活环境。对于水源涵养区和水源补给区，河湖治理保护任务较重，继续加强河湖长制培训指导，推动河湖长制工作落地见效。水污染严重的河道，进一步加大水污染防治工作力度，全力推进河湖“两违三乱”整治，保护河道空间的完整，维护河道的健康生命；加强对农业面源污染治理手段和技术的研究；对黑臭水体、水污染源治理以及历史原因形成的河道管理范围内非法建设项目整治彻底到位。加快实施排污专项整治行动，推进各级河湖问题排查工作，切实摸清苏北地区各市入河排污有关情况。依据摸排底数，组织环保、城管、公安、水利等部门实施专项整治行动，依法关停违规设置的偷排、暗排口，同时严肃处置畜禽粪便、生活垃圾乱排等问题；加快城镇污水管网体系建设，增设污水处理厂，将城镇污水统一处理、集中排放。启动污水处理工艺提升行动，提升排放污水水质水平，保护河湖水生态。

2.5.3　加强协作

由地方政府配合国土、公安、城管、水利等部门联合采取执法行动，加快推进河湖水域岸线和水利工程管理范围确权划界，同时严厉打击乱占、乱建等问题，维护良好的水事秩序。加强多部门协作，建立共商协作机制。深入落实“一河一策”、三级联动、“五湖”共治等工作，建立健全联席会议、信息共享、监督检查和联合执法等制度，重点解决跨界河湖管护、农村水系疏浚连通、水体污染防治等突出问题，协同落实河湖长制各项任务。借鉴浙江省“河湖长＋警长”模式，由公安部门分级分段设立河道警长，全力为河湖长制工作护航，促进河湖管理保护长效化、规范化，推广江苏吴江的联合河湖长制。

2.6 本章小结

党的二十大强调要推动绿色发展，促进人与自然和谐共生，深入推进环境污染防治。在湖泊实施河湖长制有利于贯彻党的二十大精神，加强生态文明建设，改善湖泊生态环境，促进实现湖泊功能的永续利用。因此，本章聚焦河湖长制在湖泊保护中的研究。

首先，本章分析了河湖长制的内涵及要素组成。本章关注的河湖长制是典型的地方性环境治理政策。河湖长制经历了“长兴创新→无锡试水→全国推行”三个阶段。河湖长制基本原则为：坚持生态优先、绿色发展；坚持党政领导、部门联动；坚持问题导向、因地制宜；坚持强化监督、严格考核。组织形式方面，应建立省、市、县、乡四级河湖长体系。河湖长的工作职责方面，各级河湖长负责组织领导相应河湖的管理和保护工作，如水资源保护、水域岸线管理、水污染防治、水环境治理等，牵头对侵占河道、围垦湖泊、超标排污、非法采砂、破坏航道、电毒炸鱼、围网养鱼等突出问题依法进行整治协调。河湖长制的主要任务为：加强水资源保护，全面落实最严格水资源管理制度，严守“三条红线”；加强河湖水域岸线管理保护，严格管控水域、岸线等水生态空间，严禁侵占河道、围垦湖泊；加强水污染防治，统筹水上、岸上污染治理，排查入河湖污染源，优化入河排污口布局；加强水环境治理，保障饮用水水源安全，加大黑臭水体治理力度，实现河湖环境整洁优美、水清岸绿；加强水生态修复，依法划定河湖管理范围，强化山水林田湖草沙系统治理；加强执法监管，严厉打击涉河湖违法行为。江苏是全国淡水湖泊分布集中的省份之一，加强湖泊湖长制工作，是该省全面推行河湖长制的重要任务。2018 年 8 月，江苏省在全省湖泊实施湖长制，建立“一湖一档”五级湖长体系。《江苏省在全省湖泊实施湖长制意见》明确，全省境内所有湖泊实现湖长制全覆盖，建立健全省、市、县(市、区)、乡(镇、街道)、村(居委会)五级湖长体系。省委书记、省长担任省级总河长，省委副书记、副省长担任省级副总河长，15 位省委、省政府领导分别担任 20 条河道的省级河长、14 个湖泊的省级湖长。

其次，本章聚焦了河湖长制在苏北地区湖泊保护战略中的应用，具体分析了宿迁市、连云港、徐州市、淮安市、盐城市河湖长制的实行效果。宿迁市以推进河湖长制为切入点，合力攻坚，推动河湖生态修复，积极营造“湖泊如镜河如练，绿满大地水清澄”的水生态愿景。宿迁市的骆马湖生态修复积极有效，洪泽湖周围县(区)亦根据湖长制进行洪泽湖网格化管理。白马湖在各级湖长的关心重视下，通过实施退圩还湖、退渔还湖、生态清淤等综合措施，净水面积已扩大到 86.7 km^2，较治理前增加一倍，逐步成为长三角地区知名的湖滨生态旅游和休闲度假基地。连云港市于 2017 年全面推行河湖长制，并坚持生态优先、绿色发展。连云港市海陵湖，原名石梁河水库，通过综合整治后，目前水质稳定在Ⅲ类水，个别指标达到Ⅱ类水标准，水资源效益初步显现。云龙湖位于江苏省徐州市泉山区，该市把落实“河湖长制”作为加快全市治水工作的总抓手，把打造生态河湖作为徐州水环境治理的总目标，把云龙湖整体达到“水清、流畅、岸绿、景美”作为建设目标。且推行(河)湖长制以来，徐州市沛县大屯街道对辖区内 5 条县级河道、8 条镇级河道、116 条村级河道、126 个坑塘和微山湖水源保护地进行全面日常管护，并结合精准扶贫，建立“河湖长制＋精准扶贫”模式。淮安市抓住全面推行河(湖)长制这一巨大契机，积极探索用新理念、新方法推动治水兴水新实践，积极推动洪泽湖等 5 个省管湖泊网格化管理模式。盐城市政府于 2018 年印发《盐城市全面推行湖长制工作实施方案》，明确湖长工作职责，并明确了保障措施落实。

再次，本章分析了河湖长制在苏北湖泊战略保护中遇到的主要挑战及解决措施。主要挑战有：难以形成多部门统筹合力治理；河湖长办人员仍需进一步补充；社会参与度不高；河湖长制资金保障压力大；河湖长制培训工作的针对性仍需进一步加强；跨区域湖泊缺乏上下联动、协调配合机制，湖泊管理难度较大。主要措施为：着力构建多方共治格局；强化要素保障，全面提升工作效能；进一步加大舆论宣传，扩大群众参与河湖长制建设的深度和广度；加强多部门协作，建立共商协作机制；适时培训，提升水准。

又次，本章进行了苏北地区河湖长制成效评价体系研究。本章运用综合了变权思想的模糊综合评价法构建全面推行河湖长制成效评价模型，综合考虑各评价者对于评价指标的意见，对被评价对象的优劣程度做出准确、整体及科学的评价。先根据采集数据和指标权重计算得到 2017—2020 年宿迁市、连云港市、徐州市、淮安市、盐城市河湖长制成效的模糊综合评价结果，分别说明各市河湖长制建设存在的问题，再按年份逐年说明苏北地区五市综合评价结果。2017 年至 2020 年苏北地区五市河湖长制成效模糊综合评价结果逐步提高，2019 年已经达到 0.411，评价等级为优秀，说明苏北地区五市近年来的河湖长制工作认真贯彻落实中央、省关于河湖长制各项决策部署，久久为功、持续发力，有效推动水环境质量稳定改善，人民群众的满意度持续提高，河湖长制整体工作建设水平有较大进步。

最后，作出河湖治理的经验总结，护水治水永远在路上，针对考评和现场核查中出现的问题，提出以下建议：落实责任，强化河湖长的政治担当；系统治理，实施排污专项整治行动；加强协作，强化河湖管理保护。

第三章

苏北地区湖泊保护机制研究

3.1 研究背景

第二章介绍了河湖长制对苏北地区重点湖泊的保护成果，并运用了变权理论和模糊综合评价法对苏北地区五市的河湖长制成效进行评价。本章将从跨行政区的湖泊保护着手，研究苏北地区湖泊保护涉及的多主体利益协调机制，以及地方政府所面临的困境，企业与社会公众的相互影响。本章合作契约的制定还为第四章改善苏北地区湖泊保护的生态补偿绩效提供了新的路径。

湖泊流域是人类文明的发源地，是人类繁衍生息的主要聚集地，其蓄水量是河流蓄水量的180倍[58]。自1978年以来，随着苏北地区城镇化进程的不断推进和工业经济的持续增长，常住人口的城镇化水平从1978年的9.23%提高到2019年的66.18%。湖泊生态环境的持续恶化已成为制约社会经济持续发展的瓶颈，湖泊流域环境作为一种公共物品具有的非排他性特征和外部性特征往往会造成"公地的悲剧"[59]。但是由于目前我国的流域生态环境没有清晰的产权界定，所以在湖泊流域生态环境保护过程中经常会发生市场失灵的现象[60]。生态补偿是一种以经济手段为主调节相关方面的利益关系，促进补偿活动、调节生态保护积极性，协调并激励相关方的制度安排的措施，目的是保护生态系统服务使其可持续利用。这是一门横跨经济学、社会学以及环境生态学三门学科的综合学科[61]。国内学者对鄱阳湖、洞庭湖、太湖、滇池等面积较大的湖泊进行了关于生态补偿问题的探讨[62-63]。本章拟对苏北湖泊的生态补偿主客体、生态补偿机制和生态补偿策略进行研究。同时将对生态补偿机制下微观层面的地方政府与企业及社会公众间的相互关系与影响进行探讨研究，并为深入开展湖泊与环境保护提供一定的对策建议。

3.2 府际博弈机制研究

3.2.1 研究对象

2018 年，洪泽湖发生污水输入事件[64]，使得洪泽湖周围渔业养殖户遭受重大损失，污水造成 2.5 万多人受灾，水产受灾面积 9.25 万亩，直接经济损失达 2.34 亿元。大量污水长时间的侵蚀对洪泽湖生态系统的危害难以估量。洪泽湖是华东地区最大的淡水湿地，共划定了 10 多个保护区，是一个兼具生态、经济价值的重要湖泊，但此次污染导致湖中 4 个国控断面监测点全部超标。国家相关部门追溯污水源头，监测结果显示，洪泽湖主要入湖河流中，来自安徽、河南的新濉河、新汴河入境水质均为劣Ⅴ类，江苏和安徽两地的环保部门经会商初步判断原因是上游泄洪夹带污水。为了解决严峻的跨界污染问题，要明确“谁受益、谁补偿，谁保护、谁受偿”的原则，加快形成受益者付费、保护者得到合理补偿的运行机制。这种选择性“激励-惩罚”机制既是应对当前我国严峻的生态问题的一种新型解决思路，也是新常态背景下环境规制策略创新的必然要求。

3.2.2 基本假设

洪泽湖流域生态补偿策略的主客体分别为：上游的地方政府（例如：安徽、河南）、洪泽湖所在辖区下游地方政府（例如：江苏）和中央政府。本书考虑上下游地方政府在有限时间内产生跨界污染输入问题，且双方不存在行政隶属关系。生态补偿策略分别为：分散式决策、集中式决策和存在成本分担的决策。本书以洪泽湖流域的污染治理量为关键变量，分析洪泽湖流域生态补偿机制的总体结构，使用微分博弈的方法构造无成本分担的集中式生态补偿策略、无成本分担的分散式生态补偿策略，以及引入成本分担契约的分散式生态补偿策略。中央政府可利用补贴政策来引导地方政府制定治污投入政策，在地方政府合作治污减排过程中，需要制定合理的利益分配机制，协调上下游地方政府共同治污减排，进而提高湖泊整体环境，改善质量。因此研究中央政府补贴下湖泊上下游生态补偿策略问题具有重要的理论和现实意义。

本书存在以下几个基本假设：

假设 1　根据已有研究的思路[65]，认为湖泊上下游地方政府治污减排的投入对流域的治污减排量具有正向的影响，且随着时间的推移，治污设备的老化，那么流域治污减排量会出现一定的衰减，治污减排量的微分方程可以刻画为：

$$\dot{y}=\alpha I_u(t)+\beta I_d(t)-(\gamma-r)y(t) \tag{3-1}$$

假设 2　假设地方政府治污减排投入具有相同的凸函数特征，t 时刻上下游的治污减排成本函数为：

$$\begin{cases} C_u(I_u)=\dfrac{w_u}{2}I_u^2(t) \\ C_d(I_d)=\dfrac{w_d}{2}I_d^2(t) \end{cases} \tag{3-2}$$

假设 3　在无限的时间区间内，上下游在任意时刻均具有相同的贴现因子 ρ，$\rho>0$。

假设 4　认为上下游地方政府均是基于完全信息作出的决策，且不考虑上下游在治污减排时受其他因素的影响。

根据社会福利效应理论，生态环境的改善会提高居民生活满意度和区域投资环境吸引力，由此带来的区域产业发展利好使得流域的三产产量增加，s 通过影响上下游地方政府对污染治理的投入进而影响污染治理量。本书假设产量增加量与污染治理量呈线性关系，则流域总产量增加量为：

$$T(y(t),t)=sy(t)+T_0 \tag{3-3}$$

其中 T_0 是初始时刻流域产量增长量。三产产量增加将带来经济的增长，经济增长使得流域收益值增加，故上下游地方政府的经济增长的微分方程分别为：

$$\begin{cases} R_u(t)=J_u \cdot T(t)+(\Phi_u-1)C_u(I_u) \\ R_D(t)=J_D \cdot T(t)+(\Phi_D-1)C_d(I_d) \end{cases} \tag{3-4}$$

在此假设下，上下游地方政府及中央政府基于完全信息进行决策，上下游地方政府在任意时刻均具有相同的贴现率，构造上下游地方政府的目标函数：

$$\begin{cases} R_u=\int_0^{\infty} e^{-\rho t}\{J_u \cdot T(y(t),t)+(\Phi_u-1)C_u(I_u)\}dt \\ R_D=\int_0^{\infty} e^{-\rho t}\{J_D \cdot T(y(t),t)+(\Phi_D-1)C_d(I_d)\}dt \end{cases} \tag{3-5}$$

为书写方便，下文将(t)省略。

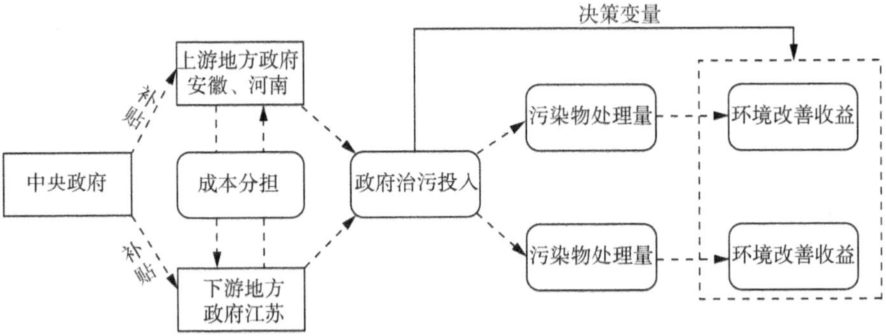

图 3-1　洪泽湖流域内上下游区域的决策关系

3.2.3　模型建立和求解

(1) 集中式生态补偿策略(记为决策 a)

假设在中央政府的约束下，湖泊流域上下游地方政府形成有力的合作协议，建立了长期合作关系，即上下游作为一个协同控制的整体。在此情况下，上下游地方政府以流域整体的经济增长量最大化作为目标进行决策，博弈顺序为中央政府先规定最优补贴系数，随后上下游地方政府根据中央政府的补贴系数最大化流域整体的经济增长量，则流域整体和中央政府的决策目标函数为：

$$\begin{cases} R_T^a = \max\limits_{I_u^a \geq 0 I_D^a \geq 0} \int_0^{\infty} e^{-\rho t} \{ (J_D + J_u) \cdot T + (\Phi_u^a - 1) C_u(I_u^a) \\ \quad + (\Phi_D^a - 1) C_D(I_D^a) \} dt \\ R_G^a = \max\limits_{\varphi_u \geq 0 \varphi_D \geq 0} \int_0^{\infty} e^{-\rho t} \{ (J_D + J_u) \cdot T - \Phi_u^a C_u(I_u^a) - \Phi_D^a C_D(I_D^a) \} dt \end{cases} \tag{3-6}$$

将 $C_u(I_u)$、$C_D(I_D)$代入可得连续有界微分函数：

$$\begin{cases} R_T^a = \max\limits_{I_u^a \geq 0} \int_0^{\infty} e^{-\rho t} \{ T_a^* \cdot (J_u + J_D) - (1 - \Phi_u^a) \dfrac{w_u}{2} (I_u^a)^2 \\ \quad - (1 - \Phi_D^a) \dfrac{w_D}{2} (I_D^a)^2 \} dt \\ R_G^a = \max\limits_{\varphi_u \geq 0 \varphi_D \geq 0} \int_0^{\infty} e^{-\rho t} \{ (J_D + J_u) \cdot (sy(t) + T_0) \\ \quad - \Phi_u^a \dfrac{w_u}{2} (I_u^a)^2 - \Phi_D^a (I_D^a)^2 \} dt \end{cases} \tag{3-7}$$

为求上游地方政府按照自身利益最大化的结果，解微分方程，得：

$$\frac{\partial y}{\partial I_u} = \frac{\alpha}{\gamma - r} - \frac{\alpha}{\gamma - r} e^{-(\gamma - r)t} \tag{3-8}$$

上下游地方政府治理污染的最优投入、中央政府对上下游地方政府最优补贴系数分别为：

$$\begin{cases} I_u^{a^{**}} = \dfrac{(J_u + J_D) s\alpha}{w_u m} \\ I_D^{a^{**}} = \dfrac{(J_u + J_D) s\beta}{w_D m} \\ \Phi_u^{a^*} = 0 \\ \Phi_D^{a^*} = 0 \end{cases} \tag{3-9}$$

其中，$m = \rho + \gamma - r$，$I_u^{a^{**}}$、$I_D^{a^{**}}$ 是在上下游作为一个协同控制的整体治

污投入的均衡解。

污染治理量的最优路径为：

$$y^{a^{**}}=\frac{A^a}{\gamma-r}-\left(\frac{A^a}{\gamma-r}-y_0\right)e^{-(\gamma-r)t} \tag{3-10}$$

其中，$A^a=\alpha\cdot I_u^{a^{**}}+\beta\cdot I_D^{a^{**}}$。

流域整体的最优经济增加量为：

$$R_T^{a^{**}}=e^{-\rho t}\left[\frac{(J_u+J_D)s}{m}T^{a^{**}}+\left(\frac{\alpha^2}{2w_u}+\frac{\beta^2}{2w_D}\right)\frac{(J_u+J_D)^2s^2}{\rho m^2}+\frac{(J_u+J_D)T_0}{\rho}\right] \tag{3-11}$$

(2) 无成本分担的分散式生态补偿策略(记为决策 b)

分散式决策下，上下游地方政府均以自身利益最大化为目标。此时流域上下游地方政府构成纳什博弈，在纳什博弈中，上下游地方政府处于平等的地位，博弈顺序为：中央政府先规定对上下游地方政府的补贴系数，然后上下游地方政府同时最大化所处流域的经济增长量。此时上下游地方政府的目标函数分别为：

$$\begin{cases}R_u^b=\max\limits_{I_u^a\geqslant 0}\int_0^{\infty}e^{-\rho t}\left\{J_u\cdot(sy+T^0)+(\Phi_u^b-1)\frac{w_u}{2}(I_u^b)^2\right\}dt\\ R_D^b=\max\limits_{I_D^a\geqslant 0}\int_0^{\infty}e^{-\rho t}\left\{J_D\cdot(sy+T^0)+(\Phi_D^b-1)\frac{w_D}{2}(I_D^b)^2\right\}dt\end{cases} \tag{3-12}$$

上下游地方政府治污的最优投入和中央政府最优补贴系数分别为：

$$\begin{cases}I_u^{b^{**}}=\frac{J_us\alpha}{w_u(1-\Phi_u^{b^*})m}\\ I_D^{b^{**}}=\frac{J_Ds\beta}{w_D(1-\Phi_D^{b^*})m}\\ \Phi_u^{b^*}=\frac{J_D}{J_u+J_D}\\ \Phi_D^{b^*}=\frac{J_u}{J_u+J_D}\end{cases} \tag{3-13}$$

污染治理量的最优路径为：

$$y^{b^{**}}=\frac{A^b}{\gamma-r}-\left(\frac{A^b}{\gamma-r}-y_0\right)\mathrm{e}^{-(\gamma-r)t} \tag{3-14}$$

其中 $A^b=\alpha\cdot I_u^{b^{**}}+\beta\cdot I_D^{b^{**}}$

流域上下游地方政府的经济增加量分别为：

$$\begin{cases}R_u^{b^{**}}=\mathrm{e}^{-\rho t}\left[J_u s y^{b^{**}}+\dfrac{J_u T_0}{\rho}+\dfrac{\alpha^2(J_u s)^2}{2\rho(1-\Phi_u^{b^*})w_u m^2}+\dfrac{\beta^2 s^2 J_u J_D}{2\rho(1-\Phi_D^{b^*})w_D m^2}\right]\\ R_D^{b^{**}}=\mathrm{e}^{-\rho t}\left[J_D s y^{b^{**}}+\dfrac{J_D T_0}{\rho}+\dfrac{\beta^2(J_D s)^2}{2\rho(1-\Phi_D^{b^*})w_D m^2}+\dfrac{\alpha^2 s^2 J_u J_D}{2\rho(1-\Phi_u^{b^*})w_u m^2}\right]\end{cases} \tag{3-15}$$

(3) 引入成本分担契约的分散式生态补偿策略（记为决策 c）

此时下游地方政府作为主导方激励上游地方政府提供高标准水质，同时进一步提高其治污积极性，对上游地方政府的治污成本进行分担，分担比例为 θ。在此时，上下游地方政府构成斯塔克伯格主从博弈模型，即中央政府、上下游地方政府组成一个三阶段博弈。博弈顺序为中央政府先制定双方治污补贴系数，然后下游地方政府确定最优治污投入和下游地方政府对上游地方政府的成本分担比例，最后上游地方政府根据下游地方政府确定的最优治污投入和下游地方政府对上游地方政府的成本分担比例确定自己的最优治污投入。上下游地方政府利润目标函数和中央政府利润目标函数分别为：

$$\begin{cases}R_u^c=\max\limits_{I_u^c\geq 0}\displaystyle\int_0^{\infty}\mathrm{e}^{-\rho t}\{J_u\cdot T-(1-\Phi_u^c-\theta)C_u(I_u^c)\}\mathrm{d}t\\ R_D^c=\max\limits_{I_D^c\geq 0}\displaystyle\int_0^{\infty}\mathrm{e}^{-\rho t}\{J_D\cdot T-(1-\Phi_D^c)C_D(I_D^c)-\theta C_u(I_u^c)\}\mathrm{d}t\\ R_G^c=\max\limits_{\varphi_u\geq 0\varphi_D\geq 0}\displaystyle\int_0^{\infty}\mathrm{e}^{-\rho t}\{(J_D+J_u)\cdot T-\Phi_u^c C_u(I_u^c)-\Phi_D^c C_D(I_D^c)\}\mathrm{d}t\end{cases} \tag{3-16}$$

中央政府承担的最优成本补贴系数为：

$$\begin{cases}\Phi_u^{c^*}=\dfrac{J_u}{2(J_u+J_D)}\\ \Phi_D^{c^*}=\dfrac{J_u}{J_u+J_D}\end{cases} \tag{3-17}$$

上下游地方政府最优治污投入分别为：

$$\begin{cases} I_u^{c^{**}} = \dfrac{s\alpha(J_u + 2J_D)}{2w_u m(1-\Phi_u^{c^*})} \\ I_D^{c^{**}} = \dfrac{s\beta J_D}{w_D m(1-\Phi_D^{c^*})} \end{cases} \tag{3-18}$$

污染排放量的最优路径轨迹为：

$$y^{c^{**}} = \frac{A^c}{\gamma - r} - \left(\frac{A^c}{\gamma - r} - y_0\right)e^{-(\gamma-r)t} \tag{3-19}$$

其中 $A^c = \alpha \cdot I_u^{c^{**}} + \beta \cdot I_D^{c^{**}}$。此时，流域产量的增加量为：

$$T^{c^*} = T^0 + s\left[\frac{A^c}{\gamma - r} - \left(\frac{A^c}{\gamma - r} - y_0\right)e^{-(\gamma-r)t}\right] \tag{3-20}$$

上下游地方政府的经济增加量分别为：

$$\begin{cases} R_u^{c^{**}} = e^{-\rho t}\left[J_u s y^{c^{**}} + \dfrac{J_u T_0}{\rho} + \dfrac{\alpha^2 s^2 (2J_D + J_u) J_u}{4\rho(1-\Phi_u^{c^*})w_u m^2} + \dfrac{(\beta s)^2 J_D J_u}{2\rho(1-\Phi_D^{c^*})w_D m^2}\right] \\ R_D^{c^{**}} = e^{-\rho t}\left[J_D s y^{c^{**}} + \dfrac{J_D T_0}{\rho} + \dfrac{\alpha^2 s^2 (2J_D + J_u)^2}{8\rho(1-\Phi_u^{c^*})w_u m^2} + \dfrac{(\beta s J_D)^2}{2\rho w_D (1-\Phi_D^{c^*})m^2}\right] \end{cases}$$

(3-21)

3.2.4　命题分析

命题 1　将中央政府对上下游地方政府补贴系数视为 0 时，对比决策 a 和决策 b 的决策结果，可知：

$$I_D^{a^*} > I_D^{b^*} = I_D^{c^*},$$

当 $J_D > \frac{1}{2}J_u$ 时，

$$I_u^{a^*} > I_u^{c^*} > I_u^{b^*}, y^{a^*} > y^{c^*} > y^{b^*}, R^{a^*} > R^{c^*} > R^{b^*}$$

当 $J_D \leqslant \frac{1}{2}J_u$ 时，

$$I_u^{a^*} > I_u^{b^*} > I_u^{c^*}, y^{a^*} > y^{b^*} > y^{c^*}, R^{a^*} > R^{b^*} > R^{c^*}$$

证明　首先对三种决策中下游治污投入量作差，

$$I_D^{a^*} - I_D^{b^*} = \frac{J_u s\beta}{\omega_D m} > 0, I_D^{a^*} - I_D^{c^*} = \frac{J_u s\beta}{\omega_D m} > 0, I_u^{a^*} - I_u^{b^*} = \frac{J_D s\alpha}{\omega_u m} > 0$$

$$I_u^{a^*} - I_u^{b^*} = \frac{J_D s\alpha}{w_u m} > 0, I_u^{c^*} - I_u^{b^*} = \frac{(2J_D - J_u)s\alpha}{2w_u m}$$

所以当 $J_D > \frac{1}{2}J_u$ 时，$I_u^{c^*} > I_u^{b^*}$；当 $J_D \leqslant \frac{1}{2}J_u$ 时，$I_u^{c^*} \leqslant I_u^{b^*}$。

对于污染治理量函数

$$y = \frac{A}{m} - (\frac{A}{m} - y_0)e^{-mt},$$

对 A 进行求偏导

$$\frac{\partial y}{\partial A} = \frac{1}{m}(1 - e^{-mt}),$$

因为 $mt > 0$，所以 $1 - e^{-mt} > 0$，所以

$$\frac{\partial y}{\partial A} = \frac{1}{m}(1 - e^{-mt}) > 0,$$

所以 y 是关于 A 的增函数

$$A^c = \alpha \cdot I_u^{c^*} + \beta \cdot I_D^{c^*} > A^b = \alpha \cdot I_u^{b^*} + \beta \cdot I_D^{b^*},$$

故 $y^{a^*} > y^{c^*} > y^{b^*}, T^{a^*} > T^{c^*} > T^{b^*}, R^{a^*} > R^{c^*} > R^{b^*}$。

对引入成本分担契约前后上游地区的经济增长量进行比较，可知当 $J_D > \frac{1}{2}J_u$ 时：

$$R^{c^*} - R^{b^*} = J_u s(y^{c^*} - y^{b^*}) + \frac{\alpha^2 s^2 (J_u^2 - 2J_D J_u)}{4\rho w_u m^2} \tag{3-22}$$

由命题 1 可知，以上三种博弈决策的均衡解的相对大小关系均可脱离时间 t 而成立，即最优微分博弈策略结果是与时间无关的，说明该策略在实践中

的操作性较强，具有一定的管理实践意义。在决策 c 中，仅当 $J_D>\frac{1}{2}J_u$ 时，下游地方政府为上游地方政府分担一部分治污成本，当 $J_D\leqslant\frac{1}{2}J_u$ 时，下游地方政府不为上游地方政府分担治污成本。所以，成本分担契约必须要在 $J_D>\frac{1}{2}J_u$ 时才会满足上下游地方政府的参与约束。当引入成本分担契约，且 $J_D>\frac{1}{2}J_u$ 时，上游地方政府的最优治污投入水平、污染治理量、经济增长量以及流域整体的经济增长量均得到提高，实现了上下游地区经济的帕累托改善。所以，成本分担契约在一定的条件下，具有较好的管理实践意义。

命题 2　三种决策情况下，中央政府对上下游地方政府的最优补贴系数满足：

$$\Phi_D^{a^*}<\Phi_D^{c^*}=\Phi_D^{b^*}$$

$$\Phi_D^{c^*}=2\Phi_u^{c^*}$$

当 $J_D>\frac{1}{2}J_u$ 时，$\Phi_u^{a^*}<\Phi_u^{c^*}<\Phi_u^{b^*}$；当 $J_D\leqslant\frac{1}{2}J_u$ 时，$\Phi_u^{a^*}<\Phi_u^{b^*}\leqslant\Phi_u^{c^*}$

证明　对决策 c 和决策 a 的中央政府补贴系数作差，可得：

$$\Phi_D^{c^*}-\Phi_D^{a^*}=\frac{J_u}{J_u+J_D}>0$$

所以 $\Phi_D^{c^*}>\Phi_D^{a^*}$。同理 $\Phi_D^{b^*}>\Phi_D^{a^*}$，$\Phi_D^{c^*}=\Phi_D^{b^*}$。

对决策 c 和决策 b 下中央政府最优补贴系数作差，可得：

$$\Phi_u^{c^*}-\Phi_u^{b^*}=\frac{J_u-2J_D}{2(J_u+J_D)}$$

所以 $J_D>\frac{1}{2}J_u$ 时，$\Phi_u^{b^*}>\Phi_u^{c^*}$；当 $J_D\leqslant\frac{1}{2}J_u$ 时，$\Phi_u^{b^*}\leqslant\Phi_u^{c^*}$，同理可证 $\Phi_u^{a^*}<\Phi_u^{b^*}$，$\Phi_u^{a^*}<\Phi_u^{c^*}$。

由以上可知，在三种决策的情况下，中央政府的最优补贴系数均与时间无关，说明本结果具有较好的实践意义，在实际的环境管理过程中，上下游政府若选择决策 a，中央政府对地方政府的最优补贴值为 0，即中央政府不会提供补贴来激励地方政府实行生态补偿达到最优经济增长；若选择决策 b，中央政府对地方政府的最优补贴系数取决于上下游的流域经济增长量在流域整体经济增长量中的比重；中央政府在决策 b 和决策 c 中对下游地方政府的补贴系数相同。在决策 c 中，中央政府对上游地方政府的补贴是对下游地方政府补贴的一半，这正是由于上下游在环保策略中的地位不同，所以获得中央政府的补贴也不同，居于领导者位置的将获得相对更多的减排补贴。另外，当 $J_D > \frac{1}{2} J_u$ 时，中央政府对上游地方政府的最优补贴系数随着上下游合作的紧密程度的增大而减小，直至上下游集中式决策时达到最小（为零），这表示上下游地方政府在集中考虑生态补偿时流域治理效果能够达到最好。

命题 3　存在中央政府补贴时，无成本分担的分散式决策和成本分担契约下分散式决策中，上下游的最优治污投入、污染物治理量最优水平以及经济边际增量达到了集中决策时的水平。

证明　当中央政府对地方进行补贴时，对引入成本分担契约前后上下游地方政府的经济增长量进行作差，可得：

$$R_D^{c^*} - R_D^{b^*} = \frac{e^{-\rho t} s^2 \alpha^2 (J_u + J_D)(J_u - 2J_D)}{4\rho w_u m} \tag{3-23}$$

当 $J_D > \frac{1}{2} J_u$ 时，$R_u^{c^*} = R_u^{b^*}$，$R_T^{a^*} < R_T^{c^*} < R_T^{b^*}$。

由上述结论可知中央政府的补贴策略会对上下游在不同博弈形式下的经济增长量产生影响。无成本分担的分散式决策和成本分担契约下分散式决策两种决策中上游的经济增长量相等，且引入成本分担契约后下游的经济增长量较无成本分担契约时要低，流域整体经济增长量在集中式决策下最低，而在无成本分担契约的分散式决策下最高，这说明了中央政府对地方政府的补贴政策影响不同博弈形式下地方政府的污染治理量及地区经济增长量，所以地方政府可以根据中央政府的补贴机制来确定最大化自身经济增长量的博弈形式。引入成本分担契约之后，无论是否存在中央政府的补贴，当 $J_D > \frac{1}{2} J_u$ 时，上下游地方政府的最优治污投入、污染治理量与流域经济增长量对区域产量增量的敏感系数 J_u、J_D 以及 α、β、s 呈正相关，与上下游地方政

府治污成本系数 w_u、w_D、m 呈负相关。因此，污染治理量对政府治污投入量敏感系数越大，上下游地方政府的最优治污投入、污染治理量与流域经济增长量越大，流域整体合作生态治理效果就越好。随着治污成本系数 w_u、w_D 的增加，上下游地方政府的最优治污投入量、污染治理量、流域产量增加量均下降，即流域治污成本越高流域整体治污效果越差。值得一提的是，污染治理量的自然衰减率 γ 上升使污染治理量减小，进而使经济增长量逐渐降低，当 γ 足够大时，经济增长量将变得很低，此时应该及时采取更新污染处理设备，升级污染处理技术等措施。

3.2.5 算例分析

洪泽湖是淮河干流中下游之交的一座巨型平原人工水库，它拦截淮河流域中上游计 15.8 万 km^2 的来水，这些水全部经由洪泽湖调节，再分别下泄至长江和黄海。正常蓄水位 13.5 m 时，水域面积 2 232 km^2，蓄水总量近 53 亿 m^3。洪泽湖保障下游地区三千多万亩耕地、两千多万人口和十多座中小城市的防洪安全，供给中下游地区的城乡用水(包括居民的饮用水)、近千万亩水稻田的灌溉用水，保证了水产养殖用水，同时还是淮河上中游进入京杭运河的主要水上干道；它是江苏省多年来南水北调的主体工程之一，经洪泽湖北调的淮水占总调水量的四分之一以上。虽然已有针对洪泽湖流域的横向生态补偿协议，但是随着上游地区污染治理成本、行业损失的增加以及下游地区水质的逐渐提高，目前对上游地区的补偿力度是远远不够的，流域上下游地区经济矛盾依然存在。J_u、J_D 为流域经济边际增长量，α、β 分别是污染治理量对上下游地方政府投入量的敏感系数，文中分别取 $J_u=30$，$J_D=45$，$\alpha=1$，$\beta=1.2$(参考研究区域的人均 GDP、人均财政收入等指标进行参数赋值)；同时，流域上游地区需要维持较好的生态环境，执行较高的产业准入门槛，生态系统需要实施更严格的用途管制等，上游地区因此会失去一定的发展机会，所以本书取上下游地方政府的治污成本系数分别为 $w_u=10$、$w_D=20$(取值对比参考上下游地区的人均 GDP、人均氨氮排放量、人均化学需氧排放量等指标)；r 为污染物回用率，γ 为由于治污机器设备老化引起污染治理量的自然衰减率，它们受污染处理技术水平的限制，本书分别取 $r=0.1$，$\gamma=0.2$(r 取值参照当前我国污水回用率，近似为 0.1)；ρ 即上下游地方政府在无限时间内的贴现率，取值参考市场利率与通货膨胀补偿，本书假设 $\rho=0.9$。

对以上三种决策的均衡结果进行比较，如表 3-1 所示：

表 3-1　算例分析结果表　　单位：百万元

参数	上下游无合作决策	上下游合作决策	引入成本分担契约的总体决策
上游治污投入	2.212 1	1.896 1	4.055 6
下游治污投入	2.922 1	1.669 8	7.072 1
污染治理总量	8.305 5	7.620 5	10.961 7
上游经济增加量	5.433 2	4.999 0	7.135 7
下游经济增加量	4.909 3	4.402 3	6.804 2
流域经济增加量	10.352 5	9.401 3	13.939 9

由表 3-1 可知，补贴下的上下游合作决策中，上下游治污投入较上下游无合作策略中上下游治污的投入水平提高，污染治理总量提高 31.98%，流域经济增加量上升 34.65%；较无中央政府补贴的上下游合作策略中流域治污投入水平提高，污染治理总量提高 43.84%，流域经济增加量上升 48.28%，表明了在中央政府补贴下的上下游合作策略达到了治污和增产的最优状况。

本书选取污染治理量 $y_{(t)}$ 作为关键参数，污染治理量直接影响经济增长量，以下四图分别反映了 α、β、J_u、γ 与 $y_{(t)}$ 的关系。

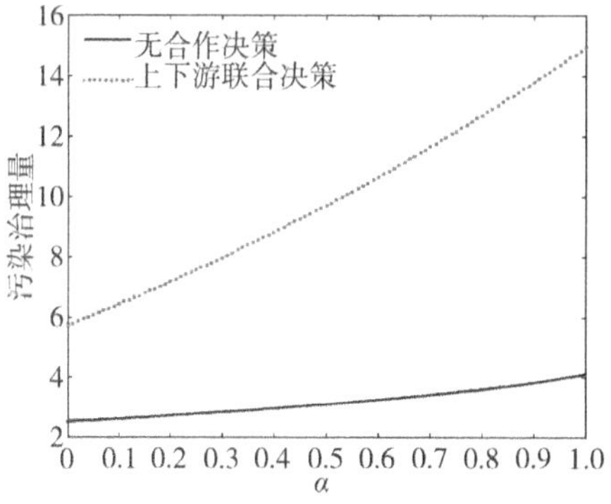

图 3-2　参数 α 对污染治理量的影响

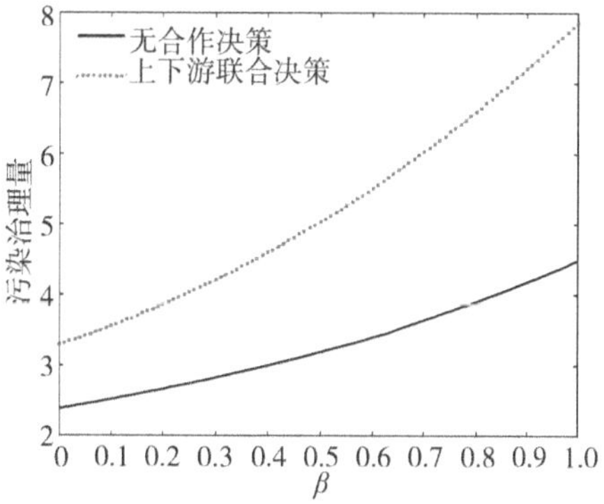

图 3-3　参数 β 对污染治理量的影响

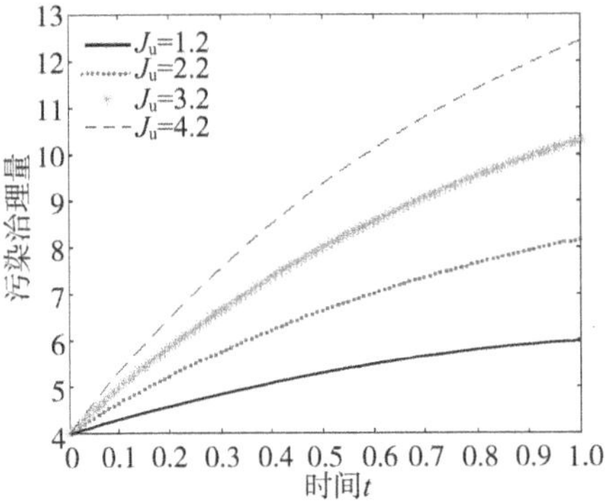

图 3-4　参数 J_u 对污染治理量的影响

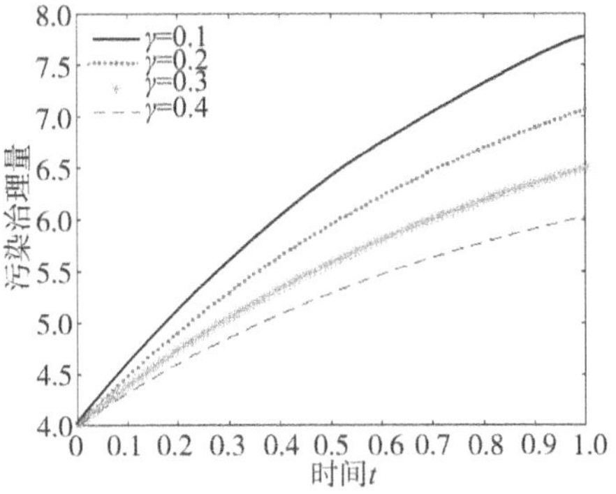

图 3-5　参数 γ 对污染治理量的影响

由图 3-2、3-3 可以看出，对于上下游无合作决策和中央政府补贴下的上下游联合决策来说，污染治理量随着政府对污染投入的敏感系数 α 的增大而增大，说明当政府对治理污染的投入越容易转化为污染治理量时，流域的生态环境改善效果越明显；在引入中央政府协调之后的上下游联合生态补偿策略的污染治理量较上下游无合作的策略以及无中央协调上下游合作策略得到提高，且引入中央政府补贴前后流域污染治理量的增加值随着政府治污投入量对污染处理量的敏感系数的增大而增大，说明治污投入对污染治理量的影响系数越大，在引入了中央政府协调的上下游合作策略较前两种分散式策略的优势就越明显。由图 3-4 可以看出，对于上下游无合作、合作以及中央补贴下的上下游合作三种策略而言，污染治理量在任意相同时刻都随着生态环境改善收益对污染物治理量的敏感系数增加而增加，随着时间的增加污染物治理量也在增加。当 J_u 为一个定值时，污染治理量上升且逐渐趋于稳定，即污染治理量函数 $y_{(t)}$ 的导函数逐渐减小，说明流域间生态补偿合作策略具有可控性；另外，在任意相同时刻，随着 J_u 的增大污染处理量的最优轨迹也在逐渐增大，说明随着上下游生态环境改善收益敏感系数的增大，流域管理者对污染的治理就越积极，污染治理效果就越好。由图 3-5 可以看出，γ 值表示污染处理的自然衰减率，γ 的增大表示了流域地方政府投入的污染处理设备老化程度增加，γ 越大，在任意相同时刻污染治理量最优轨迹越低，即流域合作生态补偿策略下污染治理效果越不明显。此时需要政府及时引导更新治污设备，引进治污新技术，提高治污效率。

引入中央政府补贴的上下游合作策略中，政府补贴、时间对污染治理量的影响情况如图 3-6 至 3-9。

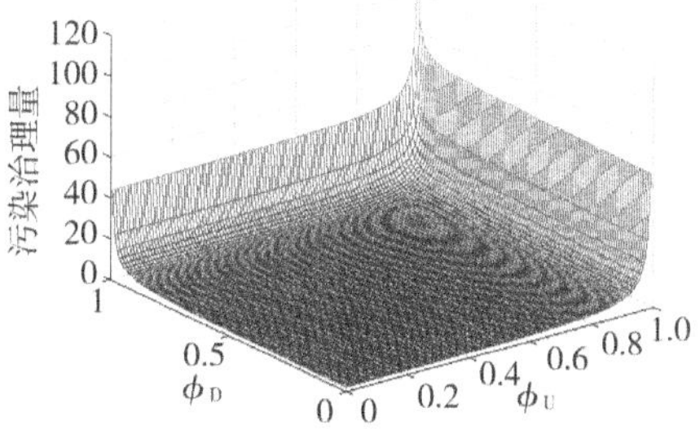

图 3-6　$\boldsymbol{\Phi_u}$、$\boldsymbol{\Phi_D}$ 对污染治理量的影响

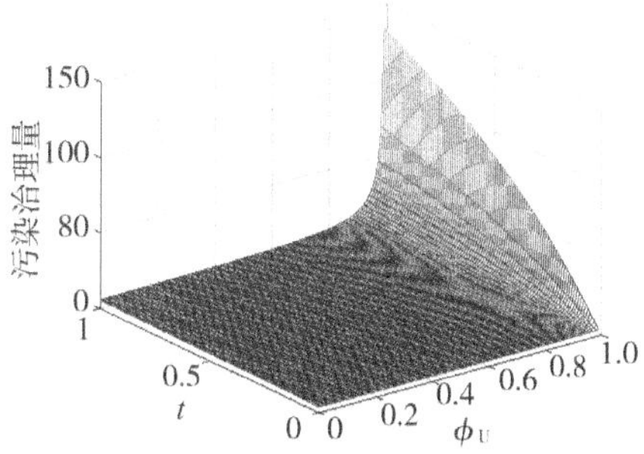

图 3-7　$\boldsymbol{\Phi_u}$、t 对污染治理量的影响

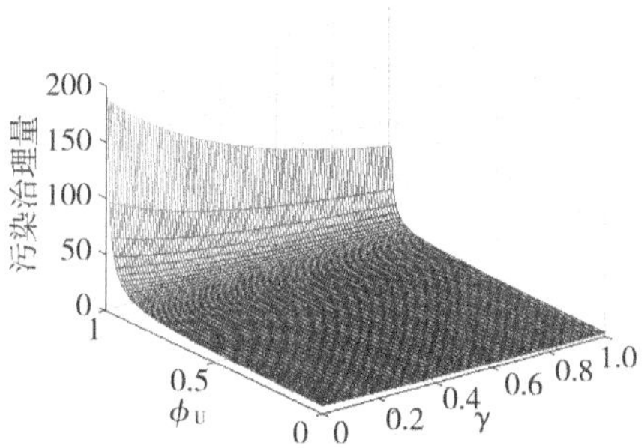

图 3-8　$\boldsymbol{\Phi_u}$、γ 对污染治理量的影响

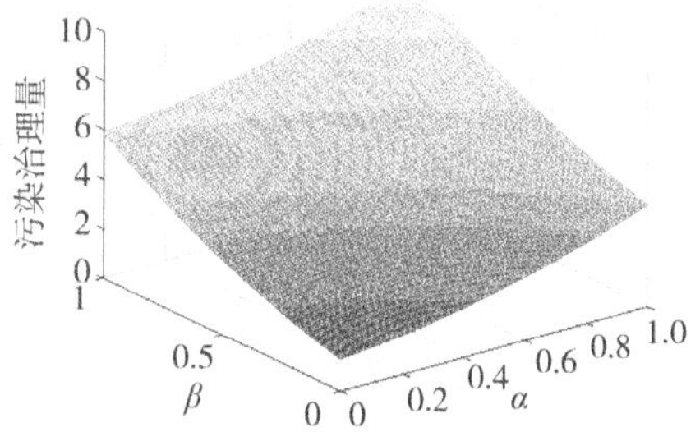

图 3-9　$\boldsymbol{\alpha}$、$\boldsymbol{\beta}$ 对污染治理量的影响

由图 3-6 可知，流域的污染治理量随着中央政府对上下游补贴系数的增加而增加，其补贴率 Φ_u、Φ_D 分别对污染治理量产生不同的影响。由式 $\frac{(m+S\alpha)(J_u+J_D)}{\omega_u m(1-\varphi_u)}$、$\frac{(m+S\beta)(J_u+J_D)}{\omega_D m(1-\varphi_D)}$ 可知，这是相关系数不同所致。由图 3-7 可知，在政府成本分担系数 Φ_u（仅用对上游的成本分担系数举例，下游同理）一定的情况下，流域的污染治理量随着时间的增加而不断地增加且趋于稳定。在任意一个确定的时间点，流域污染治理量随着中央政府对地方政府的补贴率增大而增大，所以可以采取政府追加治污补贴投资的方式来激励地方对污染的治理。由图 3-8 可知，在中央政府的补贴率 Φ_u 一定的情况下，流

域的污染治理量随着自然衰减率 γ 的增大而减小；当 γ 一定时，又随着补贴率的增大而增大，说明当污染治理量的相对衰减率比较大时，会对流域治污的积极性产生一定的阻碍，此时政府可以采取增加治污成本投资、引进新技术的方式以抗衡自然衰减率增加带来的负面效果。由图 3-9 可知，流域的污染治理量随着政府的投入敏感系数的增加而增加，说明了在中央、上游、下游这三者构成的一个系统中，不仅可以通过提高对地方政府的补贴提高污染治理量，进而提高经济增加量，也可以通过上下游互相增加补贴提高流域的污染治理效果，实现流域经济的增加的最大化。

3.2.6 结论

2019 年，淮安市成立市洪泽湖管理委员会，由分管副市长担任主任，13 个市级部门和沿湖 3 个县区为成员单位，开创了统筹推进洪泽湖系统治理保护工作的新局面。以《洪泽湖治理保护三年工作实施方案》为蓝本，力争用 3 年时间使洪泽湖生态环境面貌有较大改善。在洪泽湖水环境源头治理过程中，淮安市运用信息化手段开展精准监督，将洪泽湖治理保护重点任务纳入市污染防治综合监管平台实行挂牌督办，不定期开展线上监督检查。此外，洪泽湖管委会积极推进特色产业培育工程，进行洪泽湖周边地区全域旅游、农业等相关专项产业规划编制。与此同时，积极打造特色项目，按照“世界一流、传世之作”的标准，规划建设中国水工科技馆。启动明祖陵考古勘探、泗州城遗址公园前期工作，推进洪泽区蒋坝河工风情小镇、龟山村国家级乡村旅游重点村等建设，强化湖区周边黄花塘新四军军部旧址、新四军刘老庄连纪念园等红色旅游景点打造及旅游产品设计、开发，加快打造洪泽湖全域旅游。为解决洪泽湖水空间、水污染、水生态等突出问题，为了维护洪泽湖生态健康、功能良好，地方政府实施生态补偿措施之余打造洪泽湖大堤城区段生态建设一期工程、淮河干流综合治理生态廊道示范建设项目宝积山段、洪泽湖南部出口生态修复工程等 6 个生态修复示范工程，造林 1.1 万亩。

但是我们同样注意到，洪泽湖作为淮河末端的过水湖泊，客水污染严重，主汛期湖河道尤其是淮河洪涝水带来大量的氮、磷等污染物质，对洪泽湖的水质产生显著影响。外源污染物进入湖泊后，一部分随着湖水流出洪泽湖，另一部分滞留在湖中。内源污染物部分在风浪等物理扰动作用下进入水体，还有部分在 pH 值、氧化还原电位等化学因素和微生物等作用下，释放进入洪泽湖水体。为有效改善洪泽湖水体水质，须针对不同时期、不同区域统筹安排，有序推进。既要控制洪泽湖的外源污染，又要尽可能避免或减少内源污染，在必要时还应制定水体综合治理方案，在发生污染之后要及时追责定责。

本书针对洪泽湖环境横纵向生态补偿合作治理污染问题，构建了分散式、集中式、引入成本分担契约的三种微分博弈策略，并使用逆向归纳法解得这三种策略的博弈均衡值，所以该模型从整体上来看是动态、稳定的，模型得出的结果合理可靠。最后通过算例分析，得到一些结论：

（1）流域作为一种特殊的经济系统，上游地方政府作出的决策对流域整体环境往往具有最直接的影响，所以下游地方政府和中央政府应该优先考虑通过建立完善的纵向转移支付机制和签订成本分担契约来保证上游地方政府长期受益。一方面通过完善中央财政补偿机制，采取税收调整、政策倾斜、生态保护专项资金等手段激励上游地区进行治污减排。另一方面应该完善横向补偿机制作为中央生态补偿的有效补充。成本分担契约的引入不仅减少了中央政府承担生态补偿的财政压力，也有效促进了地区间的财政收入平衡，优化了流域间的资源分配，提高了生态补偿的效率。

（2）上下游地方政府之间的成本分担使得上下游地方政府各自的治污投入水平、污染治理量、经济增加量达到三种策略里面的最高并与集中式策略相当，有效实现了流域生态补偿策略的协调，不仅实现了经济效益的最大化，而且还改善了流域生态环境。三种策略的最优解均可脱离时间参数而成立，具有一定的管理实践意义。

（3）随着污染治理量的自然衰减率以及上下游的污染治理成本系数的增加，污染治理量呈现下降趋势，说明当流域进行污染治理时，上下游地方政府投入的污染治理成本越高，对他们的治污积极性阻碍越大，此时污染治理量将下降。流域的合作治污效果随着投入的治污设备自然折旧速度的加快（污染治理量的自然衰减率变大）而变差，此时可以通过引入其他利益相关方的补贴来提高治污积极性，减少污染物，改善生态环境，进而提升整个流域的经济增长量，这为政府制定科学的补贴政策提供了理论参考。

3.3 政企博弈机制研究

3.3.1 理论分析与基本假设

由于我国特殊的社会治理格局，环境资源要素在行政单元、组织机构之间的流通并不顺畅，环境利益冲突使得各利益主体很难形成合力共治环境。政府在供给环境公共物品方面承担了超负荷的任务和压力，由于信息成本因素，政府很难克服环境公共物品供给短缺困难，且公共物品供给的责任意识划分不清，环境治理可能陷入失灵境地；公共权力运行维度方面，政府单一治理更多追求纵向上的权力控制，缺乏横向间的互动与合作，难以有效应对跨域生态环境的危机挑战，治理成效难以达到期望结果。因此，在政府和企业间建立良好的合作机制对于湖泊环境保护具有重要的现实意义。在前文中运用微分博弈主要探讨三种决策下的中央政府与上下游地方政府间的成本分担模式，表明合作式的成本分担模式可有效推进生态补偿机制的运行，而对于微观层面下有关生态补偿主体如何继续推进暂未深入研究。苏北地区众多湖泊的治理保护主体为各市级地方政府，表现为是否严格治理环境污染问题；企业谋取最大利润与社会公众谋取最大化效用是维系动态均衡的主要意愿性动力。生态环境保护可视作内化于生产和消费之中的附带性产品，一方面企业追逐短期利润不愿意投入较高的成本生产绿色产品，环境保护意愿限制性较大，表现为是否积极严格执行环保政策；另一方面，社会大众对于环境治理与湖泊保护意识、理念薄弱，在生产生活中缺乏相应的主动性，从而使得湖泊环境保护系统无法有效维持与进行，表现为是否积极参与治理。此外，有关企业与社会公众存在交叉部分，从主体影响程度出发，企业作用更为显著，且易观察与计量，因而在考虑区域治理特点时，在受影响的湖泊区域相同时，企业作为主要对象对社会公众生产生活有较大影响，包括引导与激励。

地方政府、有关企业以及社会公众是微观生态环境治理的主要参与方，相互监督与相互引导，协同推进生态保护与生态补偿机制的运行。同时，参与三方均为有限理性，最终策略选择处于动态平衡系统下。基于以上分析与三者间的相互作用，建立以下基本假设。

假设 1：地方政府的策略集合为（严格治理，不严格治理），记为$(G,\overline{G})$，选择概率为$(x,1-x)$；企业的策略集合为（严格执行，不严格执行），记为$(I,\overline{I})$，选择概率分别为$(y,1-y)$；社会公众的策略集合为（积极参与，不参与），记为$(H,\overline{H})$，选择概率分别为$(z,1-z)$。

假设 2：地方政府环境治理成本为C_g，包括生态补偿支出、人员支出、物料支出等，当企业严格执行和社会公众积极参与时获得环境治理效益为E_g，而两者单独参与时，则为社会分别带来生态效益E_{gi}、E_{gh}，政府分别给予环境治理补贴为R_i、R_h，而当企业不执行环保政策时，地方政府收取罚款S，并造成资源等社会损失L_{gi}，社会公众随意倾倒等所带来的损失记为L_{gh}，而双方皆不参与时社会损失为L_{g0}。

假设 3：企业为了严格执行环保政策所付出成本为C_i，包括技术创新、污染处理费用等，同时对企业长期发展以及声誉等带来收益E_i，而当企业不执行生态保护政策时，企业损失为L_i；社会公众的不参与行为对其造成损失L_{ih}。

假设 4：社会公众积极参与环境治理会付出一定的时间、精力成本C_h，同时企业的良好绿色行为为其带来效益E_h，但社会公众自身的非绿色行为造成收入等的减少，记为L_h；同时企业的非环保处理对社会公众生产生活造成损失L_{hi}。

3.3.2　模型构建与分析

（1）模型构建

根据上述分析与基本假设，建立地方政府、企业与社会公众的三方博弈支付矩阵，如表 3-2 所示。

表 3-2　地方政府、企业与社会公众三方博弈支付矩阵

<table>
<tr><td></td><td></td><td>(H,z)</td><td>$(\overline{H},1-z)$</td></tr>
<tr><td rowspan="2">(G,x)</td><td>(I,y)</td><td>$-C_g+E_g-R_i-R_h$
$-C_i+R_i+E_i$
$-C_h+R_h+E_h$</td><td>$-C_g-R_i-L_{gh}+E_{gi}$
$-C_i+R_i+E_i-L_{ih}$
$-L_h+E_h$</td></tr>
<tr><td>$(\overline{I},1-y)$</td><td>$-C_g-R_h-L_{gi}+S+E_{gh}$
$-L_i-S$
$-C_h+R_h-L_{hi}$</td><td>$-C_g+S-L_{g0}$
$-L_i-S$
$-L_h$</td></tr>
</table>

（续表）

		(H, z)	$(\overline{H}, 1-z)$
$(\overline{G}, 1-x)$	(I, y)	E_g $-C_i+E_i$ $-C_h+E_h$	$E_{gi}-L_{gh}$ $-C_i+E_i-L_{ih}$ $-L_h+E_h$
	$(\overline{I}, 1-y)$	$E_{gh}-L_{gi}$ $-L_i$ $-C_h-L_{hi}$	$-L_{g0}$ $-L_i$ $-L_h$

（2）模型分析

根据表 3-2 可得地方政府严格治理、不严格治理的期望收益函数 G_{11}、G_{12}，以及平均期望收益函数 G_1 和复制动态方程(3-24)。

$$
\begin{aligned}
G_{11} = & yz(-C_g+E_g-R_i-R_h)+y(1-z)(-C_g-R_i-L_{gh}+E_{gi}) \\
& +(1-y)z(-C_g-R_h-L_{gi}+S+E_{gh}) \\
& +(1-y)(1-z)(-C_g+S-L_{g0})
\end{aligned}
$$

$$
\begin{aligned}
G_{12} = & yzE_g+y(1-z)(E_{gi}-L_{gh})+(1-y)z(E_{gh}-L_{gi}) \\
& +(1-y)(1-z)(-L_{g0})
\end{aligned}
$$

平均期望收益：$G_1=xG_{11}+(1-x)G_{12}$

复制动态方程为：

$$
\begin{aligned}
F(x)=\frac{\mathrm{d}x}{\mathrm{d}t}&=x(G_{11}-G_1)=x(1-x)(G_{11}-G_{12}) \\
&=x(1-x)(S-C_g-yR_i-zR_h-yS)
\end{aligned}
\tag{3-24}
$$

同理，分析可得企业严格执行环保政策、不执行环保政策的期望收益函数 I_{11}、I_{12}，以及平均期望收益函数 I_1 和复制动态方程(3-25)。

$$
\begin{aligned}
I_{11} = & xz(-C_i+R_i+E_i)+x(1-z)(-C_i+R_i+E_i-L_{ih}) \\
& +(1-x)z(-C_i+E_i)+(1-x)(1-z)(-C_i+E_i-L_{ih})
\end{aligned}
$$

$$
\begin{aligned}
I_{12} = & xz(-L_i-S)+x(1-z)(-L_i-S)+(1-x)z(-L_i) \\
& +(1-x)(1-z)(-L_i)
\end{aligned}
$$

平均期望收益：$I_1=yI_{11}+(1-y)I_{12}$

复制动态方程为：

$$F(y)=\frac{dy}{dt}=y(I_{11}-I_1)=y(1-y)(I_{11}-I_{12}) \\ =y(1-y)(E_i+L_i-C_i-L_{ih}+xR_i+zL_{ih}+xS) \tag{3-25}$$

同理，分析可得社会公众积极参与治理、不参与治理的期望收益函数 H_{11}、H_{12}，平均期望收益函数 H_1 和复制动态方程(3-26)。

$$H_{11}=xy(-C_h+R_h+E_h)+x(1-y)(-C_h+R_h-L_{hi}) \\ +(1-x)y(-C_h+E_h)+(1-x)(1-y)(-C_h-L_{hi})$$

$$H_{12}=xy(-L_h+E_h)+x(1-y)(-L_h)+(1-x)y(-L_h+E_h) \\ +(1-x)(1-y)(-L_h)$$

平均期望收益：$H_1=zH_{11}+(1-z)H_{12}$

复制动态方程为：

$$F(z)=\frac{dz}{dt}=z(H_{11}-H_1)=z(1-z)(H_{11}-H_{12}) \\ =z(1-z)(L_h-C_h-L_{hi}+xR_h+yL_{hi}) \tag{3-26}$$

由(1)、(2)、(3)式构成复制动态方程组(3-27)式，如下：

$$\begin{cases} F(x)=\frac{dx}{dt}=x(G_{11}-G_1)=x(1-x)(G_{11}-G_{12}) \\ \quad =x(1-x)(S-C_g-yR_i-zR_h-yS) \\ F(y)=\frac{dy}{dt}=y(I_{11}-I_1)=y(1-y)(I_{11}-I_{12}) \\ \quad =y(1-y)(E_i+L_i-C_i-L_{ih}+xR_i+zL_{ih}+xS) \\ F(z)=\frac{dz}{dt}=z(H_{11}-H_1)=z(1-z)(H_{11}-H_{12}) \\ \quad =z(1-z)(L_h-C_h-L_{hi}+xR_h+yL_{hi}) \end{cases} \tag{3-27}$$

按照 Friedman 提出的方法，微分方程系统的演化稳定策略(ESS)可由该系统的 Jacobian 矩阵的局部稳定性分析得到，根据上述复制动态方程组(3－27)可得到三方演化博弈的 Jacobian 矩阵为：

$$
\boldsymbol{J}=\begin{bmatrix} \partial F(x)/\partial x & \partial F(x)/\partial y & \partial F(x)/\partial z \\ \partial F(y)/\partial x & \partial F(y)/\partial y & \partial F(y)/\partial z \\ \partial F(z)/\partial x & \partial F(z)/\partial y & \partial F(z)/\partial z \end{bmatrix}
$$

$$
=\begin{bmatrix} (1-2x)X_1 & x(1-x)(-R_i-S) & x(1-x)(-R_h) \\ y(1-y)(R_i+S) & (1-2y)X_2 & y(1-y)L_{ih} \\ z(1-z)R_h & z(1-z)L_{hi} & (1-2z)X_3 \end{bmatrix}
$$

其中，$\begin{cases} X_1=S-C_g-yR_i-zR_h-yS \\ X_2=E_i+L_i-C_i-L_{ih}+xR_i+zL_{ih}+xS \\ X_3=L_h-C_h-L_{hi}+xR_h+yL_{hi} \end{cases}$

分别令 $F(x)$、$F(y)$、$F(z)$等于 0，得到可能的系统演化均衡点 $E_1(0,0,0)$、$E_2(0,0,1)$、$E_3(0,1,0)$、$E_4(0,1,1)$、$E_5(1,0,0)$、$E_6(1,0,1)$、$E_7(1,1,0)$、$E_8(1,1,1)$，将其分别代入 Jacobian 矩阵，得到可能演化稳定点的对应特征值，进而对最终演化稳定点进行分析，具体情况如表 3-3 所示。

表 3-3　各均衡点的 Jacobian 矩阵特征值

均衡点	特征值		
	λ_1	λ_2	λ_3
$E_1(0,0,0)$	$S-C_g$	$E_i-L_{ih}-C_i+L_i$	$L_h-C_h-L_{hi}$
$E_2(0,0,1)$	$S-C_g-R_h$	$E_i-C_i+L_i$	$-(L_h-C_h-L_{hi})$
$E_3(0,1,0)$	$-C_g-R_i$	$-(E_i-L_{ih}-C_i+L_i)$	L_h-C_h
$E_4(0,1,1)$	$-C_g-R_i-R_h$	$-(E_i-C_i+L_i)$	$-L_h+C_h$
$E_5(1,0,0)$	C_g-S	$E_i+L_i+R_i+S-C_i-L_{ih}$	$L_h+R_h-C_h-L_{hi}$
$E_6(1,0,1)$	$-S+C_g+R_h$	$E_i+L_i+R_i+S-C_i$	$-(L_h+R_h-C_h-L_{hi})$
$E_7(1,1,0)$	C_g+R_i	$-(E_i+L_i+R_i+S-C_i-L_{ih})$	$L_h+R_h-C_h$
$E_8(1,1,1)$	$C_g+R_i+R_h$	$-(E_i+L_i+R_i+S-C_i)$	$-(L_h+R_h-C_h)$

根据李雅普诺夫间接法，当雅可比矩阵特征值均为非正时，系统演化才可能存在稳定点，结合基本假设与实际情况，由表 3-3 可知，均衡点 $E_5(1,0,0)$、$E_6(1,0,1)$、$E_7(1,1,0)$、$E_8(1,1,1)$皆存在值为正的特征值，因为政府的环境治理支出一定大于对有关企业的罚款，即对企业收取的未执行环保政策的罚款无法弥补地方政府为了治理环境而付出的成本，因而最终演化稳定状

态不会达到 E_5、E_6、E_7、E_8 的情况，同时表明地方政府由于短期利益的追逐，以及环境治理成本较高、生态补偿资金专项设立的困境等，实行严格治理的可能性较小，在短期内难以达到预期理想状态，仍需长期性、持续性的努力，从而尽可能在短期中得到体现，进而改变地方政府的策略选择。

而对于均衡点 $E_1(0,0,0)$、$E_2(0,0,1)$、$E_3(0,1,0)$、$E_4(0,1,1)$，则需根据具体情况进行分别分析。针对现实实际情况，在当前市场机制的运行下，社会公众参与治理的成本付出与不参与治理的实际损失易于比较，因为直接的费用支出更易衡量，而相同情况下环境恶化与资源匮乏的未来实际预计损失则不易被计量或被大众忽视，表现为 $C_h>L_h$，因而，均衡点 E_1、E_3 相较而言更符合现实情况，而企业与社会公众策略选择为严格执行与积极参与的可能性较小。E_1、E_3 分别对应情形为：①$L_i-C_i<0, E_i-L_{ih}>0; L_h-C_h<0$；②$L_i-C_i>0, E_i-L_{ih}>0; L_h-C_h<0$，表示当企业自身实施环保政策的成本和非环保行为下的损失发生变化时，企业的不同策略选择受自身最终既得利益影响显著，同时在以上两种情况下，还包括企业生态效益与社会公众对企业影响的比较，根据理论分析中共同作用水域假设以及社会公众群体效应不易衡量与监测的特点，设定为企业的收益大于社会公众不参与时对企业造成的损失。

综上，通过复制动态方程与对雅可比矩阵的分析可得，最终可能的演化稳定点为 E_1、E_3，具体表示地方政府严格治理环境的意愿仍然较弱，主要由于环境治理成本过高，且地方政府相关职能部门主要追求短期利益最大化，缺乏长期持续发展理念，较少从长期对其生态治理效益进行估量；企业严格执行环保政策与否主要受自身利益限制，当企业有关执行者充分意识到未来预计损失大于短期支出时，企业有更大的意愿执行控制生产污水排放、环境税费支出等环保政策；社会公众由于自身限制性，不参与环境保护，或更在意现实的直接费用支出，而忽视长期损失与收益。

3.3.3　仿真分析

根据上述分析，针对可能演化稳定均衡点 E_1、E_3 的情况，运用 Matlab 软件设置相应参数进行仿真分析，确定具体效应并具化结果。针对情况①，参数设置如下：$C_g=10, E_g=5, E_{gi}=3, E_{gh}=1, L_{g0}=8, L_{gi}=4, L_{gh}=3, R_i=$

2.5,$R_h=1$,$S=4$,$C_i=7$,$E_i=3.5$,$L_i=5$,$L_{ih}=2$,$C_h=5$,$E_h=2.5$,$L_h=3$,$L_{hi}=2$。针对情况②,在①的基础上变化 C_i 与 L_i 的相对大小,具体参数设置为 $C_g=10$,$E_g=5$,$E_{gi}=3$,$E_{gh}=1$,$L_{g0}=8$,$L_{gi}=4$,$L_{gh}=3$,$R_i=2.5$,$R_h=1$,$S=4$,$C_i=7$,$E_i=3.5$,$L_i=8$,$L_{ih}=2$,$C_h=5$,$E_h=2.5$,$L_h=3$,$L_{hi}=2$。演化时间 t 设定为50。

首先,观察博弈三方在两种情形下的整体演化情况,图3-10表明无论初始参与意愿的概率为多少,地方政府、企业和社会公众最终倾向于(0,0,0)的稳定状态,即地方政府不乐意严格治理环境,相关企业不执行环保政策,社会公众不参与环境治理,社会无法获得生态效益,对可持续发展与资源的有效利用不利;图3-11表明在一定的、可计量的未来治理损失时,企业由于关乎自身利益而愿意执行环保政策,即便此时地方政府尚未对环境与资源等严格管理、社会公众绿色参与意愿不高。对比图3-10和3-11发现,在企业面对较高治理成本时,会迅速响应,及时改变有关生态保护策略;而在面对未来较多损失时,策略演化较为缓慢,需要适应与改变的时间,进而改变长期性规划,调整长期性行为。因此,间接反映企业受短期利益调整影响大,同时长期性调整行为需要更多适应时间。

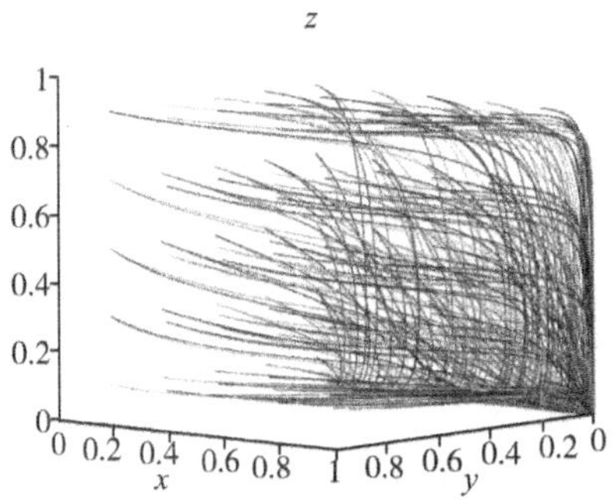

图3-10 在①情况下的博弈三方演化稳定情况

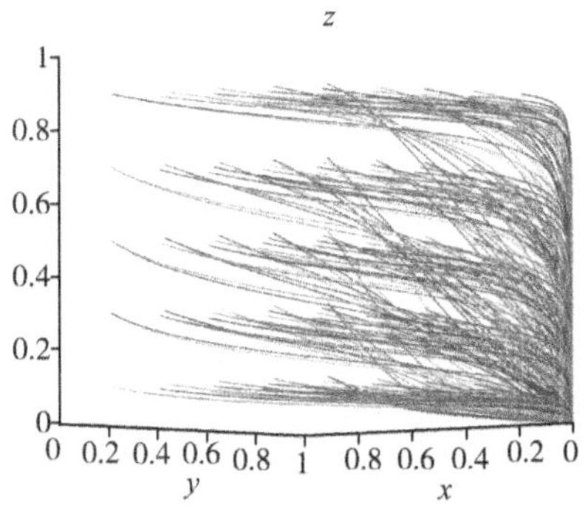

图3-11 在②情况下的博弈三方演化稳定情况

其次,通过变化参数来观察成本的变化在两种情形下对演化稳定的具体影响效应,将 x、y、z 初始参与值分别固定为0.2、0.3、0.2,演化时间不变,在①、②两种情况下,变化企业治理成本 C_i 的变化值为7、8、9,观察对最终演化策略选择的影响。图3-12表明,在其他值一定的情况下,治理成本与未来损失存在转折比例，当 C_i 与 L_i 的比例在 1.4 与 1.6 之间时，尽管成本大于损失，但企业仍有一定的意愿倾向于选择严格执行环保政策；反之，若比例超过 1.6，那企业更倾向于不参与和执行，因此，在规劝与管制企业进行环境与生态保护时，应使其明确其自身利益得失，较高的成本并不代表影响绿色参与意愿的最终因子，而取决于相对大小与变化。图 3-13 则表明，在未来可预计损失足够大时，无论初始绿色执行成本为多少，企业都有意愿参与生态治理与环境保护，但这种情况下需要较强的长期规划与预测能力，应尽可能明确未来趋势与自身定位，从而对未来得失作有效估量。

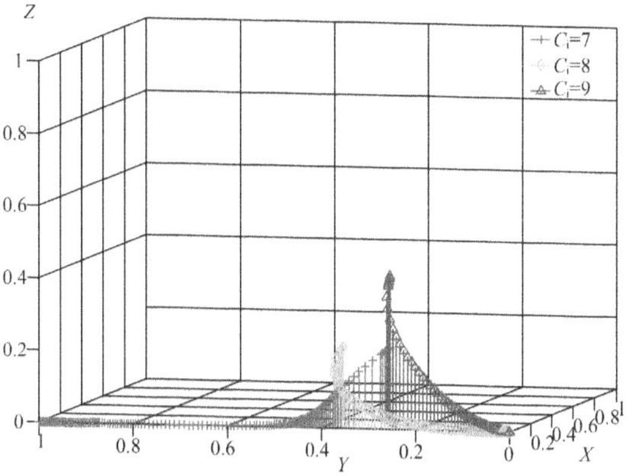

图 3-12　企业治理成本变化在①情况下对最终演化策略选择的影响

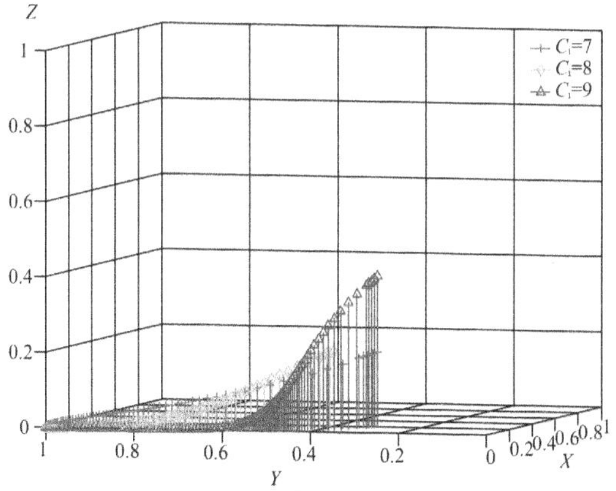

图 3-13　企业治理成本变化在②情况下对最终演化策略选择的影响

3.3.4 政策建议

通过对地方政府、企业与社会公众建立三方演化博弈模型并进行仿真分析发现，地方政府基于参与成本过高等原因，最终会选择不进行环境的严格治理；企业的策略选择则受到成本与预计损失相对大小的影响；社会公众基于基数过大且不易管理与控制的原因，其中显著突出的是自身费用支出问题，最终倾向于不参与环境治理。因此，根据以上演化情况，对促进博弈三方绿色参与提出以下政策建议。

（1）地方政府明确自身责任与义务，设立环境治理专项资金

地方政府承担总体调配与指挥责任，有义务及权利调动企业与社会公众参与环境治理与生态保护，发挥上级监督与引导作用，对积极参与绿色创新与环境保护的企业予以补贴，提高参与的积极性；对主动参与的公众同样发放一定金额的补贴，并对绿色行为给予鼓励，如生活垃圾的分类投放、对化学品的合理使用等。地方政府严格治理的困境在于过高的成本投入，包括生态补偿资金、激励补贴、基础建设投资与规划等，因而在政府支出较高时，在保证基本利益与效益的前提下，设立环境治理专项资金是合理有效的，但需要明确的法律文件保护，通过中央与上级政府的调配补贴、企业与社会公众等的税费收入获取。但由于道德风险与信息不对称问题以及地方政府职能管理不清，透明、公开的信息共享是必然的，包括资金来源与用途，从而提高专项资金的利用效率，推进环境保护。

（2）企业主动探索与适应趋势发展，协调短期利益与长期发展的关系

国家经济发展阶段决定不同经济发展要求，在单纯以经济发展为主要目标时，忽视了环境治理；而如今追求经济的高质量发展、绿色发展，从而提出不同的经济发展目标。苏北地区以第一、第二产业为主，第三产业发展仍有一定不足，这样的产业结构为湖泊与生态带来了污染与破坏。因此，企业应主动探索与适应不同经济发展阶段与趋势，创新绿色技术、生产绿色商品，探索适应企业发展的管理与商业模式，在全行业的绿色经营管理水平下，提升自身竞争优势。同时考虑初始投入资金与项目进展，以长远目光思考问题和制定对策，在不断调整内部管理与外部环境的情况下，协调短期利益与长期发展的关系，坚定理念与信念，推动企业的高质量发展。

(3) 充分发挥地方政府与企业的引导作用,推动社会公众的主动参与

社会公众是参与环境与生态保护的最小单元,主要受个人意愿影响,并且个体效应相较群体效应不显著,因此,地方政府及企业应充分发挥其引导作用,并在经济激励的帮助下,提升社会公众的绿色参与意愿,包括固定垃圾排放点与人员引导、宣传会与宣传手册、志愿者社团等,对不环保行为处以一定的罚款,同时对绿色行为予以补贴。苏北地区湖泊周边区域大多为乡镇,农业面源污染严重,因而应对农药、化肥等的用量严格规定,鼓励企业发挥领头羊作用,从源头对有关产品实行控制,有效减少对陆域和水域的危害,推进绿色有机农业发展,保护湖泊与周边环境。

3.4　本章小结

本章主要研究苏北地区湖泊的生态补偿机制,首先对中央政府和上下游政府建立微分博弈,通过分散式、集中式、引入成本分担契约的策略比较,表明上下游的成本分担模式可优化流域间的资源分配,减缓中央政府的财政压力,提高生态补偿效率。同时流域治污量随着治污成本的增加而减少,表明经济压力限制污染治理投入,需其他利益相关方的调节。其次,在生态补偿机制的运行下,构建地方政府、企业和社会公众的三方演化博弈。研究发现,地方政府由于过高的费用支出而参与意愿较弱;企业则受自身经济利益限制,成本与预计损失存在一定的比例关系;社会公众环保意识较弱。因此,结合微分博弈与演化博弈结果,发现中央和上下游的成本分担不仅可促进资源的有效分配与利用,而且可以提高下游地方政府的严格环境治理意愿,推进向(1,1,1)的稳定状态演进,企业与社会公众的环境税费支出可以弥补政府的财政压力,提高污染治理量;同时推进企业的长期策略规划与社会公众的环保理念,协同促进湖泊保护与环境治理,提高经济效益与生态效益。

第四章

苏北地区生态补偿绩效评价

4.1 研究对象

考虑到湖泊的面积、对应的湖体库容、水深、集水面积、在蓄水泄洪中发挥的作用等方面因素，这里选择洪泽湖作为苏北地区湖泊生态补偿效率评价的代表性湖泊，通过搜寻、调研洪泽湖的各年度相关生态数据，对洪泽湖的生态补偿效率进行研究。

洪泽湖的水环境状况的好坏对于洪泽湖周边及苏北地区的社会经济和生态环境可持续发展具有重要意义。为治理洪泽湖水环境问题，江苏省采取了一系列有效措施，如制定了《关于加强洪泽湖生态保护和科学利用的实施意见》《洪泽湖治理保护三年工作计划》《江苏省洪泽湖水质提升工作方案》等，提出洪泽湖水质改善的布局与措施安排。近年洪泽湖污染物排放总量有较大幅度的削减，但仍存在部分水环境因子长期超标等问题，因此认清洪泽湖面临的现状，对于洪泽湖生态环境可持续发展具有重要作用。

在洪泽湖水污染治理中，具体博弈的“局中人”包括淮安市地方政府（以下用A表示）和宿迁市地方政府（以下用B表示）以及江苏省水利厅（包含下属的洪泽湖水利工程管理处）、江苏省生态环境厅，对于基层利益主体（淮安市政府与宿迁市政府）而言，水污染治理的提供与否主要取决于二者之间的策略，A、B分别有“合作”和“不合作”两种选择策略，我们用C表示“合作”，用

N 表示“不合作”，只有当利益主体的双方都选择 C 策略时，才能保证合作治理的成功，否则将导致合作不能达成。在整个博弈中，决定结局成败的关键在于收益(E)与成本(D)的差值，假设治理所需的总成本为 D，由治理所带来的外部收益为 E，在采用合作治理策略的时候，给 A 带来的收益为 EA，给 B 带来的收益为 EB，对于成本的分配分别为 CA、CB，CA＋CB＝1。在博弈一方选择“不合作”策略时，对于上下游地区会有不同的成本与收益。具体来说，当上游地区选择合作、下游地区选择不合作策略时，上游地区不会增加任何治污成本，但水污染治理的正外部性效应(以下用 eB 表示)将为下游地区节约治理成本；当上游地区选择非合作，下游地区选择合作策略时，上游获得不到任何由下游治污所带来的正外部效益，下游地区无法获得上游地区的合作，因而只能付出相应的治理成本。在以上假设中，由于采取合作的策略会带来更好的效果，因此 eB<EB，且 eB 无限的小(接近于 0)。根据以上要素分析与假设，可以得出 A、B 的博弈矩阵，如表 4-1 所示。

表 4-1　流域水污染治理中 A、B 地方政府间的博弈矩阵

A \ B	合作	不合作
合作	(EA－CA，EB－CB)	(－CA，0)
不合作	(0，－CB)	(0，0)

从上述矩阵可知，博弈方 A，即上游政府在进行策略选择时，下游地区策略的选择主要取决于 EA、CA 与 0 之间大小的比较，当 EA－CA>0 时，下游政府会选择合作治理策略，反之则放弃合作，这是由于“个体的付出是显而易见的，而且这种显而易见的付出会减少个体对水污染治理的激励”。当下游地区选择不合作策略，上游地区的决策取决于 CA 与 0 之间的大小比较。显而易见，地方政府在“理性人”假设下更偏向于不合作策略的选择，此时对于跨界水污染的治理陷入了“囚徒困境”，各地方政府都不愿意进行合作治理，从经济人的假设出发，采取不合作的经济竞争模式使得湖泊(流域)水质情况每况愈下。

为加强洪泽湖保护的地区合作，自 2008 年以来，原江苏省三河闸管理处更名为江苏省洪泽湖水利工程管理处，协助省水利厅做洪泽湖的保护、开发、利用、管理和监督等工作。淮安、宿迁市政府及所辖的各县(区)建立了市、县、站二级或三级湖泊管理机构。宿迁市与淮安市政府对合作的细节进行了探讨、商谈,在反复博弈和充分互动的过程中,进一步明确合作的方式与合作的目标。为进一步探究政府合作模式为洪泽湖生态保护带来的优势,本章通过主成分分析法和DEA模型研究洪泽湖的生态补偿效率,可以让读者更加深刻地了解苏北地区湖泊保护的绩效,发掘苏北地区湖泊发展潜质,为苏北地区的湖泊保护战略制定和生态保护政策实施提供指导性的建议。

4.2 研究方法

由于在选择决策单元时DEA对决策单元个数有如下要求:一是参考集中的决策单元应该具有“同类型”特征;二是通常认为参考集元素的个数不少于输入输出指标总数的二倍为宜[66],因此在构建投入指标时需要抓住主要影响因素,对存在信息重叠的原始指标进行精简。为提高湖泊生态补偿效率评价的精确性,在传统数据包络分析(DEA)模型的基础上,提出四阶段DEA法,CiteSpace与主成分分析法(PCA)[67-68],先用CiteSpace进行作者被引和关键词分析,选出当前生态补偿研究的热点方向与热点词汇,再通过主成分分析法确定最终的评价指标,然后构建DEA模型,对湖泊生态补偿的技术效率、规模效率和纯技术效率等进行评价。生态补偿并不是一个简单的经济或环境范畴,而是一系列因素的综合反映,所以用数量指标来对生态补偿效率问题进行分析与度量是一个非常繁杂的问题,它涉及经济、环境、社会等方方面面,这也就意味着生态补偿评价必须由多方面、多个指标构成一个指标体系。现有相关研究文献对湖泊治理的效率、效益主要采用了相对指数法、层次分析法、熵值法和因子分析法等测度方法。相对指数法未考虑到各分项指标之间可能存在的高度相关性,层次分析法根据研究者对各指标重要性程度的主观认识进行权重赋值,而熵值法虽然属于一种客观赋权的方法,但却不能很好地反映相关指标之间的关系。与上述方法相比,主成分分析法是根据数据自身的特征而非人的主观判断来确定权重结构,可以很好地避免指标之间的高度相关性和权重确定的主观性。主成分分析法与DEA相结合,可以更加高效地对湖泊的生态补偿效率进行评价。

4.2.1 CiteSpace 引文分析

CiteSpace[69]是由美国德雷塞尔大学的陈超美教授所研发的一款软件，在遵循信息知识单位相似性及测度的基本运行原理基础上，运用不同的方法与技术，得出不同类型的知识图谱，以此来分析研究内容的演化路径、研究热点与发展前沿，该软件得到了业界学者的广泛应用。本书以 CSSCI 数据库的载文数据为数据源，借助 CiteSpace 的 CSSCI 数据分析版块，对生态补偿研究文献的作者共被引、关键词进行知识图谱可视化分析，并将分析结果作为生态补偿主要研究内容的基础，为热点与前沿、未来发展趋势分析提供参考依据。

4.2.2 主成分分析法

（1）主成分分析法的基本思想

为了评价某一对象，通常会选择多个指标，为了避免所选择的指标之间存在着交叉性且指标较多代表性不强，主成分分析法可以提取出几个综合指标，使综合指标能够反映原多个指标的大部分信息。为了对数据进行降维和简化，主成分分析法在相关研究中经常用到[70-71]。

（2）主成分分析法的基本原理

例如，收集到 a 个样品，每个样品观测到 b 个变量，记为 $X_1, X_2, \cdots, X_b$，主成分分析之后得到的新变量为 $\beta_1, \beta_2, \cdots, \beta_m, \beta_m < b$。

第一步：KMO 检验和 Bartlett's 球状检验

KMO(Kaiser-Meyer-Olkin)检验用于比较变量间简单相关系数和偏相关系数。该统计量的取值在 0 与 1 之间，KMO 值越接近于 1，意味着变量间的相关性越强，原有变量越适合做因子分析，当 KMO 值低于 0.5 时不适宜做因子分析。Bartlett's 球状检验的目的是判断各个变量是否各自独立，一般情况下，球状检验的 P 值小于 0.05 适合做因子分析。当指标同时满足 KMO 检验和 Bartlett's 检验时说明投入指标适合做因子分析。

第二步：数据的标准化处理

$$y_{ij} = \frac{X_{ij} - \overline{X}_{ij}}{S_{ij}} \tag{4-1}$$

Xij 表示每个指标的样本原始值，$\overline{X}ij$ 表示每个指标的样本均值，Sij 表示每个指标的样本标准差。

第三步：构成一个 $a*b$ 阶的数据矩阵 $\boldsymbol{X}$：

$$\boldsymbol{X}=\begin{bmatrix} X_{11} & \cdots & X_{1b} \\ \vdots & \ddots & \vdots \\ X_{a1} & \cdots & X_{ab} \end{bmatrix} \tag{4-2}$$

第四步：求出特征值和特征向量

求出 b 个特征值 $\lambda_1,\lambda_2,\cdots,\lambda_b$，以及对应的特征向量 $\boldsymbol{\alpha}_1,\boldsymbol{\alpha}_2,\cdots,\boldsymbol{\alpha}_b$，提取特征值大于 1 且方差贡献率累计达到 85%左右的主成分。

第五步：识别主成分的贡献率和累计贡献率

第六步：计算各个主成分的得分

$$F_i=\omega_{i1}X_1+\omega_{i2}X_2+\cdots+\omega_{in}X_n \tag{4-3}$$

其中 $\omega ij=\dfrac{\theta_i}{\sqrt{\lambda_i}}$表示主成分中各个变量的权重，$\theta_i$ 为成分矩阵中每个变量对应的系数，而$\sqrt{\lambda_i}$ 表示第 i 个主成分对应的特征值的开根值。

第七步：计算综合得分

$$F=\alpha_1F_1+\alpha_2F_2+\cdots+\alpha_nF_n \tag{4-4}$$

α_i 表示第 i 个主成分的方差百分比。

4.2.3 四阶段 DEA

(1) 四阶段 DEA 的基本思想

Fried[72]等提出了考虑外生环境变量对技术效率影响的四阶段 DEA 评价模型，其基本思想是利用非参数的、线性规划的和前沿边界的方法，控制外生的运营环境变量，在外生环境实现均等化的基础上，消除对技术效率的影响，进而对决策主体的纯管理效率进行评价。四阶段 DEA 可以达到过滤环境变量影响的目的，弥补传统 DEA 方法的缺陷，可以得到更客观、准确的效率值，具体研究步骤如下。借鉴相关文献的研究成果，笔者对苏北地区湖泊生态补偿的环境效率进行定量分析，并在假定相同的外部环境下重新计算各决策单元的技术效率值，以更好地揭示影响生态补偿效率的主要因素，对现有环境效率测度研究作有效补充。

（2）四阶段 DEA 的基本原理

第一阶段：DEA-BCC 模型构建

采用投入导向型规模报酬可变的 BCC 模型进行分析，该模型假设有 m 个 DMU，每个 DMU 有 n 项投入、s 项产出，投入产出大于等于零。通过 DEAP2.1 软件得到每个 DMU 的效率值，得到技术、纯技术、规模效率值以及各决策单元的投入松弛变量。

技术效率（TE）、规模效率（SE）、纯技术效率（PTE）之间的关系表现为：

$$TE = SE \times PTE \tag{4-5}$$

投入导向下的 BCC 模型可表示为：

$$\text{Min}\left[\theta - \varepsilon\left(\sum_{j=1}^{m} S^{-} + \sum_{j=1}^{S} S^{+}\right)\right] = Vd(\varepsilon) \tag{4-6}$$

$$\text{s. t.}\begin{cases}\sum_{j=1}^{n} \lambda_j X_j + S^{-} = \theta X_j \\ \sum_{j=1}^{n} l_j y_j - S^{+} = y_j \\ \sum_{j=1}^{n} \lambda_j = 1 \\ \lambda_j \geqslant 0, j = 1, 2, \cdots, n; S^{-} \geqslant 0, S^{+} \geqslant 0\end{cases}$$

上述模型中，当 $\theta = 1$，且 S^{+}、S^{-} 均为 0 时，则决策单元的经济活动既满足技术有效也满足规模有效，此时决策单元是 DEA 有效。当 $\theta = 1$，S^{+} 或 S^{-} 不等于 0 时，此时决策单元是弱 DEA 有效。当 $\theta < 1$ 时，此时的决策单元无效。

第二阶段：Tobit 回归模型

第一阶段得到的 DEA 效率值并没有剔除外生环境因素的影响，故有必要进行第二阶段的 Tobit 分析来减少环境因素对效率测算的影响。第一阶段我们在得出效率值的同时可以计算出各决策单元实际投入与最佳效率下的投入之差，即投入松弛变量。投入指标的松弛变量值都是大于等于零的截断数据，因此本书采用 Tobit 截断模型进行分析。在第二阶段，我们将决策单元的各个投入指标的松弛量作为该模型的被解释变量，环境变量作为解释变量来建立 Tobit 回归模型，该模型假设有 m 个 DMU，即建立 m 个回归模型，具体模型如下：

$$S_{ik}^{*}=f^{i}(Z_{k},\beta^{i})+U_{ik} \tag{4-7}$$

$$S_{ik}=\begin{cases}S_{ik}^{*},S_{ik}^{*}>0\\0,S_{ik}^{*}\leqslant 0\end{cases}$$

上述 $i=1,2,\cdots,n;k=1,2,\cdots,m$。$S_{ik}=(1-\theta_{k})X_{ik}+S^{-}$，$S_{ik}$ 表示第一阶段测得的第 K 个决策单元中的第 i 个投入的冗余值；$Z_{k}=(Z_{1k},Z_{2k},\cdots,Z_{pk})$指 P 个环境变量，β^{i} 指各个环境变量的待估参数；$f^{i}(Z_{k},\beta^{i})$表示环境变量对投入因素的冗余值 S_{ik} 的综合影响函数，本书中使用的公式为 $f^{i}(Z_{k},\beta^{i})=Z_{k}\beta^{i}$，$U_{ik}$ 指随机误差。

第三阶段：对投入指标原始值进行调整

根据 Tobit 模型的回归结果，对决策单位的投入要素值作调整。具体公式如下：

$$X_{ik}^{adj}=X_{ik}+[\mathrm{Max}^{k}\{Z_{k}\beta^{i}\}-Z_{k}\beta^{i}] \tag{4-8}$$

其中，$i=1,2,\cdots,m;k=1,2,\cdots,n$。$X_{ik}$ 指第 k 个决策单元中第 i 个投入指标的原始值，X_{ik}^{adj} 是调整之后的值。$\mathrm{Max}^{k}\{Z_{k}\beta^{i}\}$实际上就是处于最恶劣的外部环境下的决策单元，当某个 DMU 处于最差的外部环境时，则 $\mathrm{Max}^{k}\{Z_{k}\beta^{i}\}-Z_{k}\beta^{i}$ 的值为 0。

第四阶段：将调整后的投入指标值和产出指标值重新带入 DEAP2.1 中测算。

经过第三阶段的调整，所有决策单位都已剔除了外部环境影响，处于同等环境中，重新按照第一阶段的步骤，将调整后的投入指标与原始产出指标代入 DEA-BCC 模型中重新测算效率，得出调整后的效率值。

4.3 绩效评价

4.3.1 CiteSpace 关键词分析

以“生态补偿”和“效率”为主题词[73]，时间设置为 2000 年 6 月 1 日—2020 年 6 月 1 日，在中国知网选出共 664 篇与生态补偿绩效评价相关的文章，手动剔除会议、报纸类的文章，剩下 645 篇文章，通过 CiteSpace 对其进行分析。

(1) 核心作者

作者共被引是衡量一个作者学术影响力的重要指标，依据被引频次的大小可分析作者在其研究领域的表征地位。核心作者发表的文献，在其研究领域具有一定的关键作用与转折意义。通过 CiteSpace 软件，时间设定为 2000—2020 年，设置节点类型为“Cited Author”，经过反复调试，将阈值“Top N”取 50，“Top N%”设置为 10%，进行作者共被引分析。

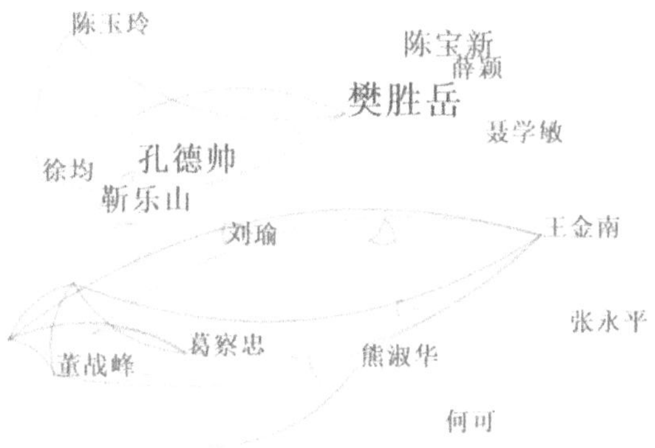

图 4-1　作者知识图谱

表 4-2　关键作者指标信息表

序号	作者	共被引频次	中心性	作者单位
1	樊胜岳	7	7	中央民族大学
2	孔德帅	5	6	中国农业大学

（续表）

序号	作者	共被引频次	中心性	作者单位
3	靳乐山	4	6	中国农业大学
4	陈宝新	4	6	内蒙古工业大学
5	薛颖	3	4	南京理工大学
6	葛察忠	3	4	杭州电子科技大学
7	董战峰	3	4	生态环境部环境规划院
8	熊淑华	3	4	江南大学
9	张永平	3	4	中国地质大学
10	何可	3	4	华中农业大学

结合图 4-1 和表 4-2 进行分析，中央民族大学经济学院的樊胜岳、中国农业大学人文与发展学院的孔德帅、中国农业大学靳乐山以及内蒙古工业大学的陈宝新共被引频次最高，分别为 7、5、4、4。其他各高校的学者紧随其后，表明其研究成果一直被业界关注。不难发现，以上学者作为生态补偿研究的核心作者群，为生态补偿的相关研究做出了较大贡献。

进一步研读相关文献发现，作为该领域的权威专家，樊胜岳在公共价值的理念上研究生态补偿政策及其绩效水平，他的研究重点在于西部地区（内蒙古、甘肃、沙漠地区等）的生态补偿效率，为充实我国生态补偿制度建设的研究奠定了理论基础[74]。孔德帅在生态补偿对扶贫效果的研究方面有显著成果，也对草原生态补偿的内涵界定、补偿标准估算、我国草原生态补偿政策框架设计等若干重点问题做出了说明，推动了我国草原生态补偿的完善[75]。靳乐山深入研究了湿地生态补偿机制，并首次提出生态系统生产总值（GEP），GEP 特别适用于生态综合补偿机制下生态补偿绩效考核，将其纳入生态补偿绩效考评体系能够激发受偿主体在生态系统服务供给方面的创新潜力，能够确保机制运行效率[76]。

与此同时，陈宝新重点关注草原生态补偿综合效果的评价[77]，薛颖[78]和葛察忠[79]重点研究地区生态补偿中各地区政府的合作与生态补偿制度的完善路径，董战峰[80]主要进行流域生态补偿研究，并且关注生态补偿的创新路径，进一步完善了我国流域生态的管理体制。张永平[81]的研究焦点在于生态补偿体系可持续发展的财政政策设计，何可[82]关注地区生态补偿机制遇到的问题和优化方案。

不难看出，生态补偿“内涵界定”“标准核算与机制构建”“草地生态补偿”“流域生态补偿”及“政策完善”等不仅是核心作者的研究重点，也是生态补偿研究的热点，同时还显示出核心作者群在该领域较高的集中度。

（2）研究热点

关键词是作者对其研究内容的高度概括[83-84]，反映文章的核心思想，代表着作者关注的焦点。通过关键词共现的词频统计并结合聚类分析可以科学地把握生态补偿绩效研究的热点。将 CiteSpace 软件节点设置为“Keywords”，时间范围选择 2000—2020 年，选择寻径算法（Pathfinder），生成生态补偿研究的关键词共现知识图谱，如图 4-2 所示。此外，对关键词进行聚类并采用对数似然率算法（LLR）对群组进行命名，得到聚类图谱，如图 4-3 所示。

图 4-2　关键词共现知识图谱

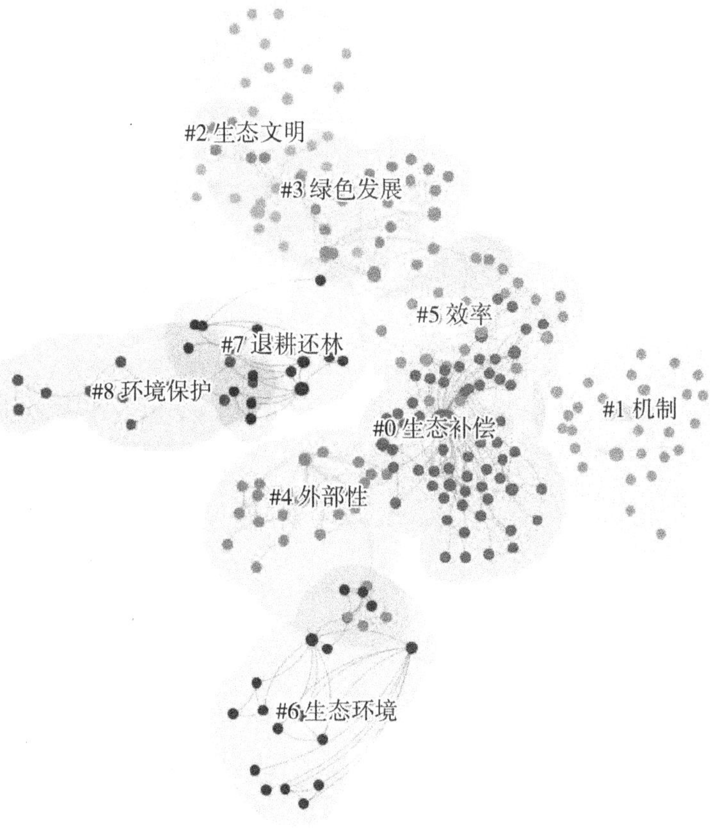

图 4-3　关键词聚类图谱

依据图谱可以看出：在生态补偿研究中，以“生态补偿”与“生态文明”共现节点最大，这两个研究方向一直是学术界关注的焦点。此外，“绿色发展”“生态足迹”“低碳经济”“退耕还林”“外部性”“机制”“气候变化”“补偿标准”等也是重要的研究热点。基于知识图谱的分析和关键词聚类图谱并研读关键节点经典文献的相关内容，近 20 年国内生态补偿研究主要体现在生态补偿内涵界定、生态补偿机制构建、退耕还林项目与生态补偿、流域生态补偿、补偿标准核算和生态补偿制度构建等热点方面。

CiteSpace 软件中的突显检测可以分析学科前沿与发展趋势，通过研究前沿的追踪，为研究者提供最新的研究动态，掌握新的研究方向。利用

CiteSpace 软件，选择“Timezone”生成生态补偿研究的关键词共现时区视图，如图 4-4 所示。并在此基础上，选择运用“Burstness”功能绘制生态补偿研究的关键词突现率知识图谱，如图 4-5 所示。

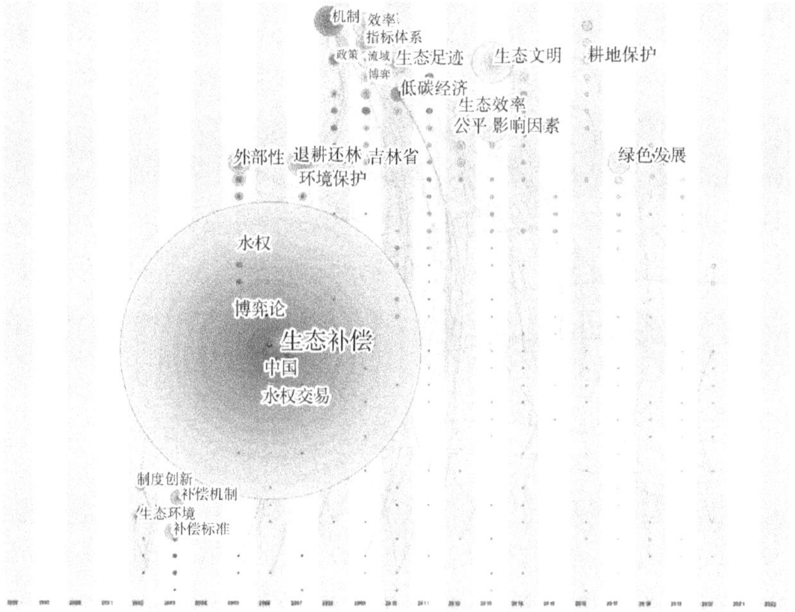

图 4-4　关键词共现时区视图

Top 5 Keywords with the Strongest Citation Bursts

Keywords	Year	Strength	Begin	End	2000—2020
可持续发展	2000	3.81	2005	2013	
机制	2000	3.09	2009	2010	
影响因素	2000	5.25	2016	2020	
绿色发展	2000	4.96	2017	2020	
生态文明	2000	3.92	2018	2020	

图 4-5　关键词突现率知识图谱

图 4-4 中的每个时区下面都标有年份，每一个圆圈节点都代表了一个关键词，关键词是在分析数据时首次出现的年份。也就是说关键词一旦出现，

就会与其首次出现的年份固定，之后的年份中，即便该关键词再次出现，也不会在关键词共现时区图中再次出现。共现时区图中的线条就代表关键词之间的联系，代表两个关键词出现在同一篇或多篇文章中。依据生态补偿研究的关键词共现时区视图，聚焦最新出现的关键词，作为可能研究的前沿主题[84]。依据突显检测得出的生态补偿研究的关键词共现时区视图，分析该研究领域的发展趋势，进一步探索新的研究方向。为反映最新研究前沿，咨询专家意见，主要对影响力持续到2020年的关键词进行分析。

结合关键词共现时区图与关键词突现率知识图谱进行分析，截至2020年，生态补偿研究关键词主要集中在“影响因素”“绿色发展”“生态文明”等方面。其中，影响因素的突现强度最高，绿色发展次之。不难看出，有关绿色生态的研究正在成为生态补偿领域的研究热点。在CiteSpace对关键词分析的基础上，我们进一步研究湖泊生态补偿的效率及影响因素符合当前的研究前沿趋势，具有时代意义。

从生态补偿绩效出发，考察影响生态补偿绩效的因素，并对这些影响因素进行改进，才能促进生态补偿政策更好落实，提高经济发展与生态环境协调度。综合各个方面，笔者认为影响生态补偿标准的因素主要有生态资源禀赋、生态环境问题、经济发展水平、政府管理水平。其中生态资源禀赋越高，补偿标准应该越高，反之越低；生态环境问题越多，补偿标准应越大，反之越少；经济发展水平越高，支付能力越强，补偿能力越高，反之越低。政府管理水平越高，对生态环境重视程度越高，补偿标准应越大，反之越少。

流域是相对完整的生态空间[85]，也是重要的经济单元，是探索绿色发展路径的有效单元，流域绿色发展的本质是实现流域生态系统服务的供需平衡。传统发展观追求的是货币价值最大化，流域生态系统服务的整体协同仅存在于可持续开发前提下，一旦前提消失，各类服务供给间将出现冲突，这意味着某类服务供给的最大化将以其他类型服务供给的减少为代价。我国部分流域管理中曾出现的过度开发而导致的生态破坏、水体污染等问题，很多都可归因于对经济利益的追求。既有的经济福利和经济绩效指标都忽略了自然资本的贡献和价值，必须修正或提出新的评价指标，才能改变货币价值至上的发展观，绿色发展的概念应运而生。

生态文明建设的提出，给生态功能区的生态环境保护和社会经济发展矛盾的解决提供了崭新思路。如何通过生态文明建设，有效实现该区域脱贫攻坚与生态文明建设"双赢"目标，就值得进一步探讨。2012 年党的十八大提出大力推进生态文明建设的战略目标，2015 年 10 月党的第十八届五中全会提出"创新、协调、绿色、开放、共享"的五大发展理念，强调要坚定走"生产发展、生活富裕、生态良好的文明发展道路"[86]。生态文明是建立在经济效益、社会效益与环境效益多赢基础上的现代文明高级形态，是对传统工业文明等的扬弃和超越。在流域生态补偿中融入生态文明理念，是环境治理领域的一大突破，对人类的发展具有重大意义。

4.3.2　评价指标主成分分析

（1）指标选择

首先，在某一系统中，多个投入变量之间或产出变量之间往往具有一定的相关关系，而且投入、产出指标一般和系统是相关的，因此在选取指标时会出现一定的信息重叠，那么就需要进行数据降维。其次，应用 DEA 模型时需要尽可能地做到投入、产出指标数目之和的两倍小于等于总决策单元的数目。基于以上原因，那么对投入、产出数据进行降维是必要的。因此本书应用主成分分析法去除对评价结果影响较小的指标。在上文用 CiteSpace 筛选出研究关键词的基础之上，选择经济政策、生态补偿机制的代表指标作为研究生态补偿绩效的投入指标，选择污染物减排量作为生态补偿绩效的产出指标。然后利用主成分分析法对不同指标进行分析，进而得到每个指标的因子载荷。因子载荷的绝对值越是趋向于 1，表示该指标对评价结果越重要，那么更需要保留[87]。

在王金南的《流域生态补偿与污染赔偿机制研究》一书中，他提到，设计标准的流域生态补偿与污染赔偿的绩效评价指标体系，应包括投入指标、产出指标、成果指标这三大类指标[88]。其中，投入指标衡量的是政府在环境保护及其他公共产品与公共服务方面的投入（支出）规模。例如，环境保护投入占生态补偿资金总额的比例，其中包括环境基础设施的建设，污染的治理，对当地居民的资金补偿投入与实物补偿投入等。借鉴以上观点，从经济政策和生态补偿政策两方面考虑投入指标，选择环保专项资金、生态补偿投入金额、当地税收、当地水利建设投资金额、集中式污水处理设施数目作为经济政策的代表性投入指标。选择所在修建堤坝保护人口数量、水库修建数、水库总库容、湖泊保护从业人员数作为生态补偿政策的代表性投入指标。1991 年淮河大水后，掀起了新一轮治淮热潮，兴建了 19 项治淮骨干工程，这些工程在 2003 年和 2007 年淮河大洪水中发挥了重要作用，洪涝灾害损失大幅度下降，对位于淮河流域中游的洪泽湖生态环境产生了较大的影响，根据 CiteSpace 引文分析所得的相关结果，主要体现在对于洪泽湖成涝面积和周边地区耕地面积的影响。因此选择流域保护耕地面积、除涝面积作为生态补偿政策的代表性投入指标。与生态补偿效果密切相关的几个政府部门主要有财政部门、生态补偿所在地政府、生态补偿的主管部门。财政部门通过对生态补偿资金的使用情况进行考核，评价生态补偿资金的使用绩效，对生态补偿绩效的评估至关重要。环保专项资金、生态补偿投入金额、当地税收、当地水利建设投资金额这几项指标与财政部门相关，选择作为投入指标相对合理。以生态补偿所在地政府为主体评价生态保护政策的落实情况，对提高生态保护区管理的效率和质量，政府相关部门履行生态补偿职能的情况，政府、企业、公民环境保护的权利、义务和责任的落实具有重要意义。集中式污水处理设施数目、湖泊保护从业人员数与生态补偿所在地政府相关，选择作为投入指标相对合理。以生态补偿的主管部门为主体，或授权有资质的中介机构，构建与生态保护职责和生态补偿对称的评估体系，科学地测度生态补偿试点地区生态环境价值变化情况，形成相关的监测指标体系，并据此评价生态补偿对环境变化的绩效，对生态补偿效率的评价也具有重要的意义。所在流域保护耕地面积、除涝面积、修建堤坝保护人口数量、水库修建数、水库总库容与生态补偿相关主管部门相关，选择作为投入指标相对合理。

产出指标衡量的是政府资金投入后所实现的社会、经济、生态效益。其中，社会效益指标反映了受偿地受偿前后的社会事业发展差异，包括教育、医疗、社会保障等。经济效益指标反映了受偿地受偿前后的经济发展差异、总体经济发展情况、当地居民的生活质量变化情况，主要包括人均 GDP 增长率、人均可支配收入增长率、环保产业产值比重等。生态效益指标反映了受偿地的生态环境质量改善情况，如单位 GDP 耗水量、土地和林木减少率、环境容纳率、工业废水排放总量、生活污水排放量、COD 排放总量、二氧化硫排放总量、工业固体废物排放总量、工业二氧化硫去除率等。为坚决落实国务院和各省市关于长江流域重点水域禁捕退捕工作的决策部署要求，自 2020 年 1 月 1 日起，洪泽湖水产种质资源保护区实施禁捕两年。淮安市洪泽区于 7 月 6 日启动了洪泽湖禁捕退捕工作，政策带动渔民与政府签订禁捕退捕协议。受洪泽湖地区渔业禁捕与渔民转产上岸等政策的影响，洪泽湖地区的渔业捕捞量也出现了显著变化，从 1960 年代开始，为合理配置水资源，缓解苏北地区缺水状况，江苏省开始建设江水北调跨流域调水工程，为苏北地区工农业生产、城市生活、航运和生态提供水源，并承担苏北地区部分泄洪排涝任务，这对地区降水量以及地区洪涝面积产生了较大的影响。基于以上事实，从污染物排放量和生态文明两方面考虑产出指标，选择化学需氧量、总磷、总氮、工业废水排放量、农业废水排放量、所在地区降水量、区域万元 GDP 用水量下降率作为生态补偿政策的代表性产出指标。2000 年以来，洪泽湖富营养化总体呈加重趋势，氮、磷是湖泊富营养化的主要影响因子，洪泽湖湖区水体总氮劣于Ⅴ类水质标准，总磷基本达到Ⅴ类水质标准，氮磷的长期超标是洪泽湖水体富营养化的重要原因。化学需氧量(COD)是以化学方法测量水样中需要被氧化的还原性物质的量，与湖泊的受污染程度高度相关。而废水排放量可作为水污染的直接衡量标准，因此选择工业和农业废水排放量作为生态效率的产出指标对绩效水平进行测量。洪泽湖以及周边的污染事故，会造成大量蟹、虾、鱼的死亡，渔业捕捞量也是衡量湖泊健康度的重要指标。综上所述，产出指标的选择相对合理。

环境变量是指对评价对象的效率产生影响、但并不是评价对象可以主观控制的因素，环境变量的选取直接关系到第二阶段 DEA 模型回归结果。参考已有研究成果[66][89]，并结合数据的可得性，所选取环境变量主要包括所在地常住人口、第三产业增加值、所在地区对外开放度、所在地区生产总值等指标。

本章对备选指标进行相关性分析，通过对筛选后的指标进行主成分分析，从而得到投入、产出系统的主成分因子，并选取因子载荷大的指标代表原投入、产出系统，作为 DEA 模型的投入、产出指标进行计算，从而实现数据降维，保证计算结果的准确性。

表 4-3 指标选择

目标层	准则层	指标层
投入指标	经济政策	环保专项资金
		生态补偿金额
		税收
		水利建设投资金额
		集中式污水处理设施数目
	生态补偿政策	所在流域保护耕地面积
		除涝面积
		修建堤坝保护人口数量
		水库修建数
		水库总库容
		湖泊保护从业人员数
产出指标	污染物排放量	化学需氧量
		总磷
		总氮
		工业废水排放量
		农业废水排放量
	生态文明	所在地区降水量
		区域万元 GDP 用水量下降率
		渔业捕捞产量
环境变量	经济社会发展	所在地区常住人口
		第三产业增加值
		所在地区对外开放度
		所在地区生产总值

数据来源:《中国水利统计年鉴》《江苏省统计年鉴》《淮安统计年鉴》《宿迁统计年鉴》《中国环境统计年鉴》。

(2) 投入指标主成分分析

第一步:数据标准化

通过对投入数据进行标准化处理,可以消除量纲的影响,使接下来的步骤所得结果更加准确。

第二步:KMO 检验和 Bartlett's 球状检验

在因子分析中,首先进行 KMO 检验和 Bartlett's 球状检验[90]。若拒绝原假设，则说明可以做因子分析，若不拒绝原假设，则说明这些变量可能独立提供一些信息，不适合做因子分析。KMO 用于比较变量间简单相关系数和偏相关系数。该统计量的取值在 0 与 1 之间，KMO 值越接近于 1，意味着变量间的相关性越强，原有变量越适合做因子分析，当 KMO 值低于 0.5 时不适宜做因子分析。Bartlett's 球状检验的目的是判断各个变量是否各自独立，一般情况下，球状检验的 P 值小于 0.05 适合做因子分析。检验结果显示以上投入指标适合做因子分析。

第三步：主成分分析结果

对投入指标进行主成分分析并得到结果如表 4-4、图 4-6 所示。SPSS 软件默认特征值大于 1 为主成分，且一般认为累计贡献率达到 85%左右最为适宜[91]，因此取前两个主成分最为适宜。同时观察图 4-6，碎石图来源于地质学的概念。主成分分析的碎石图以特征值为纵轴，成分为横轴。前面陡峭的部分特征值大，包含的信息多，后面平坦的部分特征值小，包含的信息也少。一般通过观察碎石图中特征值的变化趋势，选取主成分。如果从第 n 个特征值变化的趋势开始趋于平稳，那么就取前 $n-1$ 个主成分比较合适。综上所述，取 1、2 主成分较为合适。

表 4-4　投入指标主成分表

成分	初始特征值			提取平方和载入		
	合计	方差的%	累积%	合计	方差的%	累积%
1	6.129	55.714	55.714	6.129	55.714	55.714
2	2.782	25.290	81.004	2.782	25.290	81.004
3	0.880	8.003	89.007			
4	0.759	6.900	95.907			
5	0.350	3.179	99.086			
6	0.079	0.719	99.805			
7	0.012	0.113	99.918			
8	0.009	0.082	100.000			
9	4.197E−016	3.815E−015	100.000			
10	−2.068E−017	−1.880E−016	100.000			
11	−1.870E−016	−1.700E−015	100.00			

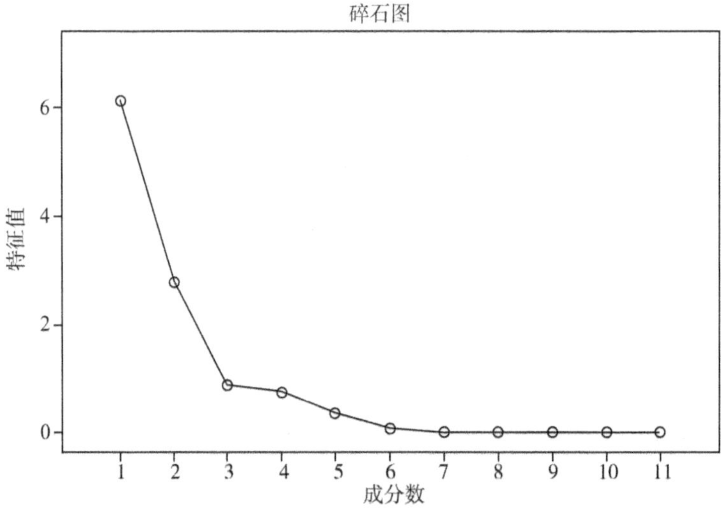

图 4-6　投入指标碎石图

第四步:成分矩阵

通过计算得到主成分 1、2 的成分矩阵,如表 4-5 所示。表中成分 1、2 下列的值分别为不同指标在主成分中的因子载荷,因子载荷绝对值越大即该成分对指标的代表性越大,一般选取因子载荷绝对值大于 0.85 的成分[92]。主成分 1 中因子载荷绝对值大于 0.85 的指标分别是生态补偿拨款金额、集中式污水处理设施数目。主成分 2 中因子载荷绝对值大于 0.85 的成分是湖泊保护从业人员数。综上所述,分别选择生态补偿拨款金额、集中式污水处理设施数量、湖泊保护从业人员数作为接下来四阶段 DEA 分析的投入指标。上述指标分别以洪泽湖在淮安市和宿迁市所占面积比重来计算。

表 4-5　投入指标成分矩阵

投入指标	成分	
	1	2
水库修建数	0.649	0.399
水库总库容	0.812	0.299
生态补偿拨款金额	0.862	−0.418
税收	0.181	0.768

（续表）

投入指标	成分	
	1	2
水利建设投资金额	−0.091	0.071
集中式污水处理设施数目	0.892	0.075
所在流域保护耕地面积	−0.594	−0.533
除涝面积	0.780	−0.091
修建堤坝保护人口数量	0.815	−0.226
湖泊保护从业人员数	0.775	0.883

（3）产出指标主成分分析

第一步：数据标准化

通过对产出数据进行标准化处理，可以消除量纲的影响，使接下来的步骤所得结果更加准确。

第二步：KMO 检验和 Bartlett's 球状检验

对产出指标进行 KMO 检验和 Bartlett's 球状检验，检验结果显示以上产出指标适合做因子分析。

第三步：主成分分析结果

对指标进行主成分分析并得到结果如表 4-6、图 4-7 所示。SPSS 软件默认特征值大于 1 为主成分，且一般认为累计贡献率达到 85%左右最为适宜，因此取前两个主成分最为适宜。同时观察图 4-7，碎石图来源于地质学的概念。主成分分析的碎石图以特征值为纵轴，成分为横轴。前面陡峭的部分特征值大，包含的信息多，后面平坦的部分特征值小，包含的信息也少。一般通过观察碎石图中特征值的变化趋势，选取主成分。如果从第 n 个特征值变化的趋势开始趋于平稳，那么就取前 $n-1$ 个主成分比较合适。综上所述，取 1、2 主成分较为合适。

表 4-6 产出指标主成分表

成分	初始特征值			提取平方和载入		
	合计	方差的%	累积%	合计	方差的%	累积%
1	5.324	66.549	66.549	5.324	66.549	66.549
2	1.278	15.977	82.527	1.278	15.977	82.527

（续表）

成分	初始特征值			提取平方和载入		
	合计	方差的%	累积%	合计	方差的%	累积%
3	0.724	9.056	91.583			
4	0.408	5.098	96.681			
5	0.164	2.056	98.737			
6	0.071	0.892	99.629			
7	0.029	0.358	99.987			
8	0.001	0.013	100.000			

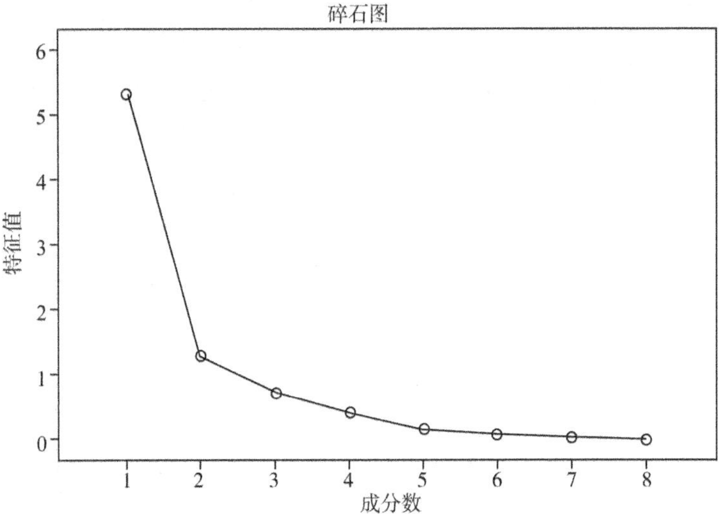

图 4-7　产出指标碎石图

第四步：成分矩阵

通过计算得到主成分 1、2 的成分矩阵，如表 4-7 所示。表中成分 1，2 下列的值分别为不同指标在主成分中的因子载荷，因子载荷绝对值越大即该成分对指标的代表性越大，一般选取因子载荷绝对值大于 0.85 的成分。主成分 1 中因子载荷绝对值大于 0.85 的成分较多，在这里笔者选择主成分 1 中排名第一的指标“农业废水排放量”作为产出指标。主成分 2 中因子载荷绝对值大于 0.85 的成分是所在地区降水量，综上所述，笔者分别选择农业废水排放量、所在地区降水量作为接下来四阶段 DEA 分析的产出指标。

表 4-7　产出指标成分矩阵

产出指标	成分	
	1	2
化学需氧量	−0.879	0.108
总磷	0.648	−0.507
总氮	0.888	−0.135
工业废水排放量	0.901	0.307
农业废水排放量	0.937	−0.065
所在地区降水量	0.119	0.924
区域万元 GDP 用水量下降率	−0.971	−0.067
渔业捕捞产量	0.833	0.183

4.3.3　四阶段 DEA 效率比较

(1) 第一阶段:DEA-BCC 模型实证结果分析

在第一阶段,使用原始投入产出数据进行初始效率评价。BCC 模型计算出来的效率值为综合技术效率,综合技术效率=纯技术效率×规模效率。该阶段主要的目的是两个:第一,计算得到未经剔除环境因素影响的各单元效率值;第二,计算得到各投入指标的松弛变量,进而为第二阶段的去噪做好数据准备。针对以上的目的,可分别实施得到结果。DEA 模型有投入导向模型(BCC 模型)、产出导向模型(CCR 模型)这两种。本书选用投入导向 BCC 模型(规模收益可变模型)对原始数据(即未经过任何处理的和调整过的数据)直接进行计算[93],最后得到第一阶段效率值和各投入指标松弛变量。第一阶段用 DEAP2.1,选取 BBC 模型对洪泽湖 10 年的生态补偿治理绩效水平做出分析,具体分析结果如表 4-8 所示。

表 4-8　第一阶段效率计算结果

年份	TE	PTE	SE
2011	1	1	1
2012	0.939	1	0.939
2013	0.923	1	0.923
2014	0.876	1	0.876

（续表）

年份	TE	PTE	SE
2015	0.906	1	0.906
2016	0.856	0.992	0.862
2017	0.880	0.955	0.921
2018	0.758	0.940	0.807
2019	0.864	0.930	0.928
2020	0.614	0.901	0.681
平均值	0.862	0.972	0.884

通过第一阶段的初始效率评估，我们可以看出：

①技术效率值（TE）：2011年的技术效率值为1，表现为生态补偿达到了最佳配置，DEA有效。这十年间技术效率平均值为0.862，高于平均水平的年份有2011年，2012年，2013年，2014年，2015年，2017年，2019年，低于平均水平的年份有2016年，2018年，2020年。技术效率反映投入与产出之间的最佳配置状态，技术效率较低，意味着投入与产出配置较不平衡。从总体来看，洪泽湖地区的生态补偿技术效率波动较大，整体上还需要进一步提升。

②纯技术效率（PTE）：2011年到2015年的纯技术效率值均为1，由此可以看出2012—2015年间技术效率值受规模经济的影响较大，纯技术效率没有对DEA有效配置产生影响。纯技术效率平均值为0.972，高于平均值水平的年份有2011年，2012年，2013年，2014年，2015年，2016年，说明这几年有关流域生态补偿的财政资金在使用方面并没有存在很大的浪费情况，资金管理相对有效。低于平均值水平的年份有2017年，2018年，2019年，2020年。可以认为这几年在财政资金使用方面执行力度不够，效率较低，资源浪费情况相对来说较为严重，各级人民政府需要在资金的管理方面强加管控，避免资金流失与资源浪费现象的再次发生。

③规模效率（SE）：2011年的规模效率值等于1，认为2011年洪泽湖地区的生态环境与经济发展的规模水平相对合理。规模效率值最低的是2020年，其规模效率值为0.681，低于平均水平0.884。从整体组成规模来看，各年之间管理水平和技术水平相差较大，对洪泽湖地区整体产生了影响。规模效率

值高于平均水平的年份有 2011 年，2012 年，2013 年，2015 年，2017 年，2019 年，低于平均水平的年份有 2014 年，2016 年，2018 年，2020 年。与各年较大的财政资金投入规模差异以及规模报酬递减规律造成的效率损失有关，故总体来说洪泽湖地区生态环境与经济协调发展的规模较广。

（2）第二阶段：Tobit 回归模型实证结果分析

将第一阶段中计算得出的 10 年间洪泽湖的投入指标松弛变量作为因变量，环境变量（地区常住人口、第三产业增加值、地区进出口总额、地区生产总值）作为自变量，建立如下 Tobit 回归模型：

$$RY_{ijk}^{*}=\beta_{0i}+\beta_{1i}Z_{1j}+\beta_{2i}Z_{2j}+\beta_{3i}Z_{3j}+\beta_{4i}Z_{4j}+u_{ij} \tag{4-9}$$

$$RY_{ijk}=\begin{cases}RY_{ij}^{*},RY_{ij}^{*}>0\\0,RY_{ij}^{*}\leqslant 0\end{cases}$$

其中 $i=1,2,3,4;j=1,2,\cdots,10,RY_{ij}$ 为第 j 年第 i 个投入指标的冗余值。选取洪泽湖 2011—2020 年这十年的面板数据，通过 Stata 软件进行 Tobit 回归分析，相关变量的具体情况如表 4-9。

表 4-9　提取投入松弛变量

年份	集中式污水处理设施数量	生态补偿拨款金额	湖泊保护从业人员数
2011	0	0	0
2012	0	0	0
2013	0	0	0
2014	0	0	0
2015	0	0	0
2016	31	425	118
2017	187.334	2 677.131	627.874
2018	242	31 310	859
2019	272	82 828	1 010
2020	336	89 229	1 472

从分析结果来看，集中式污水处理设施数量冗余、生态补偿拨款金额冗余、湖泊保护从业人员数冗余的 LR chi2 均通过了显著性检验，故本书将在第三阶段对通过显著性检验的集中式污水处理设施数量、生态补偿拨款金额、

湖泊保护从业人员数这三个投入要素数值进行调整。

(3) 第三、四阶段:调整后 DEA 模型实证结果分析

调整投入变量,并将其再次代入第一阶段 BCC 模型,利用 DEAP 2.1 软件测算 2011—2020 年洪泽湖的生态补偿效率水平,得到第四阶段的效率值,并将一、四阶段的效率值进行比较,结果如表 4-10 所示。

表 4-10 一、四阶段效率计算结果

年份＼效率值	TE		PTE		SE	
	一	四	一	四	一	四
2011	1	1	1	1	1	1
2012	0.939	0.945	1	1	0.939	0.945
2013	0.923	0.928	1	1	0.923	0.928
2014	0.876	0.879	1	1	0.876	0.879
2015	0.906	0.913	1	1	0.906	0.913
2016	0.856	0.858	0.992	0.994	0.862	0.863
2017	0.880	0.880	0.955	0.958	0.921	0.921
2018	0.758	0.768	0.940	0.945	0.807	0.813
2019	0.864	0.867	0.930	0.934	0.928	0.928
2020	0.614	0.620	0.901	0.912	0.681	0.682
平均值	0.860	0.860	0.972	0.972	0.884	0.885

从表 4-10 可以看出,在剔除环境因素影响后,洪泽湖的生态补偿技术效率、纯技术效率、规模效率水平从总体来说均有所提高。2011 年第一、四阶段的技术效率、纯技术效率、规模效率全部是 1,都达到了 DEA 有效,说明 2011 年间洪泽湖的湖泊生态补偿效率非常高。这有可能是因为 2011 年苏北地区湖泊生态补偿政策刚执行不久,根据美国经济学家 G. Grossman 和 A. Kureger 提出的环境库兹涅茨曲线来说,经济增长和环境污染之间呈倒 U 型的关系,即环境质量随着经济增长的积累呈先恶化后改善的趋势。所以此时 2011 年的生态补偿政策对环境治理效率的影响效果最明显。2012 年至 2015 年一、四阶段的纯技术效率均为 1,这告诉我们 2012 年至 2015 年洪泽湖内部的政策管理和技术等因素均处于较高水平,达到纯技术效率的 DEA 有效,在这四年间发挥了政府内部治理的效率最大化。各年的规模效率水

平保持上升水平，规模效率是指产业结构通过优化配置对产出单元所发生作用的大小。我们可以发现，从 2011 年至 2020 年，洪泽湖周边的产业发展对湖泊的生态补偿效率水平没有带来明显的负面影响，这可能得益于政府对于当地产业结构与自然资源协调发展的优化配置，以及相关部门对洪泽湖湖泊治理的高度重视和科学的管理水平。从总体来看，如果不剔除环境因素的影响，这十年间洪泽湖的生态补偿技术效率值、纯技术效率值、规模效率值将被低估。

4.4　结论与建议

4.4.1　研究结论

本章以洪泽湖为研究对象，选取 2011—2020 年的面板数据对洪泽湖的生态补偿绩效进行评估。为了更精确地评价湖泊生态补偿效率，在传统数据包络分析(DEA)模型的基础上，提出了四阶段 DEA 法，并且结合 CiteSpace 与主成分分析法(PCA)，先用 CiteSpace 进行作者被引和关键词分析，选出当前生态补偿研究的热点方向与热点词汇，为下文的投入与产出指标的选择提供依据。再通过主成分分析法确定最终的评价指标，然后构建 DEA 模型，通过测算出原始的 DEA 效率值和剔除环境变量之后的 DEA 效率值，探究环境变量对效率的影响，对湖泊生态补偿的技术效率、规模效率和纯技术效率等进行评价。通过对四阶段 DEA 中面板数据的分析可以看出，在剔除了环境变量的影响后，技术效率、纯技术效率、规模效率值都呈现上升趋势，政府对于生态补偿的资金投入与治理效率的提高成正比，因此地方政府应加大对于生态补偿的公共投入，对当前有关洪泽湖湖泊生态补偿的财政政策进行系统梳理并且创新地对我国有关湖泊生态补偿的财政政策进行构建是关系到洪泽湖生态补偿实践成败的关键。内部来看，政府管理机制的实施，对环境保护起着积极的影响；外部来看，产业发展和湖泊周边环境也保持协调发展态势。内部与外部的有机结合，有利于洪泽湖的生态保护与水生态恢复。总体来看，2011 年至 2020 年，一、四阶段的技术效率、纯技术效率、规模效率均达到 DEA 有效的只有 2011 年，说明 2011 年洪泽湖的湖泊生态补偿效率非常高。这有可能是因为2011年苏北地区湖泊生态补偿政策刚执行不久，而经济增长和环境污染之间呈倒U型的关系，即环境质量随着经济增长的积累呈先恶化后改善的趋势。所以此时2011年的生态补偿政策对环境治理效率的影响效果最明显，生态补偿效率水平处于领先水平。其他年份即使经过调整，效率值也没有达到DEA完全有效，反映出生态补偿效果发展的不平衡性。

4.4.2 政策建议

通过以上内容的分析，可以发现洪泽湖地区近些年来在湖泊生态补偿财政政策的制定与执行方面进行了大量的探索与实践，取得了大量的实践经验，但同时由于主客观原因和现实情况的种种限制，在有关洪泽湖生态补偿财政政策的具体实践过程中，也暴露出来诸多现实问题。本书立足于洪泽湖地区生态环境保护的实际情况，重点分析与研究了洪泽湖地区湖泊生态补偿财政政策的制定与执行现状，同时基于此现状深入分析了洪泽湖生态补偿财政政策实施过程中存在的问题与产生问题的根本原因，并运用数据包络分析方法(DEA)测算了洪泽湖地区生态补偿的财政资金使用效率，以便更深层次并更有针对性地挖掘出具体问题与根本原因，为改善洪泽湖地区湖泊生态补偿财政政策现状提供更为可靠的现实依据，最后提出了如下具体的完善建议与对策：

(1) 党中央历来高度重视生态补偿机制建设，习近平总书记多次对健全生态补偿机制提出明确要求。以习近平生态文明思想为指引，积极探索湖泊生态产品价值实现机制，将湖泊的生态效益发挥到最大，造福百姓。依据洪泽湖地区现实情况，结合洪泽湖地区湖泊生态补偿现状，洪泽湖地区的湖泊生态补偿实践必然是以政府补偿模式为主，以市场补偿模式为辅。

(2) 本章以洪泽湖为代表研究其十年间生态补偿效率，对苏北地区的湖泊生态补偿绩效的提高具有一定的借鉴意义。洪泽湖作为苏北地区大型湖泊的代表，其生态治理也引起了政府的高度重视。但我们仍然需要注意的是，在湖泊治理的过程中，应该基于不同湖泊存在的不同的生态环境问题，结合湖泊所在地区的经济发展差异，制定不同区域、不同湖泊的治理目标和任务。协调好各区域的利益诉求，加大地区之间的合作，消除地方保护主义，促进各地区合理分工，推动优化发展。应充分挖掘湖泊绿色发展新动能，形成生态治理与经济发展的良性循环。从补偿对象、补偿主体、补偿金来源、补偿方式和补偿标准角度分析洪泽湖地区湖泊生态补偿财政政策的实践特点，进而指出洪泽湖地区湖泊生态补偿财政政策还存在以下问题：地区之间差异较大，与现实保护需求存在差距；补偿方式和资金用途较为单一，不可持续；补偿政策执行不到位，监管和考核比较滞后。

(3) 增强企业、公众的绿色环保理念，大力推进资源高效利用、循环低碳技术应用和绿色生活消费方式，提高湖泊周边居民的生态保护的积极性、自觉性。着力提高社会参与度，推动湖泊生态环保由政府主导向政府、市场和社会协同治理转型。激发内生动力，凝聚社会合力，促进"绿水青山向金山银山"的转化，实现高水平生态保护和高质量发展的统一。在大数据时代充分运用新科技，建立"苏北湖泊环境大数据平台"，实现数据实时共享，为苏北地区湖泊保护和流域生态一体化利益共同体提供智慧服务，实现大数据时代政府环境协同治理路径创新。

4.5　本章小结

本章选择洪泽湖作为苏北地区湖泊生态补偿效率评价的代表性湖泊，通过搜寻、调研洪泽湖的各年度相关生态数据，对洪泽湖的生态补偿效率进行研究。为提高湖泊生态补偿效率评价的精确性，本章先用 CiteSpace 进行作者共被引和关键词分析，选出当前生态补偿研究的热点方向与热点词汇，截至 2020 年，生态补偿研究关键词主要集中在"影响因素""绿色发展""生态文明"等方面。再通过主成分分析法确定最终的评价指标，分别选择生态补偿拨款金额、集中式污水处理设施数量、湖泊保护从业人员数作为接下来四阶段 DEA 分析的投入指标。分别选择农业废水排放量、所在地区降水量作为接下来四阶段 DEA 分析的产出指标。然后构建四阶段 DEA 模型，对湖泊生态补偿的技术效率、规模效率和纯技术效率等进行评价。2011 年至 2020 年，一、四阶段的技术效率、纯技术效率、规模效率均达到 DEA 有效的只有 2011 年，说明 2011 年间洪泽湖的湖泊生态补偿效率非常高。这有可能是因为 2011 年苏北地区湖泊生态补偿政策刚执行不久，而经济增长和环境污染之间呈倒U型的关系，即环境质量随着经济增长的积累呈先恶化后改善的趋势。所以此时2011年的生态补偿政策对环境治理效率的影响效果最明显，生态补偿效率水平处于领先水平。其他年份即使经过调整，效率值也没有达到DEA完全有效，反映出生态补偿效果发展的不平衡性。为改善洪泽湖地区湖泊生态补偿财政政策现状提供更为可靠的现实依据，最后提出了具体的完善建议与对策。

第五章

苏北地区水环境污染税收政策研究

5.1 水环境污染税收政策理论基础

5.1.1 水环境污染税收政策相关概念

(1) 水环境污染概念

水环境是指围绕人群空间及可直接或间接影响人类生活和发展的水体,是正常功能的各种自然因素和有关的社会因素的总体。水环境污染的划分主要依据污染物的来源,一般分为两种:点源污染和面源污染。其中,点源污染是指工业企业和城镇居民排放废水和生活垃圾,从而使水环境受到破坏。而面源污染主要指农业面源污染,即在农村生活和农业生产活动中所产生的固体污染物进入水域从而对水资源造成破坏。本章对水污染治理税收的研究即分为农业产生的面源污染和工业、服务业产生的点源污染两方面。

(2) 水环境污染税概念

水环境污染税指因损害水环境而对排污主体征收的一种税。水环境污染税结合经济手段和法律手段,能够有效治理水环境。水环境污染税的第一目标与最终目的是保护水环境资源,防止水环境污染的恶化。制定水环境污染税制度并确保其有效实施,能够对社会经济主体的行为进行有效调节,改变他们的固有意识形态，使其为保护水资源环境、实现经济和谐健康发展的蓝图而做出贡献。

(3) 水环境污染产品税概念

水环境污染产品税是指对产生水环境污染的产品所征收的税，它与直接征收水环境污染税不同，是一种间接税。产品税相较其他收费设定更加直观与直接，且能有效节约监督成本，更好地从源头对面源污染进行控制。

5.1.2 水环境污染税征收必要性

(1) 未征收水环境污染税的不良后果

第一，水污染严重缺乏有效控制。苏北地区尚处于发展阶段，在经济快速发展的同时，忽视了对湖泊的有效治理，湖泊面积萎缩、湖泊资源过度利用、湖泊生态功能退化等问题不断显现，在不同程度上阻碍区域经济的可持续发展。并且，苏北污水排放量居高难下，水资源污染事故频发，水环境污染不仅严重危害了群众健康，也造成了巨大的经济损失，影响社会稳定和环境安全。第二，不完善的排污费制度造成不平等竞争。排污收费制度是在经济不断发展的基础上应运而生的，但随着对资源的不断利用，现行的排污费制度存在的问题开始不断地凸显，已无法适应环境需求：一方面，乱收费现象不断；另一方面，收费主体发展情况差异大，不公平性较大；另外，污染产品源头未受到有效关注。第三，成为发达国家“绿色壁垒”。绿色壁垒是指有关国家在进行贸易时对进口国家实施的严格的环保法规和标准，从而保护本土国家的产品竞争力和生态环境等，同时将污染较为严重的产业、企业从本国转移也是众多发达国家的促进生态保护的手段，对发展中国家与相关国家造成危害。因此，从国家层面来看，为保护我国的水环境，政府应该有针对性地提出改善绿色壁垒的方式，通过构建水环境污染税收制度，促使企业使用环保型材料，促进提高生产技术；对外资企业和国外排污者实施税收，促进经济增长方式的转变。从苏北地区层面来看，它位处长江经济带及淮河生态经济带区域范围内，是我国对外贸易的重要地区，连云港作为较大港口，2021 年以来经济总量和贸易总量也有较大提升，应在确保总量上升的基础上，提升产品质量，促进产品的绿色化出口，服务贸易的绿色化，更大程度地促进我国经济的高质量发展。

（2）征收水环境污染税的作用

第一，有利于遏制水污染，发展生态经济。水环境污染税征收主体为国家，是法律手段与财政手段的结合。由于税收本身的特性，开征水环境污染税可以有效地促使环境危害者保护和改善环境，包括限制环境危害者的行为以及减少初始环境污染排放量，促使行为主体自觉约束水污染排放行为和严格遵守环境保护法等内容。并且，水环境污染税的征收使得外部成本内部化，有效回收循环型生产环节的成本，解决生态经济发展的成本障碍，将经济发展建立在生态环境可承受基础之上，在保证自然再生产的前提下扩大经济的再生产，从而实现经济发展和生态保护的“双赢”，建立经济、社会、自然良性循环的复合型生态系统。第二，有助于矫正“市场失灵”。市场活动主体是理性主体，追求经济效益的最大化，因而进行经济活动时的环境要素的投入与产出经常被忽略，从而对所产生的社会后果不明晰，同时对有关的成本与收益折算关系不了解。因此，保护自然资源、防治水环境污染也就成为市场经济的“盲区”。面对市场在调节环境资源上的失灵，政府必须加以干预，在利用经济规律的基础上，通过征收水环境污染税，加重污染和破坏环境的企业或产品的税收负担，促使外部不经济性内部化，矫正企业的行为，以此来保护水环境资源，鼓励水环境资源的有效利用。第三，有利于促进公平竞争。公平竞争是市场经济最基本的法则。根据外部性理论，污染厂商在获得高额利润时并没有为其给社会造成的外部成本付费，他们所造成的环境污染是用全体纳税人缴纳的税款来治理的，其税收负担和自身的经济效益并不匹配，而其他无污染的厂商则没有享受到这样的待遇，这显然有失公平性。开征水环境污染税，对污染环境的行为与产品征税，将外部成本内部化、净收益合理化；同时，减轻符合水环境标准企业的税收负担，确保公平性原则，促进企业间的公平、平等竞争。

5.1.3　水环境污染税与排污权交易比较

（1）两种污染减排政策的差异比较

征收水环境污染税是政府为满足其执行环境保护职能的物质需要，体现的是“谁污染，谁付费”的原则，是造成环境污染的企业所付出的外部成本。而排污权交易是将环境作为一种稀缺资源，而且这种资源的所有权是属于国家，企业想要在环境中排放污染物必须获得相应的权力，体现的是“使用者付费”的原则。环境税与排污权交易制度虽然都是以市场机制为基础的治污手段，两者实现机制又有所区别，环境税基于价格原则，强调充分发挥政府调控的作用，排污权交易制度则基于数量原则，更强调发挥市场主体自身的作用。

(2) 对两种污染减排政策实践的评价

江苏省作为我国最早开展排污权交易的试点地区之一，经过十余年的尝试目前已取得阶段性成果，其排污权交易的制度框架已经初步建立，排污权交易平台也于 2021 年 2 月上线。然而现行的排污权交易制度仍然存在如下问题：第一，缺乏国家层面的法律制度支撑，目前现有的排污权交易的规定大多都是地方性层级的法规，且各地规则不统一；第二，缺乏专门交易管理机构，目前江苏省尚未设置专门机构进行排污权交易的管理和研究，而是由当地环境保护部门负责，在目前江苏省总量减排压力大的情况下缺乏精力和时间投入改革工作，难以进行制度的创新；第三，二级市场交易不活跃，设置了排污权交易的“指导价”，使得排污权在二级市场上难以通过市场机制形成合理的价格，现行的排污权交易市场活跃程度相对滞后，市场的约束激励作用及排污权交易在配置环境资源方面的作用未能充分发挥；第四，由于技术原因，难以对排污数据进行精确核算，尤其是排污权交易的时空折算问题，更需要精密的技术。苏北作为江苏省欠发达地区，经济社会虽在不断前进发展，但仍存在经济总量偏小、产业结构偏重、经济活力不强、环境承载压力较大等问题。基于目前苏北地区的发展情况，行政干预是政府偏好的治理方式，其排污权交易的实施也一直由政府主导，然而因政府权力过大，干预过多，会出现监管失灵和权力寻租现象，从而导致排污权交易缺乏有效的监管。同时出于地区经济发展的需要，排污权交易中心的各项排污数据难以保证真实，并且由于我国的经济水平和技术能力有限，与发达国家先进的污染监控体系相比，对企业污染物的排放缺乏科学的监测，影响了污染物排放量的统计工作。因此，苏北地区排污权交易运行存在着很多难以规避的问题。与排污权交易不同的是，自环境保护税法实施以来，我国各级税务、财政、生态环境等部门通力协作，环境保护税征管运行有序顺畅，环保税的正向激励作用已经初步显现，企业治污减排动力增加。通过对城乡生活污水集中处理场所实行达标排放免税政策，促使以前直接向环境排放污水的企业改为向城市管网排放，提高了污水集中处理效率。并且，我国税法规定环保税全部作为地方收入，这在一定程度上增加了地方政府的收入，为地方保护和改善当地生态环境提供了财力支持。另外，环保税涵盖的污染物范围广，在调控范围上弥补了排污权交易的局限性。因此本章选取水环境污染税作为战略手段，对苏北湖泊水环境保护进行研究。

5.1.4　不同产业水环境污染税设计探究

随着经济发展进程的加快，党中央及领导人重视环境改善与产业升级和调整的关系，逐步推进智能化工业、现代化农业，追求绿色与生态友好发展，而在发展过程中会不可避免地对环境与资源造成一定危害。首先，工业和服务业主要形成点源污染，即有固定排放点，主体明确，环境职能部门在政府政策指导下进行排污权的规定与划分，实施水环境污染税的征收，包括工业企业、城镇居民废水和生活垃圾的排放等，进行集中处理。其次，相比点源污染的明确性，覆盖面更广泛、不易控制的面源污染对生态环境治理具有更大威胁，农业形成的面源污染是陆域面源污染的主要内容，适应点源污染的集中式处理与税收原则由于面源污染的本质特点则不适用。由于征收对象、征收方式等的差别，本书在前人研究的基础上提出水环境污染产品税。影响与差异主要体现在以下方面：第一、点源污染的征收对象为工业、服务业企业等，具有较好的经济支付能力，纳税是其企业经营的一部分，存在必然合理性；农业面源污染主体是包括农民、农业企业、种植大户等在内的农业生产经营主体，由于农业相较工业、服务业经济效益较低，且回收周期长，若对其征收设定与工业企业等相同标准，则会较大损害农业生产主体的利益，违背发展原则与规律，因而水环境污染产品税能更好地符合农业生产经营主体的特点，更加合理有效。第二、本书运用CGE模型探讨对工业、服务业等的征收原则与标准，发现行业与行业之间环境污染存在差异，同时地区发展水平对税收标准设定有影响，因而应考虑行业间的差异，注重地区差异，设置不同征收标准，但差异不宜过大；造成农业面源污染的主要包括农药、化肥、塑料薄膜等的使用，因而在次优税率指导下，征收水环境污染产品税，依据购买价格和购买数量以及污染物含量设定税收标准，也需考虑到苏北地区五市经济发展水平的差异，同时避免投机行为的发生。第三、针对工业、服务业的水环境污染税目前发展较快，且点源污染得到有效控制，直接将其作为企业纳税内容之一，可以得到较好执行，效率高；产品税率的设计由于征收对象的差异化显著以及国家政府利民政策的保障，当前实施仍存在较大阻碍，因而在保障农民利益不受损害的基础上，合理适度的补贴政策需要与税收政策配套实施与执行，同时积极推进相关法律文件的出台，提高效率。水环境污染税和产品税征收的最终愿景是推进环境生态治理，发展绿色产业，促进产业调整与结构升级，由于农业、工业、服务业的特点差异，同时结合苏北地区经济发展结构特点和环境污染类别的不同，本书中进行了分别研究与探讨，对促进产业绿色发展提供一定的建议指导。

5.2 农业水环境污染税收政策研究

5.2.1 情况概述

(1) 苏北地区农业发展现状

2019 年，江苏省地区生产总值为 99 631.52 亿元，苏北地区生产总值为 22 963.34 亿元，占全省的 23.05%，其中，徐州和盐城发展较快；而从第一产业来看，苏北地区第一产业的生产总值达全省的 55.3%，徐州和盐城占比 30.3%，由此可见，第一产业在苏北地区仍占相对重要的地位，农业发展与经济总体发展相适应，农林牧副渔业相对苏中、苏南地区发达。而伴随经济的发展以及对经济利益的追求，在农业、畜牧业、渔业等发展过程中，对资源的利用已逐渐超过限度，特别在农业生产中，对化肥、农药等的依赖程度加大。从数据来看，2019 年江苏省农用化肥施用量居全国第五位，远超全国平均水平，同时，农药使用量为全国第八，有 67 396 吨，而苏北地区中农业占经济发展相对主要地位，宿迁、淮安的化肥使用量远远超过国家规定的标准用量，其过量的使用对土壤、水质等产生了不同程度的破坏，造成湖泊等水体的污染问题日益严重。由于国家对“三农”问题的重视，出台了相关优惠政策，有效保障了农民利益，但同时也加速了对环境的破坏，以及利益集团的形成与路径依赖。近年来国家逐渐重视对农业环境的治理与管理，推广测土配方技术、有机化肥等，而由于农业先进技术的普及性相对不足和农民意识的薄弱，当前环境改善成效尚不显著，仍需完善与提高，环境经济手段触及直接相关利益可有效调节农业治理现状，但由于苏北地区发展相较江苏其他地区发展较慢，在运用经济手段进行调节时要注意结合农民参与意愿与地区发展特点，有针对性地进行有关方案的设计与制定，确保方案的可执行性与合理有效性，从而促进苏北地区农业的现代化发展、绿色发展与可持续发展。

（2）苏北地区问卷分析与整理

根据第一章得知，课题组根据当前农业发展与相关文献，设计了问卷，以苏北地区淮安市金湖县银涂镇的农户为调查对象，共发放 240 份问卷，问卷有效率为 68%，调查对象中男女比例接近 1.6∶1，年龄分布覆盖 18 岁到 50 岁以上，具有一定的代表性。通过对有效问卷的分析研究，得出受访农户样本的基本特征、农户生产生活行为、对环境及湖泊污染现状的认知程度、政府及相关行政部门的引导作用，以及农户的湖泊保护意识及保护意愿。具体问卷设计见附录部分。

①受访农户的基本特征（性别、年龄、收入）

162 份样本农户中，男性 101 名，占 62%，主要因为调研对象多为户主，在农村，以男性为户主家庭居多，且男性对家庭农业生产情况更为了解；女性 61 名，占 38%。样本中 31～40 岁、41～50 岁、50 岁以上这三组占比相差不大，主要以中老年居多，这符合当前年轻人外出打工、中老年务农的现状。样本中家庭月均收入集中在 2 000～4 000 元，占 56%，其中家庭月收入在 2 000～3 000 和 3 000～4 000 的两组占比相差不大，调研地区 2019 年人均月收入为 1 900 元，这体现出农户农业收入在该地区属于中等偏上水平。

②农户行为分析（垃圾处理方式、化肥使用、废弃物综合利用）

表 5-1　农户行为分析

问题	选项	样本数	百分比
目前处理垃圾的方式	固定垃圾堆放点	152	94%
	随意丢弃	5	3%
	其他（请补充）	3	2%
	露天焚烧	2	1%

（续表）

问题	选项	样本数	百分比
对于农药瓶、电池等有毒垃圾处理方式	丢入垃圾箱	99	61.1%
	回收变卖	40	24.7%
	其他	21	13%
	随意丢弃	1	0.6%
	丢进附近湖泊	1	0.6%
在种植的过程中对化肥的依赖程度	一般	53	33%
	依赖	39	24%
	轻微	31	19%
	无依赖	26	16%
	非常依赖	13	8%
是否采用过测土配方施肥技术	否	85	52%
	是	77	48%
是否对植物秸秆进行综合利用（如秸秆肥料化等）	经常	105	65%
	偶尔	35	21%
	没有	22	14%
是否会对畜禽粪污染进行综合利用	经常	98	60.5%
	偶尔	38	23.5%
	没有	26	16%

资料来源：有效回收问卷数据

对于垃圾处理方式，94%的农户选择的是固定垃圾堆放点，仅有3%的农户选择随意丢弃，2%的农户选择其他并补充处理垃圾的方式为垃圾分类方法。对于农药瓶、电池等有毒垃圾的处理方式，61.1%的农户选择丢入垃圾桶，约25%的农户选择回收变卖，随意丢弃及丢进附近湖泊的农户极少，分别仅占0.6%。由此可见，农户普遍具有一定的素质，能较好的处理垃圾，但对于有毒垃圾的处理方式仍有欠缺，这可能会在一定程度上造成周围环境及湖泊污染。

对于在种植过程中对化肥的依赖程度，8%的农户选择非常依赖，33%的农户选择一般依赖，24%的农户选择依赖化肥，19%的农户选择轻微依赖，16%的农户则选择不依赖。由此可知，现阶段该地区的农户对于化肥的依赖程度仍旧较高，农户为了获取高产出、高收益，选择依赖化肥，这也是湖泊产生富营养化等面源污染的根本原因。针对是否采用过测土配方施肥技术这一问题，52%的农户选择“否”，48%的农户选择“是”，说明测土配方施肥技术在农户间还未得到普及和广泛利用，使用的肥料并未充分发挥其最大增产效益，造成浪费，同时也间接导致了湖泊水环境污染加剧。针对是否对植物秸秆进行综合利用这一问题，超半数的农户经常使用，占65%，21%的农户会偶尔利用，14%的农户没有利用过。针对是否会对畜禽粪污染进行综合利用这一问题，结果与对植物秸秆进行综合利用相似，超半数的农户经常使用，占60.5%，23.5%的农户会偶尔利用，16%的农户没有利用过，这表明利用率较高但仍未达到全面普及。未被及时综合利用的植物秸秆和畜禽粪污染会造成一定程度的湖泊面源污染。

③湖泊保护与环境保护的认知程度

表5-2　公众的认知程度

问题	选项	样本数	百分比
是否同意所在地区湖泊水质与前十年相比变差了	非常不同意	18	11%
	不同意	36	22%
	不一定	26	16%
	同意	58	36%
	非常同意	24	15%
所在地区湖泊水质的污染程度	较轻	98	61%
	一般	54	33%
	严重	10	6%
所在地区湖泊水质污染的来源（多选）	工业企业排污	33	20%
	农业化肥流失	67	41%
	畜禽粪便排放	20	12%
	生活污水排放	44	27%
	生活垃圾	41	25%
	不清楚	31	19%
经济增长与环境保护是否矛盾	是	54	33%
	否	108	67%

（续表）

问题	选项	样本数	百分比
哪些问题是导致湖泊富营养化的成因（多选）	生活污水排放	144	89%
	工业废水排放	124	77%
	化肥污染	137	85%
	集约化养殖污染	126	78%
	垃圾污染	140	86%
	空气污染	107	66%
导致湖泊污染物增加的成因（多选）	自然污染	117	72%
	工业废水污染	140	86%
	农业污染	147	91%
	生活污水污染	140	86%
	垃圾污染	144	89%
	空气污染	113	70%

针对所在地区湖泊水质与前十年相比是否变差了这一问题，36%的农户表示同意，15%的农户非常同意，22%认为不同意，11%认为非常不同意，16%认为不一定。可以看出当地所面临的水环境污染问题日益严重，湖泊水质恶化及富营养化问题日渐突出，水环境的恶化正影响着日常的生产生活。对于所在地区的湖泊水质污染程度，61%的农户认为湖泊水质的污染程度较轻，33%的农户认为污染程度一般，仅有 6%的农户认为污染程度严重。同时，67%的农户认为经济增长和环境保护不矛盾，33%的农户认为矛盾。这说明当地农户普遍认为现在所面临的环境与湖泊污染程度不大，且环境保护和经济增长不矛盾。调查显示，农户认为所在地区湖泊水质污染的来源主要为农业化肥流失，占到了 41%，其次为生活污水排放、生活垃圾和工业企业排污，分别占到了 27%、25%和 20%，另有 19%的农户对该问题不清楚。工业生产中产生的废污水很多未经处理直接大量排放，导致湖泊水体污染加剧，严重降低了水体的使用价值并导致湖泊生态系统的进一步退化，同时严重影响了地区工农业生产的用水安全。导致湖泊富营养化的成因中，当地农户普遍认为其主要成因是生活污水排放、垃圾污染和化肥污染，认为其是主要影响因素的比例分别达到了 89%、86%和 85%。其次是集约化养殖污染和工业废水排放，占比分别为 78%和 77%，最后是空气污染，占到了 66%。这符合

水体富营养化的现状，水体主要呈现为有机污染，超标项目以总氮、总磷、氨氮以及五日生化需氧量为主，而农药化肥、畜禽养殖、生活污水垃圾等农业面源污染物正是湖泊氮磷的主要来源。农户认为导致湖泊污染物增加的原因中，农业污染占比最高，达到了 91%，其次是垃圾污染、工业废水污染和生活污水污染，占比分别为 89%、86%和 86%。最后是自然污染和空气污染，分别占到了 72%和 70%。

综上，从表中的数据可以看出，农户认为当地水污染的源头主要集中在工业企业污染，导致湖泊富营养化的成因主要是生活污水、化肥污染和垃圾污染，导致湖泊污染物增加的最主要原因是农业污染。农业面源污染问题日渐突出，农药化肥过量施用、畜禽养殖、村镇生活污水、生活垃圾等面源污染已经越来越成为湖泊的主要污染源。

④湖泊保护意愿

表 5-3　农户的湖泊保护意愿

问题	选项	样本数	百分比
是否同意周边居民/村民有必要保护所在地区湖泊水质	非常不同意	1	0.6%
	不同意	2	1.2%
	不一定	6	3.7%
	同意	44	27.2%
	非常同意	109	67.3%
湖泊保护应由谁负责	政府	80	49%
	谁破坏谁负责	20	12%
	公民	62	39%
是否同意征收环境保护税	是	85	52%
	否	77	48%
是否愿意为环境保护做出一定牺牲	是	147	91%
	否	15	9%

对于农户保护意愿的调查结果显示，67.3%的农户非常同意周边居民和村民有必要保护所在地区湖泊水质，27.2%的农户表示同意，不一定、不同意和非常不同意的农户占比极少，分别为 3.7%、1.2%和 0.6%。可以看出，农户对生态环保问题的关心与重视程度比较高，对湖泊保护的认可度也较高。

湖泊污染治理和保护中，公众具有较强的责任意识，但仍对政府具有一定的依赖性。根据调查结果显示，当被问及湖泊保护该由谁负责时，49％的公众认为湖泊保护应该由政府部门来负责，12％的公众表示应遵循“谁破坏谁保护的原则”由湖泊污染者来负责保护，而39％的公众认为湖泊保护与自己有关系，应该承担起湖泊保护的责任。《中国环境保护法》第六条对中国每个公民所涉及的对环境的权利和义务做了制度说明，说明社会公众是环境保护的参与者，社会公众应该保持主人翁的意识，参与湖泊污染治理和保护工作而不是一味地依赖政府及相关行政部门。

对于是否征收环境保护税这一问题，持“是”和“否”意见的农户差别不大，占比分别为52％和48％。当被问到是否愿意为环境保护做出一定牺牲，91％的农户都选择了“是”，这说明农户的素质普遍较高，对于环境和湖泊的保护意识较为强烈，也愿意为环境和湖泊保护贡献自己的一份力量。综上，农户普遍认为在环境和湖泊保护的过程中，政府应该起到引领作用。因此，政府如何合理地制定环境与湖泊保护方案、决定资金投入与环境税的征收，对农户在环境与湖泊污染治理中的主动性与积极性的影响起到重要作用。

⑤政府及村委的引导作用

表5-4　政府及村委的引导作用

问题	选项	样本数	百分比
当地政府对湖泊水质污染情况的重视程度	不重视	1	0.6％
	一般	18	11.1％
	重视	136	84％
	不清楚	7	4.3％
所在村、镇、社区的垃圾集中收集后处理方式	集中焚烧	24	15％
	填埋	79	49％
	倾倒在湖泊堤坝上	5	3％
	不知道	54	33％
所在村、镇、社区是否提供测土配方的服务	经常	63	39％
	偶尔	33	20％
	没有	11	7％
	不清楚	55	34％

对于当地政府对湖泊水质污染情况的重视程度，84%的农户认为当地政府对湖泊水质污染情况是重视的，11.1%认为重视程度一般，4.3%认为不清楚，仅有0.6%认为当地政府对湖泊水质污染情况不重视。这表明在公众心里政府在环境与湖泊污染治理中的行为是主动与积极的。对于村、镇、社区对集中收集后的垃圾选择的处理方式，49%的农户选择了填埋选项，15%的农户选择了集中焚烧的选项，3%的农户选择了倾倒在湖泊堤坝上，33%的农户不知道垃圾收集后的处理方式。对此，我们可以看出，除个别农户外，主要垃圾处理方式是集中堆放，这一行为虽减少了污染，但村、镇、社区的处理方式并不属于正确的、对环境友好的处理方式，填埋垃圾会释放大量含有CH_4和CO_2的气体，容易引发爆炸事故和火灾；影响地下水的硬度，导致地下水污染；加剧全球变暖，同时填埋排放的气体中含有致癌致畸的有机挥发性气体，对所在地区的居民的身体健康造成严重的危害。对于所在村、镇、社区是否提供测土配方的服务，39%的农户认为村镇经常提供，20%的农户认为村镇偶尔提供，7%的农户认为村镇没有提供，除此之外，仍有34%的农户不清楚所处村镇是否提供，这说明当地对于该技术的宣传和教育程度较弱，这也解释了为什么有52%的农户没有使用过测土配方技术，这会导致化肥使用的无效率性，间接加剧了其对湖泊等面源的污染。

综合问卷整理分析结果发现，当前湖泊主要存在问题包括湖泊富营养化、湖泊面积萎缩、入湖污染物增加等，统计可得大多数公民认为农业污染是主要原因，以及对农业用地的不合理利用使得湖泊污染加重。同时，由问卷结果来看，90%以上的公民有意愿为环境保护做出一定的牺牲，同时超过半数的公民愿意支付环境保护税，因而环境税的制定可以在公民可接受范围内有效地进行环境保护。但同时也要保护公民的权益不受损害，从而保证公民参与的积极性。可根据公民意愿，运用资金补偿与实物补偿作为有效方式保证其所得权益，同时充分发挥村委会、政府等的引导规范作用。

5.2.2　农业面源污染规制研究

农业面源污染具有广泛性、随机性、不确定性、复杂性等特点，且由于动机的隐蔽性不易被观测与计量，加大了治理难度。相对于点源污染的定点检测的有效性及排污税费确定的相对完善性，面源污染的特点决定其不能完全照搬点源污染的治理模式，当前适用于面源污染的环境经济政策手段有环境税、排污权交易、成本分摊和使用者收费、信贷、补贴和价格工具；相较于侧重市场机制横向调节的科斯手段，政府纵向干预的庇古手段更为有效（周志波、张卫国，2017）[94]。

目前，我国对面源污染规制问题主要从科学、工程技术方面展开，主要针对某区域的特定条件下的农业面源污染问题。对于环境和经济的协调发展研究，大多采用环境库茨涅兹曲线（EKC）进行分析（张晖、胡浩，2009；张锋等，2010）[95-96]，但此方法研究对象主要为工业污染，针对农业面源污染的研究较少，且局限性较大；赖斯芸等（2004）采用单元调查法对农业面源污染分析，将农田化肥、畜禽养殖、农田固体废弃物和农村生活作为产污来源[97]，葛继红等（2011）在其研究的基础上从农业经济规模、农业结构、农业技术进步、污染治理政策等方面展开，运用生产函数与单元调查法，表明了不同因子对农业面源污染有正向的或者负向的影响[98]，梁流涛等（2013）也基于分解法，再次证明了结构效应、规模效应、技术进步对减污的不同影响[99]。

随着环境经济政策的不断完善，环境税规制的面源污染问题发展迅速，排污权交易、成本分担、使用者收费、补贴等已得到逐渐应用，在如何界定面源污染、面源污染的特性等定性方面已逐步完善，但科学的设计、研究深度方面仍存在不足，定量分析和实证检验“会怎么样”的问题仍需改善。李正升（2011）分析了在污染控制成本不确定和污染者排放水平不确定条件下的环境规制问题，基于此构建了农业面源污染控制的一体化环境经济政策体系[100]；秦天等（2021）通过动态面板模型和面板门槛模型实证研究了环境分权与环境规制及其交互项对农业面源污染的影响，得出环境规制和环境行政分权是抑制农业面源污染的重要手段[101]。但由于目标函数、风险偏好、横向信息不对称等问题，当前环境税税率的规制标准设定仍需继续深入研究。司言武（2010）通过设计征收产品税的方案解决农业面源污染问题，设计合理税率，追求成本最小化与高效率规制[102]；罗倩文等（2020）同样阐述了在现有环境保护税中增加农药税和化肥税，从而对面源污染进行有效的控制[103]；周志波等（2017）在梳理环境税规制农业面源污染的国内外文献下，基于实验经济学的方法，分别分析了要素投入法、环境污染总量征收、集体罚款等方式的效率与稳定性，并在此基础上提出从价与从量征收的相对结合，法律措施、财政预算、双向激励等是重要的支持性和辅助性手段[94]。

由于农业相对其他产业，有经营主体分散、规模差异大、经营利润较小等特点，因而对其进行环境税征收存在较大疑问与阻力，但经济与环境的发展要求决定了征收农业环境税的必要性，为了满足利益相关主体的可得或预期收益，需要建立与税收相一致的减免及补贴政策。当前对于生态补偿的研究，大多从流域上下游，上游政府与下游政府，及上游企业与下游企业展开，较多地将湖泊纳入流域中进行分析，胡保卫等(2009)研究了农业非点源污染环境补偿机制应遵循的原则和补偿标准的计算方法，提出制定的补偿标准应在补偿主体和客体的可接受范围内[104]；栾若芳等(2021)在生态补偿标准的效用理论和补偿理论的基础上，通过非参数估计和参数估计估算农户参与农业面源污染治理的受偿意愿，并基于个人效用函数构建农户生态补偿受偿意愿函数，测算最低生态补偿标准[105]；郑云虹等(2019)在纵向农药、化肥市场结构下，基于博弈论的视角，通过理论分析和数值模拟分析了政府补贴政策之于农业面源污染治理的作用[106]。

农业面源污染的特征决定了环境规制者和排污者之间的信息不对称，因而征税的进行面临诸多挑战，而相对点源污染，面源污染监督成本较高且不易观测，司言武(2010)[102]提出的次优产品税率则可较好地调整当前面临的问题，国外许多国家已实行对农药、化肥等化学用品的环境税征收，但具体的征收标准、征收对象、征收原则以及具体实施要求仍需进一步考量与制定。同时，社会经济领域的诸多政策实践表明，对某一社会经济问题的规制和治理，从正向和负向两个方面同时发力、双向激励，其效果会明显优于单纯的鼓励性正向激励或限制性负向激励。因此，农业面源污染的规制，需要从正向和反向两个方面同时给予面源污染者激励，建立一种双向激励机制。一方面，要从负向激励方面实施环境税规制；另一方面，还要从正向激励方面鼓励农业生产技术创新、发展绿色农业和生态农业，从而提高治理效率与有效性。

5.2.3　产品次优税率设计研究

农业面源污染的主要原因包括过度使用农药、化肥，畜禽养殖业饲料残余，随意丢弃生活垃圾等固体废弃物。从事农业生产的主体可得利润相对较少，利益基础薄弱，因而对其进行征税时，需特别注意征税标准的设立，在当前利农政策实行的大环境下，对农业生产者征税并不违背优惠利农、促进农业发展的理念，而是在现有政策的基础上加强管理，重新调整补贴政策以及征税政策，更好地促进环境与经济的共同发展。同时，也需对从事涉农生产的工业企业加强管理，促进其生产绿色产品，调整供应链，运用经济手段推动环境与经济的双重效益。经济手段相对工程手段、行政手段来讲，比较直观与直接，切实地与生产者和消费者利益挂钩，能够较好地控制与解决污染问题，但需与其他手段有效结合，相互监督，共同实施。一般来讲，税费政策的实施最为普遍，其功能在于"堵"，效果较为突出。排污费和成本分摊适合于控制农村畜禽养殖和村庄生活污染，产品税(输入税)和产品生产使用税更利于控制农田化肥农药的盲目过量施用。补贴的功能在于"疏"，其效果虽然没有税费手段理想，但税费与补贴奖惩并举、疏堵结合，可加大激励农业非点源控制和削减的力度。

(1) 产品税率的设计

产品税费(输入税)相较其他收费设定更加直观与直接，且能有效节约监督成本，更好地从源头对面源污染进行控制。税费的设定包括最优税率和次优税率。最优税率的设定和私人成本与社会成本、私人收益与社会收益有关，由于农户追求利益最大化的原则，确定的最终产量高于社会福利最大化时的产量，付出的治污成本与努力程度低于社会期待，因而市场机制存在"失灵"现象。因而，从司言武(2010)[102]的设计思路出发，采用次优税率决定，即产品税率，用产品作为税基，可有效解决监管成本及治污程度的不确定性等问题。

①农产品生产者

表 5-5　产品税率征收和设计原则

农业面源污染产品		税率设计
化肥	氮肥	由含氮和含磷的比例确定，平均税率按 80～120 元/吨计算
	磷肥	
	复合肥	由含氮、含磷量计算加权税率，参考氮肥与磷肥的设计标准
农药		按销售价格的 12%～25%确定
养殖饲料		按销售价格的 10%～20%确定

②涉农生产的企业

涉农生产的企业应明确自身定位，作为农用化学产品的供应链上游，对下游农用品消费者的策略选择有很大影响，绿色产品的生产与否，决定非绿产品的市场价格以及消费者的行为选择。当前我国对涉农工业产品予以低税率，归根到底是为了保障农民的利益，但由于工业生产者的利益考虑与投机行为，使最初理念发生偏离，最终受益者变为涉农工业生产者；且对其征收的税属于间接税，容易转嫁，反而会加重农民的负担。因而应根据环保标准，对涉农工业生产企业实施差别税收优惠，对污染较大的企业以标准税率进行征收，而相对环保企业以优惠税对待，实施分级分层次管理。

（2）补贴标准的设计

为了保障农业生产的可持续发展，国家及地方相关部门应重新进行全局规划，将农业面源污染纳入考量范围，改变对农药、化肥等相关产品的免税或低税政策，推动绿色产品、绿色技术与机械化生产，运用价格与其他经济手段，以较为直观的方式改变农业生产者的行为与意识。在农业非点源污染控制管理方面，根据补贴对象的不同，可将补贴分为正外部性行为的补贴、对减少负外部性行为的补贴及产品价格补贴，如减少农药、化肥等的使用量，施用有机肥；主动学习绿色生产技术，测土配方技术；购入绿色环保设备；进行绿色农产品销售；资源的有效循环利用；从自身利益出发，进行土地经营权的转让，实现规模化经营，从而减少使用总量。对有关农用化学产品、生产设备企业，依据现有的税收标准，实行税收减免政策。

表 5-6　绿色农业发展补贴设计

<table>
<tr><td rowspan="9">绿色农业发展补贴</td><td>补贴对象</td><td colspan="2">补贴方面、补贴标准设计原则</td></tr>
<tr><td rowspan="7">减少污染性要素投入、绿色农业、生态农业的农业生产者</td><td>有机肥购买</td><td>从价或从量补贴</td></tr>
<tr><td>环保设施购入</td><td>价格补贴</td></tr>
<tr><td>绿色农产品销售</td><td>价格补贴，增加收益，适当提高价格</td></tr>
<tr><td>畜禽粪污资源化利用补贴</td><td rowspan="2">根据当年量与往年量的比较，制定资源有效循环利用的比率，并设计相应的从量补贴标准</td></tr>
<tr><td>秸秆综合利用补贴</td></tr>
<tr><td>土地流转（推动规模化经营）</td><td>制定合理的土地经营权流转租金，保证农民收益稳定或递增</td></tr>
<tr><td colspan="2"></td></tr>
<tr><td>农业生产要素投入、技术创新企业</td><td colspan="2">按照标准排污量与实际量的比较，以及实际行为，划分为低、中、高不同层次，对环保友好型企业实施税率降低或税收减免</td></tr>
</table>

(3) 具体实施要求

①征收原则与征收对象

环境规制对象可分为“污染者”和“环境受益者”，由于农业面源污染定量准确估计的困难，本书所述产品税按照污染产生者进行，包括直接使用者和间接生产者。考虑农业经营的独立性与经营规模，征收对象应是拥有一定生产规模的农业企业、种植户和养殖户，如果环境保护税面向全国所有农业经营个体征收，不区分经营规模，会增加大量中、小农户的负担，不利于环境保护税的推行。因而，农药税、化肥税等应主要针对达到一定生产、经营规模的农业企业和种养殖大户征收。农药相对化肥污染更为严重，因而税率设定较高，同时需要依据不同产品差异，设计差异化征收标准。

②各主体具体实施要求

税费与补贴的主体为政府，但中央政府与地方政府由于目标函数的差异与利益矛盾，有时地方政府无法切实执行，而中央政府又未给予财政或政策支持或者相关的激励手段促进地方政府的实施，从而无法推进，农业面源污染治理进展缓慢。因此，中央政府应明确自身责任，协调、调整补贴比例，给予地方政府财政支持，设立专项转移支付资金与农业面源污染治理专项基金，稳定经济来源与路径。企业作为实施的中枢环节，应充分发挥纽带作用，为农业生产者与政府间构建沟通桥梁，确保信息的公开化与透明化，促进调整。

③配套性法律策略

当前我国对于具体农业环境税未有明确法律性规定，而对于禽畜养殖业，《环境保护税法》中明确规定水污染环境保护税仅对存栏规模大于 50 头牛、500 头猪、5 000 羽鸡(鸭)等的禽畜养殖场征收。因而对于税收规制农业面源污染的措施，首先需要相关法律部门制定有关法律性指导文件，推动政策的切实执行。

苏北地区的经济发展相对较慢，第一产业仍占据主要地位，其中，宿迁、连云港、淮安经济发展缓慢，因而在税收标准设计时，注意区域与区域间的差异，考虑经济发展与收入水平的不同，可实施不同的税费标准，但差别不宜过大，避免区域间投机行为的发生，防止税收政策的最终无效性。农业面源污染是一个长期的、反复的过程，面源污染的治理也是一个长期的、循序渐进的过程。对农业非点源污染进行征税是一个有效的经济手段，但其设定与实施须经过反复考量与校正，根本出发点在于促进农业的可持续发展和保障农民的利益不受损害，因此，要提高重视程度，将其纳入法律性政策文件，重新调整税收与补贴政策，推动面源污染治理进程。

5.3　工业及服务业水环境污染税收政策研究

5.3.1　研究背景

改革开放以来，中国经济得到飞速发展，工业化进程加快推进，与此同时经济增长、产业发展与环境污染的矛盾日益凸显。苏北作为华东地区重要的经济增长极和中国经济发展最快的地区之一，其湖泊水质近年来下降明显。然而，湖泊是苏北地区重要的环境资源，城镇饮用水50%来自淡水湖泊，工农业总产值30%来自湖泊流域，湖泊污染问题正逐步制约着经济持续健康的发展。苏北地区的经济发展离不开湖泊保护，同样湖泊保护也离不开经济发展，为保护湖泊环境，实现湖泊健康与经济发展的共赢局面，各级政府将治理水污染、保护水环境的工作放在了主要位置，寻求各种可行的技术手段和政策工具来控制污染物的排放。

我国实施水污染治理政策如表5-7所示，自1979年以来，我国开始实行排污费制度，之后不断完善修改，直至2018年实行"费改税"制度，以期解决排污费制度中执法刚性不足、地方政府和部门干预等问题。目前，我国实行的是《中华人民共和国环境保护税法》，由中华人民共和国第十二届全国人民代表大会常务委员会第二十五次会议于2016年12月25日通过，自2018年1月1日起施行。征收方面，《中华人民共和国环境保护税法》规定了税务部门和环保部门的分工，税务机关依法征收管理，环保主管部门则负责依法对污染物监测管理，环保主管部门和税务机关应当建立涉税信息共享平台和机制，定期交换有关纳税信息资料。

表 5-7　水污染治理政策发展

发布时间	文件名	政策内容
1979 年 9 月	《中华人民共和国环境保护法(试行)》	超过国家规定的标准排放污染物,要按照排放污染物的数量和浓度,根据规定收取排污费。
1982 年 2 月	《征收排污费暂行办法》	具体规定了排污收费对象,排污收费程序,排污收费标准等内容。
2003 年 2 月	《排污费征收使用管理条例》	采取"排污收费、超标罚款"的收费制度,将单因子超标收费变成多因子总量收费。
2018 年 1 月	《中华人民共和国环境保护税法实施条例》	根据现行排污费项目设置税目,将排污费的缴纳人作为环境保护税的纳税人,将应税污染物排放量作为计税依据,将现行排污费征收标准作为环境保护税的税额下限。

与其他政策相比,水环境污染税有多重优势,一方面它可以将水污染造成的外部性成本转化为污染主体的内部成本,并体现在产品价格上;另一方面,它拥有成熟的理论基础和成功经验,可操作性强。目前,我国采取的水污染治理政策在一定程度上控制了大多数污染物排放,缓解了水资源短缺和水污染治理的压力,在水环境保护中发挥了举足轻重的作用。虽然如此,由于污染治理成本高、排污收费标准低,许多企业为追求利益最大化不愿减少污染排放,而选择上缴排污税费,排污权交易制度对市场的有效性要求很高。因此,征收水环境污染税是十分必要且可行的。然而,征收水环境污染税与经济之间的关系是复杂多面的,具体体现在以下四个方面:第一,对于征收水环境污染税的产品生产部门,征收水环境污染税会引起产品成本增加,改变产品价格,同时,企业进行污染物削减投入和水污染物排放的税收之间存在替代关系,当污染物削减投入增加,会引起新的污染物排放量和削减量之间的替代,同样改变产品供应的数量和价格;第二,对于其他产品生产部门,对单个部门的中间投入变化,以及单个部门的产品生产的价格、数量发生变化,会传导到其他产品生产部门,引起其他生产部门产品价格、产品供应数量的变化;第三,对于要素供应市场,产品生产成本增加,生产能力下降,生产要素如劳动力、资本的投入会下降,同时,由于企业投入了更多的生产要素进行污染削减,这部分生产要素收入又会增加,所以对要素供应市场的整体影响,取决于这两部分的综合影响;第四,在产品生产的价格和数量变化、生产要素供应的价格和数量变化的综合影响下,又会进一步对国内消费、进出口贸易、政

府收支等产生影响。总的来说，征收水环境污染税促使水污染物减排是对经济系统和环境系统产生复杂影响的综合行动，涉及多个产业、多个部门，在经济可行性上可能存在巨大差异。因此，本章综合考虑经济－环境多维度关系，建立系统性研究方法，构建适用于研究水环境污染税的环境 CGE 模型，设置四种不同的税率，有效对水污染物减排的经济影响进行定量的综合的分析，为水污染物减排战略和相关政策制定提供科学依据。

5.3.2　水污染物减排环境 CGE 模型建立

(1) 环境 CGE 模型说明

CGE 模型将理论形式用数学方程式表达出来，描述经济系统中各个主体的行为决策，分析经济主体相互之间的联系和影响，评价政策变化时产生的关联效应，并可以根据研究问题的变化灵活地修改模拟政策。作为 CGE 模型在环境领域的重要延伸，环境 CGE 模型拥有 CGE 模型的全部特征，在环境政策方面得到广泛的应用。环境 CGE 模型建模过程复杂，分为多种类型，根据不同的研究问题，研究者可以选择不同的拓展方式和视角。研究发现对环境要素的处理主要有以下四种类型：①应用扩展型：对涉及环境变量的生产部门进行单独处理。该类型不变动模型的基本假设，只需要进一步细分生产部门或者生产要素，引入与资源环境相关的变量，并将其与关联部门结合起来。②环境反馈型：构建新的环境模块，模块包含与探讨的问题密切相关的方程，方程可以清晰地描述与环境相关的决策行为。③函数扩展型：该类型改变的是生产函数或者消费函数，并且在经济系统中体现出环境带来的影响。该类型对传统 CGE 模型作较大改动，更具灵活性，可以对模型中涉及的环境问题做出更贴近现实的描述，应用较广泛。④结构衍生型：这种类型对传统 CGE 模型作出了较大改动，不仅在分析框架中加入了环境行为，重新区分了经济系统的结构，还增加了与环境相关的部分，并且采取的处理方式和生产部门完全一样。该类型较前三种类型更符合各经济主体的行为实践，可以更好地模拟分析政策或冲击对社会经济及资源环境等各方面的影响，但对数据的要求也更高。

本章选择的是应用扩展型，即在传统 CGE 模型中加入环境模块，用于测量生产活动产生的化学需氧量和氨氮等污染物的排放量，构建适用于研究水环境污染税的环境 CGE 模型，设置四种不同的税率，研究不同税率对水污染排放量、宏观经济发展和不同行业的产出等的影响，为后续水环境污染税的制定提供一些参考。

（2）部门划分

投入产出表是编制 SAM 表的主要数据来源，SAM 表是环境 CGE 模型运行的数据基础，因江苏省未编制市级投入产出表，本章建立的环境 CGE 模型部门划分以 2017 年江苏省 42 部门投入产出表的划分为主要依据。此外，因研究主题为水污染物减排，政策模拟主要是针对水污染严重的部门，因此本章将工业部门划分为轻工业、重工业和水污染排放重点工业，42 部门共分为如表 5-8 所示的六个部门。

表 5-8 环境 CGE 模型中的部门划分

序号	CGE 模型部门划分	2017 年投入产出表中部门	2017 年投入产出表中部门编号
1	农业	农林牧渔产品和服务	1
2	轻工业	纺织服装鞋帽皮革羽绒及其制品，木材加工品和家具，其他制造产品和废品废料	8,9,22
3	重工业	煤炭采选产品，石油和天然气开采产品，金属矿采选产品，非金属矿和其他矿采选产品，石油、炼焦产品和核燃料加工品，非金属矿物制品，金属冶炼和压延加工品，金属制品，通用设备，专用设备，交通运输设备，电气机械和器材，通信设备、计算机和其他电子设备，仪器仪表，金属制品、机械和设备修理服务，电力、热力的生产和供应，燃气生产和供应，水的生产和供应	02,03,04,05,11,13,14,15,16,17,18,19,20,21,23,24,25,26
4	水污染物排放重点工业行业	食品和烟草，纺织品，造纸印刷和文教体育用品，化学产品	06,07,10,12
5	建筑业	建筑业	27
6	服务业	批发和零售，交通运输、仓储和邮政，住宿和餐饮，信息传输、软件和信息技术服务，金融，房地产，租赁和商务服务，研究和试验发展综合技术服务，水利、环境和公共设施管理，居民服务、修理和其他服务，教育卫生和社会工作，文化、体育和娱乐，公共管理、社会保障和社会组织	28,29,30,31,32,33,34,35,36,37,38,39,40,41,42

（3）环境 CGE 模型的构建

为研究江苏省水污染物减排对经济系统和环境系统产生的复杂影响，本章构建了水污染物减排环境 CGE 模型，因本章研究的主体是水污染治理，因此将水污染严重的生产部门专门划分为一个部门，将 42 类产品生产部门划分为农业、轻工业、重工业、水污染物排放重点行业、建筑业以及服务业六个部门，探讨三种主要水污染物的削减(化学需氧量、氨氮、总磷)。针对研究的水污染物减排问题，将模型划分为 7 个模块，分别是生产模块、贸易模块、居民模块、企业模块、政府模块、环境模块、均衡闭合模块，模型构建的各个市场各个经济主体的关系如图 5-1 所示。

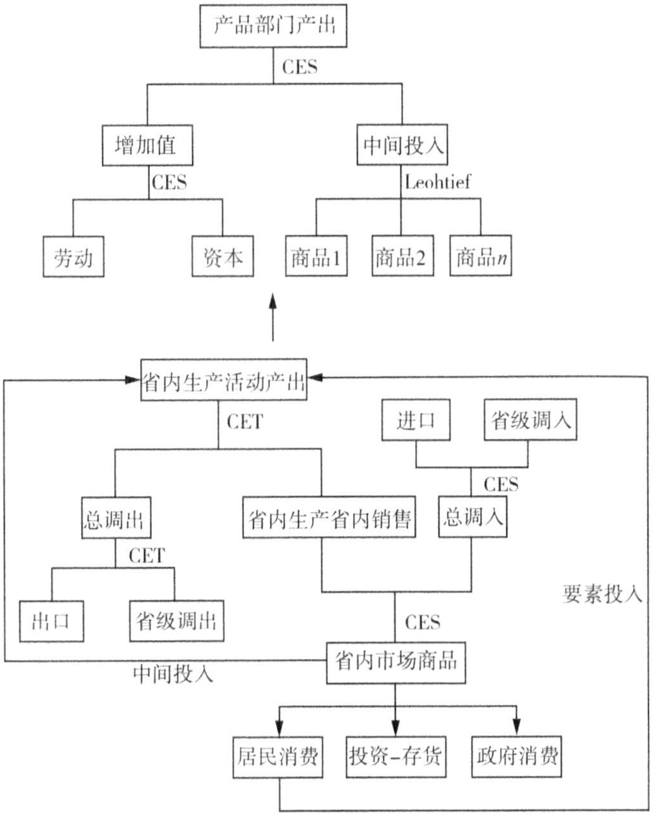

图 5-1 水污染物减排环境 CGE 模型结构

如图 5-1 所示，上方产品部门产出模块为生产模块，为描述不同投入要素之间的替代关系，本模型选取的是双层嵌套的 CES 生产函数。第一层次描述的是增加值和中间投入作为投入要素的情况；第二层次为劳动力投入和资本投入合成。中间投入部分采用Leontief函数表述。图5-1下方表述生产活动的产品产出供给由总调出、居民消费、政府消费和投资一存货部门实现,包含了贸易模块、居民模块、企业模块和政府模块。贸易模块主要描述的是不同产地商品之间的替代关系,该模块方程的设置基于"小国假设"和"Amington"假设。不同产地的商品之间存在替代性,但不是完全替代关系,具体的替代关系通过CES函数以及CET函数展现,相互之间的替代程度由替代弹性决定。由于研究对象是江苏省,因此贸易不仅包括进出口贸易,也包括不同省份之间的调入和调出关系,详细贸易往来关系如图5-1所示。居民模块、企业模块和政府模块,分别描述了居民、企业和政府部门的收支情况。其中政府模块中,将政府分为中央政府和地方政府,按当前政策将水环境污染税全部作为地方政府收入。均衡模块涵盖要素市场均衡、商品市场均衡、投资储蓄均衡以及国际收支平衡,宏观闭合采用凯恩斯宏观闭合,即劳动力大量失业,资本闲置,要素供应量为内生,要素价格外生。

本章建立的环境CGE模型属于应用扩展型,即对涉及水污染物排放和水环境污染税征收的生产部门进行单独处理。苏北地区(以洪泽湖为例)主要水污染物为化学需氧量、氨氮、总氮和总磷,但我国环保税应税污染物不包含总氮,因此本章以化学需氧量、氨氮和总磷三种水污染物为减排目标,测算它们在生产活动的排放量,在借鉴国内外税收经验的基础上,采用从量定额计税,将污染物排放量作为计税的根据。目前水污染物排放源头主要有农业源、工业源和城镇生活源,但是考虑到农业对于额外税收的承受能力较弱,对水污染税进行征收时,暂时不考虑对农业征收水环境污染税①,本书仅考虑对工业和服务业征收水环境污染税。具体方程如下,环境模块变量与参数说明见表5-9。

a部门化学需氧量排放量:$QEMCOD_a = \theta cod_a \cdot QA_a$

a部门氨氮排放量:$QEMNH_a = \theta nh_a \cdot QA_a$

a部门总磷排放量:$QEMTP_a = \theta tp_a \cdot QA_a$

化学需氧量的水环境污染税税率:$tpcod_a = \theta cod_a \cdot UCOD$

氨氮的水环境污染税税率:$tpnh_a = \theta nh_a \cdot UNH$

总磷的水环境污染税税率:$tptp_a = \theta tp_a \cdot UTP$

① 《中华人民共和国环境保护税法》第三章第十二条中表示农业生产排放应税污染物的税收减免。

a部门污染物缴纳污染税额：$PTAX_a = (tpcod_a + tpnh_a + tptp_a) \cdot PA_a \cdot QA_a$

污染物缴纳污染税总额：$TPTAX = \sum_a PTAX_a$

表 5-9　环境模块变量与参数说明

环境模块	变量	变量含义
环境模块内生变量	$QEMCOD_a$	a部门化学需氧量排放量
	$QEMNH_a$	a部门氨氮排放量
	$QEMTP_a$	a部门总磷排放量
	QEM_a	A部门污染物的污染当量数
	$TQEM$	生产环节的污染物的总污染当量数
	$PTAX_a$	a部门污染物缴纳的污染税
环境模块参数	参数	参数含义
	θcod_a	化学需氧量排放强度
	θnh_a	氨氮排放强度
	θtp_a	总磷排放强度
	$UCOD$	每千克化学需氧量征收的水环境污染税
	UNH	每千克氨氮征收的水环境污染税
	UTP	每千克总磷征收的水环境污染税

5.3.3　环境CGE模型应用研究

可计算一般均衡模型（CGE）具有灵活性、标准化和开放性等特点，是分析环境问题的理想工具。近年来，作为CGE模型的一个重要分支，环境CGE模型的研究在质和量上都得到了发展。通过在传统的CGE模型中加入环境政策、自然资源等变量，定量描述了环境与经济系统之间的复杂关系，有利于实现环境与经济系统的耦合分析。它是包含资源约束的多部门非线性模型，该模型是基于居民效用最大化行为和制造商利润最大化推导出的需求函数模型，涉及的价格变量是由市场内生决定的非政策性变量。以瓦尔拉斯一般均衡理论为基础，通过不断调整商品和市场供求实现均衡（李创，2012）[107]。环境CGE模型可分为四种类型：应用扩展、环境反馈、功能扩展和结构推导。第一类是对传统CGE模型在分析环境政策应用中的简单扩展。第二类主要研究污染控制政策对经济活动的生产侧（主要包括生产成本和生产增长率）和消费侧（侧重于消费选择和消费者福利）的影响。第三类在修正模型中的生产和消费函数的同时，设定减少污染的生产函数。在第四类中，当环境因素被纳入一般均衡框架时，重新划分了经济系统的结构，在生产和消费部门的基础上增加了一个污染消减部门（黄英娜、王学军，2002）[108]。

环境 CGE 模型创立于 20 世纪 80 年代末，经过二十多年的发展和完善，在水权交易、水循环、水资源配置、饮用水风险、水价制定、水资源税收政策、水资源政策经济效应和水污染治理等方面都取得了一定的进展。相关研究的空间跨度从省市到全球，覆盖面较广。Dixon P B(1990)[109] 与 Breck P 等(1990)[110] 最早将 CGE 模型应用于水资源研究领域。Diao(2003)基于 CGE 模型研究摩洛哥水资源与贸易政策之间的联系，结果表明建立贸易政策改革后的水权市场，不仅可以弥补贸易政策改革导致的农户利润下降，还提高了水资源分配效率[111]。Luckmann 等(2016)采用可计算一般平衡(CGE)模型来分析再生废水量与污水系统水消耗量间的关联系统，从而避免对废水循环利用的潜力的过高估计[112]。Koopman 等(2017)应用一个可计算的一般均衡(CGE)模型来评估水资源市场的潜力（根据其影子价格进行水资源分配），用来指导农业、制造业和公共供水系统中稀缺水资源的分配[113]。Yahoo 等(2017)利用 CGE 模型分析基于市场机制和基于政府机制的马来西亚二氧化碳减排政策对环境和经济的影响[114]。Janne 等(2017)运用多种数学建模技术进行饮用水生产中所涉风险的综合评估，用区域可计算一般均衡(CGE)模型来评估疾病增加的经济影响[115]。20 世纪 90 年代，随着 CGE 模型在国际上的应用日益广泛，国内越来越重视环境政策评价研究。国内学者逐步推进中国 CGE 模型的研究与开发，并取得了一定的进展。这一时期具有代表性的模型是国务院发展研究中心构建的中国递归动态环境 DRC—CGE 模型[116]，应用于分析我国经济增长和产业结构变化对能源和环境的效应。沈大军等(1999)构建了国内最早的计算水价的 CGE 模型[117]。在此基础上，周芳等(2014)构建重庆市水价的 CGE 模型，探究水价改革对经济主体收入、总体和部门经济增长、用水量、劳动需求等主要经济变量的效应，认为水价政策应该基于公共和商业分置的原则制定[118]。夏军等(2006)将水资源作为生产要素纳入生产函数中，构建反映北京市海河流域水污染即缺水问题的 CGE 模型，表明当地水污染问题严重，但水污染治理有利于绿色 GDP 的增长[119]。王克强等(2015)基于 2007 年不同区域投入产出表数据,利用多区域 CGE 模型模拟水资源税政策和用水效率政策对国民经济的影响,从协同促进用水节约和经济增长的视角看,农业用水效率政策效果优于水资源税政策[120]。邓光耀(2020)构建了反映出口贸易政策对经济系统及水环境影响的多区域 CGE 模型,分析表明出口退税率降低的政策有利于节约水资源,但不利于经济增长,进口税率降低政策的效果则相反[121]。马骏等(2019)编制 2021 年江苏省 SAM,使用引入环境模块的 CGE 模型作为分析水污染治理政策效果的工具,分析差异化的税率对宏观经济发展及水污染情况的作用[122]。

总的来说,水环境污染问题是一个牵涉到资源、经济、环境等方面的系统问题。局部均衡分析在全面评估水污染治理政策上呈现出明显的不足,而 CGE 模型可以为环境—经济综合分析提供一个较合理的框架。国内的环境 CGE 模型的研究进一步完善了环境 CGE 模型的理论和应用方法,为研究环境与经济系统提供了大量的实践基础,但是已有的研究大部分集中在大气环境领域和能源环境领域,只有少数学者进行了水环境领域的研究探索。对于水环境问题,特别是水污染减排领域的环境 CGE 研究,所包含的经济主体、部门/行业、区域都十分有限,难以全面指导和分析水污染减排工作。本章将污染物排放量和征收水环境污染税引入 CGE 模型之中,建立用于分析水环境污染税的环境 CGE 模型,研究不同税率情景下,污染物排放和社会经济的变化。因投入产出表数据获取的局限性,本章以江苏省作为研究对象,采用江苏省数据进行研究,以期改善苏北水环境,完善苏北湖泊保护战略。

5.3.4 环境 CGE 模型数据制备

(1) 水污染物排放数据

本章建立的环境 CGE 模型对上文中划分的轻工业、重工业、水污染排放重点工业行业和服务业等生产部门进行单独处理,测算工业和服务业生产活动中产生的化学需氧量、氨氮和总磷等污染物的排放量。水污染物排放系数重点参考石敏俊等(2017)[123]、邓祥征(2012)[124]、杨龙元(2003)[125]等学者的文献成果以及《全国第一次污染源普查农业源系数手册》,具体核算结果如表 5-10 所示。

表 5-10　2017 年江苏分产业污染物排放量

产业	实际产值(万元)	化学需氧量(吨)	氨氮(吨)	总磷(吨)
轻工业	66 780 524	3 525.55	281.79	7.18
重工业	887 125 287	46 834.05	3 362.16	546.61
水污染排放重点工业行业	368 765 233	109 817.20	14 560.62	8 550.78
服务业	766 996 500	493 247.24	74 804.30	153.40

(2) 江苏省 2017 年社会核算矩阵构建

社会核算矩阵(Social Accounting Matrix)是继国民经济核算体系(System of National Accounts)、投入产出表(IO)之后，在社会经济统计方面的又一重大突破。它通过整合 IO 表、SNA、资金流量表、国际收支平衡表、财政和税收统计数据、人口调查表、企业调查表等多方面资料，涵盖了社会经济领域的各个方面，全面展示了某一特定时期、一定范围内的社会经济运行状况。

①宏观社会核算矩阵的构建

宏观 SAM 表的编制采用自上而下和自底而上相结合的方法，在以国民经济核算材料中的宏观统计数据为重要参照和控制数的同时，对劳动力市场和居民收支方面的微观数据进行归纳和整理，保持宏观 SAM 表和微观 SAM 表的平衡。本章主要参考《江苏省 2017 年投入产出表》、《中国统计年鉴 2018》、《江苏省统计年鉴——2018》、《中国税务年鉴 2018》、《中国财政年鉴 2018》、《中国环境统计年鉴 2018》等进行江苏省 2017 年 SAM 表的编制，并且在编制江苏省宏观 SAM 表时，将政府账户分成了两个部分，一是中央政府账户，二是地方政府账户，以反映这两级政府在江苏省内不同的经济政策行为，最后参考张欣(2010)[126]采用手动均衡进行处理，江苏省 2017 年宏观 SAM 表具体结果如表 5-11 所示。

②微观社会核算矩阵的构建

江苏省微观 SAM 表的构建事实上是对原有宏观 SAM 表的分解，但是要根据本书设计的需要拆解、合并成上文叙述到的 6 个部门。首先需要对投入产出表进行拆解与合并，具体的部门拆解合并情况可见表 5-8。关税的设计参照王灿(2003)[127]、梁伟等(2013)[128]的处理方法，采用各部门税率相同的形式进行处理，具体江苏省微观 SAM 表见表 5-12 至表 5-18。

表 5-11　江苏省宏观 SAM 表

单位:亿元

			1	2	3	4	5	6	7	8	9	10	11	12	13
			活动	商品	要素		居民	企业	政府		资本账户	存货变动	国内其他地区	国外	汇总
					劳动力	资本			地方政府	中央政府					
1	活动			182 913									50 655	23 678	257 246
2	商品		173 336				31 892		10 621	507	37 947	725			255 028
3	要素	劳动力	37 325												37 325
4		资本	37 452												37 452
5	居民				37 325	3 947		2 949	2 725						46 946
6	企业					34 151									34 151
7	政府	地方政府	5 575				387	1 094		1 753					8 809
8		中央政府	3 558	2 690			580	1 704	206						8 738
9	资本账户						14 087	28 404	−4 743	6 478			4 394	−9 948	38 672
10	存货变动										725				725
11	国内其他地区			55 049											55 049
12	国外			14 376		−646									13 730
13	汇总		257 246	255 028	37 325	37 452	46 946	34 151	8 809	8 738	38 672	725	55 049	13 730	

表 5-12　江苏省微观 SAM 表(1)

单位:亿元

		商品					
		农业	轻工业	重工业	水污染排放重点工业行业	建筑业	服务业
活动	农业	6 032.87					
	轻工业		4 077.12				
	重工业			62 005.62			
	水污染排放重点工业行业				27 272.45		
	建筑业					19 000.46	
	服务业						66 463.51

表 5-13　江苏省微观 SAM 表(2)

单位:亿元

		要素		居民	企业	政府		资本账户	存货变动	国内其他地区	国外
		劳动力	资本			地方政府	中央政府				
活动	农业									1 075.77	52.56
	轻工业									1 325.73	2 490.82
	重工业									25 592.81	16 167.22
	水污染排放重点工业行业									11 344.33	4 952.45
	建筑业									1 085.59	9.80
	服务业									10 231.24	4.90

表 5-14 江苏省微观 SAM 表(3)

单位:亿元

		要素		居民	企业	政府		资本账户	存货变动	国内其他地区	国外
		劳动力	资本			地方政府	中央政府				
活动	农业			1 547.62		272.93	13.03	14.34	−8.52		
	轻工业			1 911.16				169.90	−77.02		
	重工业			4 332.56				5 206.37	457.60		
	水污染排放重点工业行业			4 814.11				43.51	58.31		
	建筑业			650.66				23 568.31	0.00		
	服务业			18 636.24		10 348.45	493.99	8 944.73	294.53		

表 5-15 江苏省微观 SAM 表(4)

单位:亿元

		商品					
		农业	轻工业	重工业	水污染排放重点工业行业	建筑业	服务业
活动	农业	884.92	369.72	26.00	4 199.19	69.17	255.01
	轻工业	12.61	1 559.93	1 183.80	464.16	432.03	720.37
	重工业	336.84	674.87	65 542.98	5 999.17	8 635.99	5 501.79
	水污染排放重点工业行业	1 140.09	2 431.68	5 104.29	18 547.00	768.16	4 169.80
	建筑业	12.66	5.83	98.86	39.66	517.21	321.02
	服务业	459.55	722.49	10 113.78	4 473.68	3 861.33	23 679.84
	中间投入合计	2 846.67	5 764.53	82 069.72	33 722.85	14 283.90	34 647.82

表 5-16　江苏省微观 SAM 表(5)

单位:亿元

		要素		居民	企业	政府		资本账户	存货变动	国内其他地区	国外
		劳动力	资本			地方政府	中央政府				
要素	劳动力										
	资本										
居民		37 325	3 947		2 949	2 725					
企业			34 151								
政府	地方政府			387	1 094		1 753				
	中央政府			580	1 704	206					
资本账户				14 087	28 404	−4 743	6 478			4 394	−994 838
存货变动								725			
国内其他地区											
国外			−646								

表 5-17　江苏省微观 SAM 表(6)

单位:亿元

		农业	轻工业	重工业	水污染排放重点工业行业	建筑业	服务业
政府	地方政府						
	中央政府	144.14	63.82	1 876.13	604.28	0.28	1.35
资本账户							
存货变动							
国内其他地区		840.15	1 958.74	24 655.16	6 554.81	6 213.77	15 557.85
国外		626.18	277.24	8 150.37	2 625.13	1.20	5.88

表 5-18　江苏省微观 SAM 表(7)

单位:亿元

		农业	轻工业	重工业	水污染排放重点工业行业	建筑业	服务业
要素	劳动力	4 289.42	846.38	7 530.87	2 728.52	3 181.52	18 748.03
	资本	235.17	898.57	11 453.95	4 977.52	927.28	18 959.05
居民							
企业							
政府	地方政府	0.00	130.44	1 601.79	1 393.79	530.85	3 877.13
	中央政府	0.00	61.60	756.46	658.23	250.70	1 831.01

(3) 环境 CGE 模型参数标定

环境 CGE 模型包括两种类型的参数，一是各种税率、储蓄率、消费边际倾向等，通过社会核算矩阵表中的数据计算得出；二是 CES 函数和 CET 函数中包含的弹性参数、转移参数以及份额参数等，主要通过参考前人研究成果得出。本章参照贺菊煌等(2002)[129]以及樊明太等(2000)[130]学者的相关参数设定，得到模型所需的各弹性参数，具体如表 5-19 所示。

表 5-19 CES 函数、CET 函数的替代弹性

部门	参数					
	Sigmaaq	sigmava	sigmaam	sigmaq	sigmax	sigmaae
农业	0.8	0.5	3	3	4	4
采矿业	0.8	0.5	3	3	4	4
制造业	0.8	0.5	3	3	4	4
建筑业	0.8	0.5	3	3	4	4
服务业	0.8	0.5	3	3	4	4
其他	0.8	0.5	3	3	4	4

注：Sigmaaq：部门总产出 CES 函数中的替代弹性；sigmava：增加值 CES 函数中的替代弹性；sigmaam：总调入 CES 函数中的替代弹性；sigmaq：省内总销售 CES 函数中的替代弹性；sigmax：省内总产出 CET 函数中的替代弹性；sigmaae：总调出 CET 函数中的替代弹性。

5.3.5 水污染物减排情景模拟分析

(1) 江苏省水环境污染税设计

水环境污染税的最主要目的是控制工业废水以及生活废水中污染物的排放，削减废水中的有害物质，治理水污染，进而保护水环境。征收水环境污染税时需要依据工业废水和生活废水的数量并且按照一定比例进行征收，被看作是治理水污染的一种有效的经济政策，属于环境税的范畴。征收水环境污染税的重要宗旨是削减污染物的排放量，保护水环境，推动经济的持续、健康发展。水环境污染税的征收首先需要确定税收主体、税收对象、征税方式、税率大小等问题，此外，需要考虑到江苏省的自身状况和可实施性，遵循以环境保护为目的的原则。一般情况下由政府担任税收主体的角色。税收对象是指直接将未处理的废水排向外界的活动主体，水污染来源为工业、服务业产生的废水。

国务院于 2003 年发布的《排污费征收标准及计算方法》中对水污染物的

每污染当量收费规定为 0.7 元。然而收费标准过低，与企业实际污染削减成本完全不可相比，并没有发挥排污收费的经济刺激作用。自 2018 年 1 月 1 日起，我国将现有的排污收费转变为环保税，对水污染物的每污染当量征税标准提高为 1.4 元至 14 元，一定程度上解决了排污收费标准过低的问题。

为了评估征收水环境污染税对水污染物减排和江苏省宏观经济的影响，本章参考汤旖璆（2015）[131]、樊勇等（2014）[132]、秦昌波等（2015）[133]的研究，共设置五种不同水平的税率。将化学需氧量排放当量排污费为 0.7 元/kg 作为基准情景，剩下四种作为模拟情景，观测排污费改税的影响，以及当排污税费逐渐增加时，化学需氧量、氨氮和总磷对不同排污税的响应情况。

表 5-20　税率情景设置

水污染物	基准	情景 1	情景 2	情景 3	情景 4
化学需氧量	0.7 元/kg	1.4 元/kg	2.8 元/kg	4.2 元/kg	5.6 元/kg
氨氮	0.88 元/kg	1.75 元/kg	3.5 元/kg	5.25 元/kg	7.0 元/kg
总磷	2.8 元/kg	5.6 元/kg	11.2 元/kg	16.8 元/kg	22.4 元/kg

（2）水污染物减排经济影响分析

①水污染物减排分析

表 5-21　不同税率设置对行业产出的影响模拟结果（%）

水污染物	变量	情景 1	情景 2	情景 3	情景 4
化学需氧量	轻工业	−0.020 7	−0.062 2	−0.103 6	−0.145 0
	重工业	−0.003 1	−0.009 2	−0.015 4	−0.021 6
	水污染物排放重点行业	−0.029 5	−0.088 4	−0.147 3	−0.206 2
	服务业	−0.016 5	−0.049 6	−0.082 6	−0.115 5
氨氮	轻工业	−0.020 7	−0.062 2	−0.103 6	−0.145 0
	重工业	−0.003 3	−0.009 4	−0.015 4	−0.022 0
	水污染物排放重点行业	−0.029 5	−0.088 4	−0.147 3	−0.206 2
	服务业	−0.016 5	−0.049 5	−0.082 5	−0.115 5
总磷	轻工业	−0.020 7	−0.062 1	−0.103 6	−0.144 9
	重工业	−0.002 9	−0.008 6	−0.014 4	−0.020 1
	水污染物排放重点行业	−0.029 5	−0.088 4	−0.147 3	−0.206 2
	服务业	−0.016 5	−0.049 5	−0.082 5	−0.115 5

表 5-21 是征收不同标准的水环境污染税对污染物排放量的影响模拟结果。从表 5-21 的模拟结果来看，征收水环境污染税可以取得显著的减排效果，污染物排放量大幅度减少，而且税收越高，减排效果越好。以化学需氧量为例，图 5-2 可以更直观地看出化学需氧量的减排效果。由图 5-2 可知，在税率相同的情景下，水污染物排放重点行业的减排效果比轻工业、重工业和服务业的减排效果更好，而且税收越高，差距越大。在水环境污染税征收标准提高 2 倍时，水污染物排放重点行业的化学需氧量比轻工业少排 0.008 8%，比重工业少排 0.026 4%，比服务业多了 0.013 0%，在水环境污染税征收标准提高 8 倍时，水污染物排放重点行业的化学需氧量比轻工业少排了 0.061 2%，比重工业少排了 0.184 6%，比服务业少排了 0.090 7%。水环境污染税的征收增加了生产商的生产成本，尤其是水污染物重点排放行业，而企业是谋求利润最大化的，所以会使用先进的污水处理技术减少污染物的排放量，使得污染物减排取得显著效果。

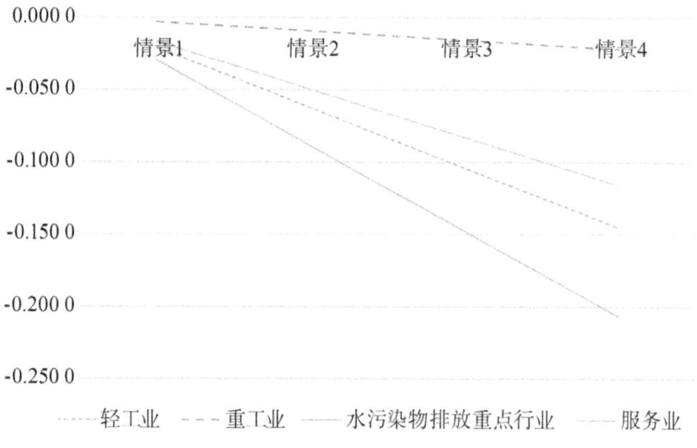

图 5-2 不同税率设置对化学需氧量的影响模拟

②宏观经济影响分析

表 5-22 不同税率设置对宏观经济的影响模拟结果(%)

变量	情景 1	情景 2	情景 3	情景 4
GDP	−0.014 0	−0.042 0	−0.070 0	−0.098 0
总进口	−0.000 4	−0.001 2	−0.002 0	−0.002 7

（续表）

变量	情景 1	情景 2	情景 3	情景 4
总出口	−0.046 6	−0.139 8	−0.232 9	−0.326 0
中央政府收入	−0.007 4	−0.022 3	−0.037 2	−0.052 1
地方政府收入	0.039 3	0.118 0	0.196 7	0.275 3
居民储蓄	−0.008 6	−0.026 0	−0.043 3	−0.060 6
企业收入	−0.014 4	−0.043 1	−0.071 9	−0.100 6
总储蓄	0.002 1	0.006 3	0.010 6	0.014 8

从前文的分析我们可以看出，征收水环境污染税可以明显减少污染物的排放，而在当前“发展才是硬道理”的情况下，我们不能只关注水环境污染税的环境效果，还应该研究它对江苏省的宏观经济的影响。表 5-22 是不同税收设置对江苏省宏观经济和产品进出口的影响模拟结果。

从表 5-22 可以看出，征收水环境污染税和 GDP 负相关，也就是说，征收水环境污染税会在一定程度上损害经济增长，而且税收越高，损害越大。当水环境污染税征收标准提高 2 倍、4 倍、6 倍和 8 倍的时候，GDP 分别下降了−0.014 0%、−0.042 0%、−0.070 0%、−0.098 0%。此外，水环境污染税的征收导致了总进口量和总出口量均下降。这是因为水环境污染税的征收增加了生产商的生产成本，提高了产品价格，进而损害了产品的出口竞争力。当水环境污染税达到当前排污费征收标准的 8 倍时，总出口将会减少 0.326 0%。由于国内需求的下降，总进口也会出现一定幅度的下降。当水环境污染税增加到当前排污费征收标准的 8 倍时，总进口将会减少 0.002 7%。

并且，征收水环境污染税会大幅度减少企业收入和居民储蓄，但是会使总储蓄增加，当水环境污染税增加到当前排污费征收标准的 2 倍和 8 倍时，企业收入分别减少了 0.014 4%、0.100 6%，居民储蓄分别下降了−0.008 6%、−0.060 6%，总储蓄分别增加了 0.002 1%、0.014 8%。这主要是因为水环境污染税的征收增加了企业的成本，提高了产品价格。但是，与以往的研究不同的是中央政府的收入是减少的，而地方政府的收入是增加的，而且税收越高，效果越明显。当水环境污染税增加到当前排污费征收标准的 2 倍和 8 倍时，中央政府收入分别减少了−0.007 4%和−0.052 1%，地方政府收入分别增加了 0.039 3%和 0.275 3%。主要因为水污染费改税后，国务院将环境保护税全部作为地方财政收入，因此地方政府收入增加，而中央政府因生产税的减少和承担一定程度的保护环境、提供公共物品的职责等原因造成收入的减少。

总体看来，征收水环境污染税对宏观经济以及居民福利等都会造成一定程度的负向影响，主要原因可能是水环境污染税作为政府的强制性规制手段，短期内会使得企业的排污成本增加，挤占企业对技术创新的研发投入，对技术创新产生不利影响。但从长期来看，企业为提高自身竞争力，会主动加大环境技术创新投入或购买更先进的排污治污设备，提高环境技术创新水平和治污能力，以达到政府的排污标准。因此，政府需要协调好环境保护和经济发展，不能顾此失彼，可以采取减免所得税或者提供补贴等政策工具来降低水环境污染税的征收带来的不利影响，触发“波特效应”。

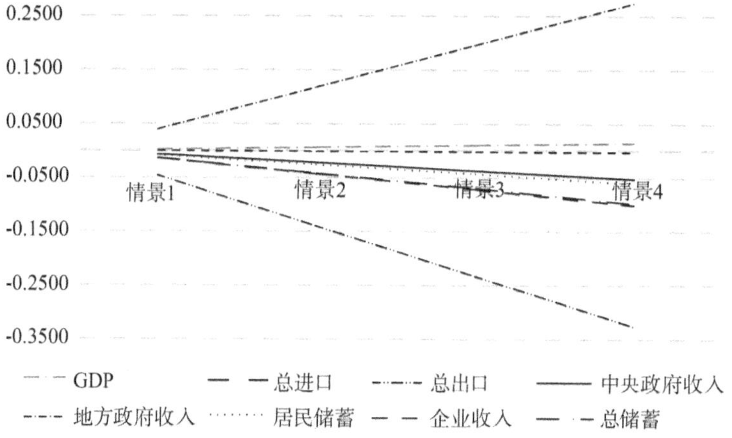

图 5-3　不同税率设置对宏观经济的影响模拟结果

③行业产出影响分析

表 5-23　不同税率设置对行业产出的影响模拟结果(%)

变量	情景 1	情景 2	情景 3	情景 4
农业	−0.016 3	−0.048 8	−0.081 4	−0.113 8
轻工业	−0.020 8	−0.062 2	−0.103 7	−0.145 0
重工业	−0.015 2	−0.015 2	−0.015 2	−0.030 3
水污染物排放重点行业	−0.029 5	−0.088 4	−0.147 4	−0.206 2

（续表）

变量	情景 1	情景 2	情景 3	情景 4
建筑业	−0.001 7	−0.005 0	−0.008 3	−0.011 6
服务业	−0.016 5	−0.049 5	−0.082 5	−0.115 5

表 5-23 反映了不同税收设置对各行业产出的影响，由图 5-4 可以更加明显地看出征收水环境污染税对水污染物排放重点行业的抑制作用最大，轻工业次之，而且税收越高，效果越明显。当水环境污染税提高到当前排污费征收标准的 2 倍和 8 倍时，水污染物排放重点行业的产出分别减少了 0.029 5%和 0.206 2%，轻工业的产出分别减少了 0.020 8%和 0.145 0%。与其他行业相比，征收水环境污染税对建筑业虽然也有一定的抑制作用但是影响较小，当水环境污染税提高到当前排污费征收标准的 8 倍时，建筑业的产出仅下降 0.011 6%，远低于水污染物重点行业。水环境污染税的征收增加了生产商的生产成本，尤其是水污染排放重点行业，而企业是谋求利润最大化的，会提高产品的销售价格，对于其中价格弹性高的产品，如化妆品等富有需求弹性的商品，消费者会减少对该商品的消费，最终导致水污染重点行业的产出出现较高幅度的下降。此外，尽管没有对农业收取水污染税，但是在经济系统内所有主体的活动是相互影响的，其他相关产业缩减生产规模的同时会减少对农业产品的需求，导致农业产出表现为下降得趋势。

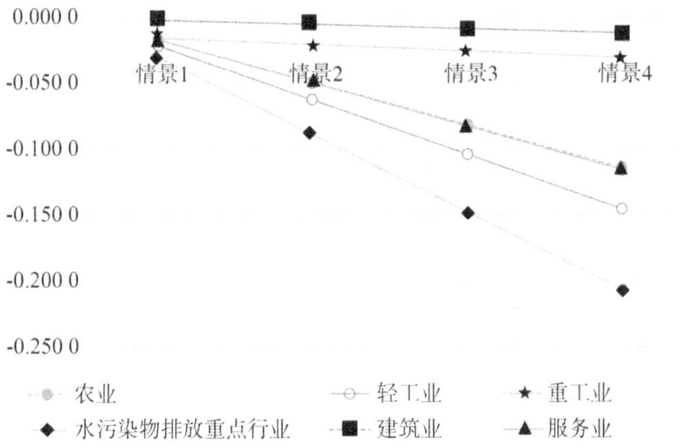

图 5-4　不同税率设置对行业产出的模拟影响

④贸易结构影响分析

表 5-24　不同税率设置对不同行业进出口的影响模拟结果(%)

类别	变量	情景 1	情景 2	情景 3	情景 4
总进口	农业	−0.012 1	−0.036 2	−0.060 5	−0.084 8
	轻工业	−0.006 0	−0.018 1	−0.030 1	−0.042 2
	重工业	−0.005 4	−0.016 2	−0.027 0	−0.037 8
	水污染物排放重点行业	−0.007 3	−0.022 0	−0.036 6	−0.051 2
	建筑业	0.002 2	0.006 6	0.011 0	0.015 4
	服务业	0.012 6	0.037 9	0.063 2	0.088 5
总出口	农业	−0.020 7	−0.062 0	−0.103 3	−0.144 7
	轻工业	−0.031 3	−0.093 7	−0.156 1	−0.218 5
	重工业	−0.004 1	−0.009 9	−0.015 7	−0.027 3
	水污染物排放重点行业	−0.050 1	−0.150 2	−0.250 2	−0.350 1
	建筑业	−0.011 4	−0.018 3	−0.025 1	−0.034 2
	服务业	−0.048 9	−0.146 8	−0.244 5	−0.342 2

表 5-24 列出了江苏征收水环境污染税时各行业进出口的变化百分比。如表所示，征收水环境污染税几乎对所有行业的总进口和总出口都有负向影响，而且对不同行业的影响有很大差异。由图 5-5 可知，因国内需求的下降，农业、轻工业、重工业、水污染物排放行业的总进口出现一定幅度的下降。其中，总进口下降最大的是农业，其次是水污染物排放重点行业，当水环境污染税提高到排污费征收标准的 8 倍时，水污染重点行业的总进口下降了 0.051 2%。然而，建筑业和服务业的总进口是增加的，在水环境污染税提高到排污费征收标准的 8 倍时，其增长幅度分别达到 0.015 4%和 0.088 5%，这是因为水环境污染税提高了服务业这种相对清洁行业的竞争力，减少贸易顺差在环境方面带来的影响。由于水环境污染税的征收改变了国内生产结构，国内需求的变化导致进口结构也产生了相应的变化。并且，由图 5-6 可知，水污染物排放重点行业的总出口下降得最明显，其次是服务业，而且随着税收的增加，下降幅度越大。当水环境污染税提高到当前排污费征收标准的 2 倍和 8 倍时，水污染物排放重点行业的总出口分别减少了 0.050 1%和 0.350 1%。也就是说，水环境污染税的征收能够减少重污染行业产品的出口，使清洁行业

的竞争力得到提高，进一步减少贸易顺差在环境方面带来的影响。

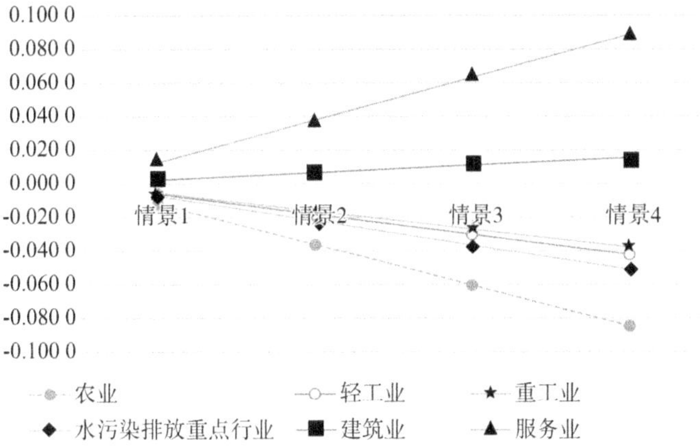

图 5-5　不同税率设置对不同行业总进口的影响模拟

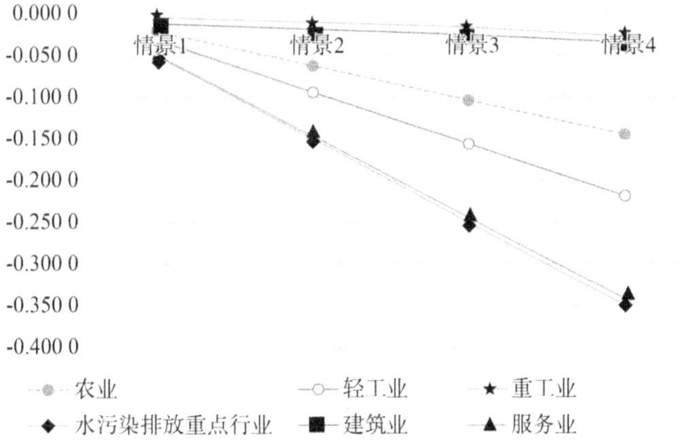

图 5-6　不同税率设置对不同行业总出口的影响模拟分析

5.3.6　水环境污染税征收政策建议

面对严峻的水环境问题，政府不断探索解决的途径。根据前文对工业、服务业水环境污染税收政策及征收效应的研究，本书从以下三个方面来对水环境污染税收政策加以完善。

(1) 结合地区差异，适当提高水环境污染税水平

经前文分析可知，征收水环境污染税可以取得显著的减排效果，水污染

排放重点行业的减排效果好于其他行业，而且税收越高减排效果越好。然而，当前水环境污染税收费标准较低，难以完全弥补经济发展带来的污染问题，建议适当提高水环境污染税水平。与此同时，水环境污染税的征收会影响地区宏观经济的发展和不同行业的产出，研究结果发现征收水环境污染税与GDP、总进口量、总出口量、企业收入、政府收入和居民储蓄都是负相关，并且水环境污染税对各个行业的产出都有抑制作用，随着税率的增加，效果越明显。因此，要因地制宜，在制定水环境污染税的时候需考虑不同地区的经济发展水平以及居民对于税收承受能力的差异，并且需要和税收减免或者补贴政策结合使用，在保证调整产业结构的同时不过分损害发展，根据地区自身特点指定合理的、循序渐进的税收政策。

(2) 加强水环境污染税征收监管，明确主体责任划分

湖泊环境问题不仅是区域的，而且是全国性的，关乎子孙后代的福祉。目前，为提高工作效率，一般由地方政府征收环境税，然而中央政府的密切配合也是不容忽视的。中央和地方政府应坚持财权事权相匹配原则，明确双方的职责，防止相互推诿的现象发生，双方既要承担治理环境的成本，也要承担环境污染带来的后果。同时要加强税源监管，建立完善的纳税人信息管理系统，厘清税收征管的行业性，注重征税对象的差异，从而提高税收征管工作的效率。

(3) 建立水环境污染税与排污权交易协调机制

排污权交易制度与水环境污染税同作为水环境经济激励政策，两种手段采取了不同的实践方式。“费改税”的实施形成了我国排污权交易制度与水环境污染税并行的现状，对两种政策的协调性也有较高的要求。主要协调思路应为在合理确定企业排污成本、避免过高增加企业负担的前提下，协调两者的调控力度，保证企业排污成本在合理水平。建议有三，一是各地在制定排污权交易基准价时，应该充分而详尽地考虑当地的水环境污染税征收力度；二是统筹考虑环境容量和经济发展情况，划分水环境污染税和排污权交易定价区间；三是地方政府可将一部分税收收入用以支持企业减排技术创新、减排设备的购置和更新等，在企业的污染物减排方面给予支持。

(4) 考虑税种区别，从产业发展本身出发设计税收政策

综合上文分析，水环境污染税在面对不同产业水环境污染的情况下征收

形式不同。对于农业面源污染来说，应采用水环境污染产品税，用产品作为税基，以此来有效解决监管成本及治污程度的不确定性等问题；对于工业、服务业产生的点源污染来说，需要依据工业废水和生活废水的数量，按照一定比例进行征收，以此来削减污染物的排放量，保护水环境，推动经济的持续、健康发展。面对两种不同形式的水环境污染税，苏北地区政府应考虑税种区别，从产业发展本身出发，设置具体的征收标准、征收对象、征收原则以及实施要求。目前，苏北地区工业、服务业发展相对较慢，农业仍占据主要地位，政府在考虑征收水环境污染税时需考虑产业结构优化与产业经济发展问题，同步进行工业和服务业智能化、农业现代化与湖泊生态环境保护，实现区域经济的高质量发展。苏北地区应充分发挥后发优势，深度挖掘和利用自身资源禀赋，摆脱西方国家先污染后治理的传统工业化路径依赖，积极探索“生态优先、绿色发展”的新路子，在加快产业升级的同时注重湖泊生态保护，提升各产业发展水平及城市综合竞争力。

5.4　本章小结

为改善苏北湖泊水环境，减少水污染物排放量，本章选用税收政策作为战略手段，分为农业产生的面源污染和工业、服务业产生的点源污染两方面来研究。其中，农业方面采用水环境污染产品税，其税率设计需注意区域与区域间的差异，考虑经济发展与收入水平的不同，实施不同的税费标准，但差别不宜过大，避免区域间投机行为的发生，防止税收政策的最终无效性。同时，税收的设定与实施应经过反复考量与校正，根本出发点在于促进农业的可持续发展和保障农民的利益不受损害。因此，要提高重视程度，将其纳入法律性政策文件，重新调整税收与补贴政策，推动农业面源污染治理进程；工业服务业方面采用水环境污染税，运用可计算一般均衡模型作为政策模拟的工具，根据 2017 年江苏省投入产出表，编制了江苏省 SAM 表，通过引入环境模块到传统的 CGE 模型中，构建适用于研究水环境税的环境 CGE 模型，设置四种不同的税率，研究不同税率会对水污染物减排、宏观经济、行业产出和贸易结构产生的影响，并提出完善水环境污染税征收的政策建议。

第六章

国内外湖泊保护经验借鉴

近年来，随着社会经济的快速发展，湖边地区城市化、工业化进程加快，工业、农业、生活用水大幅度增加，排放的工农业废水和生活污水量也大幅增加，不同国家和地区都出现了不同程度的农业面源污染、富营养化、蓝藻水华、圈圩养殖等现象，造成了严重的湖泊污染，因此，很多国家对于湖泊水体污染治理、流域综合管理、生态修复以及湖泊保护等方面，都已经有了较为丰富的经验。

苏北地区的湖泊属于我国五大湖区中的东部平原湖区，其湖区大多属大中型浅水湖泊，水体主要功能包括农田灌溉、家庭生活供水、工业用水、水产养殖、景观娱乐，但湖泊水体存在内源污染、面源污染、围垦、富营养化、圈圩养殖等各类污染现象。苏北地区的湖泊属性及其污染类型同日本的琵琶湖、霞浦湖，我国的太湖、鄱阳湖、巢湖以及北美的五大湖类似，都是影响较大、污染严重的大中型淡水湖泊，且湖泊周围城市众多、人口密集、工农业发达。上述湖泊（琵琶湖、北美五大湖、太湖、巢湖）治理历时长久，效果显著，其中日本琵琶湖和北美五大湖是国际上公认的湖泊水污染治理成功的典型湖泊，在湖泊保护和防治上各有对策；而太湖和巢湖属于我国重点治理的“三河三湖”，也拥有着独特的水污染和湖泊保护经验，对苏北湖泊治理和保护具有较大的借鉴意义（如表 6-1　国内外典型湖泊与苏北主要湖泊对比）。因此本章将对日本琵琶湖、北美五大湖，以及我国重点治理的太湖和巢湖的水污染和湖泊保护情况进行分析，并总结其经验，得出对苏北地区湖泊保护的经验启示。

6.1　国外典型湖泊保护主要经验

国际环境保护的发展经历了"先污染，后治理"、"边污染边治理"到如今"发展中保护，保护中发展"的艰难历程。国内外无数湖泊治理以及各国治水经验和教训从正反两个方面告诫我们，人类的治水活动不仅要符合自然规律，还要适应经济社会的发展规律，对于任何一个流域治理，该流域不同的经济社会发展阶段就有着不同的治水目标、治理要求、财政投入能力与管理水平。从 20 世纪 30 年代首次发现富营养化现象至今，湖泊富营养化已经成为世界范围内普遍存在的环境问题[134]，全世界已有 30%～40%的湖泊和水库受到了不同程度的富营养化影响；但直到 20 世纪 50 年代，国际上才真正开始关注富营养化的问题，并逐步展开了相关研究[36]。在欧美日等国家，因为社会经济发展迅速，湖泊富营养化发生早，治理成效显著，特别是日本琵琶湖治理得到了世界公认，成为湖泊富营养化治理的典范；位于美国和加拿大边境的五大湖，在 1960—1970 年间出现了严重的富营养化问题，经过 30 年的治理，富营养化问题也得到了基本解决[135]；欧盟也为协调各成员国高效治理湖泊污染出台了《欧盟水框架指令》，并提出了流域综合管理办法[36]，有效解决了跨界污染治理的问题，因此，北美五大湖也通常被作为跨界、跨国湖泊协调治理的样板。由此可以看出各国针对不同的湖泊污染情况的经验和方法各有不同，本节将主要介绍日本琵琶湖和北美五大湖保护治理经验，如表 6-1 所示。

6.1.1　日本琵琶湖治理与保护

（1）琵琶湖概况

琵琶湖是日本第一大淡水湖，位于日本本州岛中西部地区，流域面积 3 848 平方公里，湖域面积 674 平方公里，最大水深 103.6 米，年平均来水量 275 亿立方米，该湖泊提供的水源供日本东京和大阪等城市的 1 400 多万人使用。琵琶湖流域开发初期是以其盛产的淡水鱼渔业为主要的经济支柱，随着经济的发展，琵琶湖开始填湖造田，湖泊流域周边的农业、畜牧业发展迅速。从 20 世纪 60 年代起，随着工业化进程的加快，琵琶湖所在的滋贺县人口剧

表 6-1　国内外典型湖泊与苏北主要湖泊对比

	国外		国内			苏北地区				
湖泊	琵琶湖	北美五大湖	太湖	巢湖	洪泽湖	高邮湖	骆马湖	邵伯湖	白马湖	宝应湖
湖泊性质	淡水湖	跨域淡水湖群	跨省淡水湖泊	五大淡水湖之一	淡水湖泊	跨省淡水湖泊	跨市淡水湖泊	淡水湖泊	淡水湖	淡水湖
湖域面积	674 km^2	245 660 km^2	2 338.1 km^2	760 km^2	1 957 km^2	648 km^2	296 km^2	98 km^2	108 km^2	140 km^2
流域面积	3 848 km^2	766 100 km^2	36 895 km^2	13 486 km^2	3 500 km^2	760.67 km^2	375 km^2	220 km^2	113.4 km^2	—
主要污染问题	农业面源污染、工业污染、水体功能退化、富营养化、蓝藻水华	工业污染、农业面源污染、流域生态系统破坏、富营养化、藻类、水华	蓝藻水华、农业面源污染、工业污染、富营养化	总氮和总磷浓度高、富营养化、蓝藻水华	氨氮、氮磷含量高、湖口和湖岸中度富营养化;湖心区轻度富营养化、圈圩养殖	中营养状态、总磷浓度高、农业污水、圈圩养殖	轻度污染;总氮、总磷含量及化学需氧量较高	轻度污染	富营养化、氮磷超标(渔业)、农业面源污染	轻度污染
治理时间	25 年	30 年	20 年	9 年	—	—	—	—	—	—
治理初水质	Ⅴ类	称“生锈地带”“棕色田野”	Ⅴ类	Ⅴ类	Ⅲ～Ⅳ类	Ⅳ类	Ⅱ～Ⅲ类	Ⅱ～Ⅲ类	Ⅴ类	Ⅲ类
治理后水质	可饮用水	明显好转	Ⅳ类	轻度污染	—	—	—	—	总体Ⅲ类，核心Ⅱ类	—

增，工业规模化生产，导致大量的生活污水和工业污水无节制地排入湖中，使琵琶湖逐渐从一个贫营养湖泊变成富营养化污染严重的湖泊，造成了农业面源污染、工业污染、水体功能退化等的污染严重的状况[136]。对此，日本提出了“琵琶湖与人的共生”的基本理念、以“共感—共存—共有”为基本方针的规划[137]，开启了历时25年的湖泊治理工程，总耗资185亿美元，最终将琵琶湖的水质从富营养化、蓝藻水华暴发污染严重的Ⅴ类水恢复到了可饮用水的标准，取得了举世瞩目的成就，成为世界性湖泊治理保护成功的案例。

(2) 琵琶湖治理与保护经验

①制定了分期、分流域治理目标

湖泊治理和保护是一段长期的艰难历程，在琵琶湖的治理过程中，滋贺县政府采取了一系列的综合治理措施，其中主要是以湖泊流域为单元、根据不同流域的不同特点分别制定湖泊治理对策[138]。

自1972年起，日本开始实施“琵琶湖综合发展工程”项目，该工程主要强调了流域的经济发展与环境问题，并划分了两个阶段，第一阶段是1972—1997年，主要是以保护琵琶湖自然环境与水质、开发流域水资源以及防洪为主要目的的“琵琶湖综合开发规划”，且于1997年在水资源有效利用及防洪防灾上取得了很大的成就，但由于淡水赤潮和蓝藻水华的频繁暴发，使琵琶湖的水质持续恶化，水质问题并未从根源上得到解决[137]，因此制定了1999—2020年第二阶段的整治方案——“母亲湖21世纪规划”。该规划全程着眼于未来，是琵琶湖治理和保护的行动指南，同时又把这一规划分为了两期，第一期(1999—2010年)的目标是将流入湖泊的污染负荷恢复到1965年以前的水平，确保森林、农地等的透水性，并确保构建生物栖息空间网络化的重要据点区域；第二期(2011—2020年)要求湖泊水质恢复至1965年之前的水质状况，提高森林、农田等的透水涵养功能，推进自然水循环的水利用，构建生物栖息空间重要据点网络化的基本构架[139]；此外，日本还构想了长期保护规划，即直至2050年，水质恢复至1955年之前的水质状况，完成生物栖息空间的划分——琵琶湖水域、湖滨带及内湖、自然林及次生林域、人工植林域、田园域、市街地域、河流及河畔林域等7种类型。以上两个阶段的内容变化，不仅体现了日本政府和滋贺县对琵琶湖由开发保护并重到以保护为主的目标转变，更为琵琶湖水污染防治提供了新的契机[140]。

从琵琶湖流域综合治理经验可知，琵琶湖流域治理第一阶段初期由于更关注现行的治理成效而忽视了治理体系建设，导致了在投入大量治理资源后水问题仍然出现反复恶化的现象，而第二阶段是治理成功的关键，成功实现了体系建设指导工程项目、基础设施等治理工作的落地，从而高质量地完成了其治理目标。在这一阶段主要推行恢复水的自然功能，主要以政府作为治理的核心，通过立法引导多主体的共同参与，并设立了共同参与的河流治理委员会，此外，还通过建立专门委员会、举行联席会议、开展保护活动及落实反馈渠道等方式有效促进信息透明和利益相关者的角色转变，政府以自身信用为基础发挥着协调者的作用，为流域内各方利益相关者提供协调利益冲突的解决平台和沟通网络。第三阶段主要是围绕治理成效，重视社会主体的广泛参与，由政府、NGO、民众等发起环境保护活动，对学校、企业及其他利益相关者进行推广和传播，来实现流域内经济、社会、生态三者的可持续发展[141]。在我国，目前河(湖)长制推进水生态文明建设是以生态—经济—社会可持续发展为战略路径[142]，主要通过高位推动，将职责充分落实到具体区域来实施，需要多主体参与和多部门协调联动，即协调各涉水部门和动员社会各界力量协同参与流域联防、联控、联治。由此可以看出，琵琶湖治理经验中政府主导、跨部门协作治理、全民参与等改革体制措施与实施河(湖)长制的最终目标有着异曲同工之处。

②制定防治法规和保护条例

自 20 世纪 60 年代以来，针对琵琶湖农药污染事件、湖泊富营养化、水质恶化、淡水赤潮和蓝藻水华暴发、微型浮游植物异常繁殖等问题，日本政府和滋贺县政府意识到，在湖泊流域社会经济高速发展中，人类的不规范生产行为是湖泊水环境污染的重要原因，认为要治好湖泊必须建立和完善相应法律体系，利用法律来约束周边企业、农户的行为，只有依法治湖才是湖泊治理的基本方法。为此，日本政府及滋贺县政府制定了大量的法律法规和保护条例[137]，使得琵琶湖的治理和保护自始至终都在专门的法律法规下进行。

日本中央政府颁布的法律法规条例为琵琶湖水质保护提供了最基本的法律依据，不仅确立了环境保护的基本理念，还建立了水环境质量标准、污水排放标准、水资源管理体系，如《环境基本法》《水污染防治法》《清洁湖泊法》；而滋贺县政府颁布的各类法律法规保护条例，在贯穿中央立法的基础上结合了琵琶湖的污染现状及保护要求，将法律法规细化为具体的制度、计划、标准等方面，如《母亲湖 21 世纪计划》《环境基本法条例》《水污染防治条例》等，对工业污染排放的氮磷污染物提出了严格的排放标准；对于缓解农业面源污染，减施农药化肥使用量提出了《环境友好农业推进条例》。同时也有一些法律是专门以琵琶湖为主体，为了解决其某一类具体问题而制定，尤其是 1972 年决定开始“琵琶湖综合发展工程”起，日本政府就出台了《琵琶湖区发展特别法》。除此之外还有《富营养化防止条例》《琵琶湖芦苇群落保护条例》、《琵琶湖观光利用条例》等[143]。

表 6-2　琵琶湖相关法律法规

立法机构	年份	条例	内容或目的
国际	1975	湿地公约	琵琶湖 1993 年被列入名录
日本中央政府	1896	河川法	1964 年和 1997 年进行两次修订，成为“治水、利水、水环境”综合法律
	1970	水质污染防治法	规定了排放污水的水质标准
	1972	琵琶湖环境保全对策	对流入琵琶湖的有机污染、人为造成的有害物质排放实行强制禁止
	1980	琵琶湖环境保护新对策方案	限制清洁剂与去污剂中的磷含量
	1984	湖泊水质保护特别法	水质保护
	1985	总氮总磷排水基准	规定了污水排放氮磷含量
	1993	环境基本法	对日本水资源保护尤其是水污染防治产生了深远影响
	2016	琵琶湖保护与修复措施规划	水污染防治与改善、水源涵养、生态系统保护和修复、景观建设与保护
滋贺县政府	1972	母亲湖 21 世纪规划	对水质、水生态、环境与景观进行保护
	1996	滋贺县环境基本法	将每年的 7 月 1 日设为“琵琶湖日”
	1969	滋贺县公害防止条例	1972 年修订，建立更严格的污水排放标准
	1979	富营养化防止条例	为工业废水设置氮磷标准
	1992	琵琶湖芦苇群落保护条例	综合治理向综合保护转变
	1996	生活排水策略条例	设置污水处理净化槽
	2003	滋贺县环境友好农业推进条例	减少农药化肥施用，减轻水质污染
	2003	琵琶湖观光利用条例	保护沿岸环境和湖及湖滨地区生态系统

（续表）

立法机构	年份	条例	内容或目的
滋贺县政府	2004	琵琶湖森林保护条例及野生动植物保护条例	构建湖边平原地区生态系统和山地森林生态系统，恢复整个流域的生态系统
	2017	琵琶湖保护与修复措施规划	水污染防治与改善、水源涵养、生态系统保护和修复、景观建设与保护

琵琶湖是京都—大阪的主要饮水供给水源，其特殊的生态功能定位，使日本政府认识到建立水源区利益生态补偿的必要性。为此，滋贺县政府确立了饮用水源地保护的目标，健全了自然资源资产产权制度，并制定了相应的资金补偿制度，如《琵琶湖综合开发特别措施法》，在建立对水源区的综合利益补偿机制方面开了先河，并在1973年制定的《水源地区对策特别措施法》中，把利益补偿制度变为普遍制度而固定下来[144]。目前，日本水源区所享有的利益补偿共由三部分组成：水源区水库建设主体所享有的利益补偿是以支付搬迁费等形式对居民进行直接经济补偿，依据《水源地区对策特别措施法》采取的补偿措施和通过“水源地区对策基金”采取的补偿措施。因此，琵琶湖的生态补偿机制主要是通过制定相关法律，从而理顺水资源供给和生态补偿的关系。

③强调全民共同参与

日本政府及滋贺县政府认为，公众是湖泊污染治理和保护取得成功的最主要的主体，公众的环境教育和公众参与是湖泊治理与保护中十分重要的内容[145]。只有提高公众的环境保护意识，强调全民共同参与，公众监督，才能真正实现对琵琶湖的保护，这也是琵琶湖几十年的艰难治理历程中得到的宝贵经验[137]。其公众不仅仅包括市民还包括企事业单位、非营利组织、非政府组织以及媒体等。

在滋贺县政府的引导动员下，社会公众参与了琵琶湖水污染治理的全部过程，包括参与水污染治理政策的制定、掌握水污染治理的信息、参加环保活动日的活动[146]。滋贺县政府的环境教育工作主要是利用公众媒体进行宣传，社会各组织开设无偿讲座等形式对公众进行环境保护科普教育，从而提高全民环境保护意识，营造全民有责、全民参与的环保大氛围[147]。同时，当地政府还在琵琶湖湖边建了较大规模的琵琶湖博物馆，场馆内展示了琵琶湖的演变历史，从古生物和现代生物物种、古代琵琶湖地区居民的生活情况、捕鱼和航运的发展历程，到琵琶湖水质的变化情况、正在进行的环保措施等，来宣传湖泊治理保护成就，并免费向公众开放，以供广大公众参观学习治湖工程和生态环境知识。琵琶湖管理部门还要求流域的所有学生从 13 岁起进行环境教育，不仅给学生在学校开设环境教育课程，还专门设立环境教育基地并引进专门进行环境教育的老师，利用大型游船，让学生在琵琶湖上学习考察，提高环保意识[137]。此外，滋贺县政府还确定每年的 7 月 1 日和 12 月 1 日为“环保活动日”并组织当地居民参加各种环保活动。

公众参与不仅仅是对公众进行环境教育，还包括建立公众参与机制，参与琵琶湖水污染治理的全部过程，包括决策参与、行为参与、监督参与等。在湖泊治理初期，滋贺县政府通过多种方式听取民众的意见和建议，拟定治理计划，审批后将计划公之于众，再广泛征求和听取多方意见，进行修改完善，最终确定年度实施计划[146]；在掌握污染治理信息方面，公众可以通过政府出版的相关书籍及公告获取琵琶湖生态环境状况、环境保护政策法律、湖泊治理计划等，并且可以通过网络社交媒体进行交流，了解需要获取的信息，实现公众监督等的作用[148]。

6.1.2　北美五大湖治理与保护

(1) 北美五大湖概况

北美五大湖(水体面积 245 660 平方千米，流域面积约为 766 100 平方千米)是位于横跨美国和加拿大两国边界地区的淡水湖群，该湖区是世界上最大的淡水湖区，五大湖按其面积大小分别为苏必利尔湖(位于五大湖最西北边，面积最大，为世界第二大湖，湖水面积 82 103 平方千米，平均海拔 180 米，最大深度 405 米，蓄水量 1.2 万立方千米)、休伦湖(五大湖中面积居第二位，位置居中，湖泊面积 59 570 平方千米，湖面平均海拔 176 米，最大深度 229 米，蓄水量 3 540 立方千米)、密歇根湖(是五大湖中唯一全部属于美国的湖泊，湖泊面积居第三，湖泊面积 57 757 平方千米，湖面平均海拔 177 米，最深处 281 米)、伊利湖(湖泊面积 25 667 平方千米，湖面平均海拔 174 米，湖泊最深 64 米，是五大湖中最浅的湖泊，蓄水量 455 立方千米)、安大略湖(位于北美湖最东边，湖泊面积 19 554 平方千米，湖泊最深 244 米，蓄水量 1 688 立方千米)。五大湖不仅拥有占美国95%、世界20%的地表淡水资源,其流域资源丰富、水上航运便利,工业制造和农业生产聚集,大小城市集中,对美国和加拿大的经济繁荣起着至关重要的作用。20世纪初,北美五大湖沿岸城市群成为极为重要的重工业带,工业化和城市化进程的加速给沿岸城市群带来了巨大的经济利益,但与此同时流域沿岸城市群排放大量的废水,使用大量的农药化肥,森林砍伐殆尽,严重破坏了大量土地,环境污染日益严重,给湖泊水质、水生态以及整个生态系统带来了巨大的冲击,造成了严重的不良后果[149]。直至20世纪70年代,五大湖严重的污染局面受到重视,作为典型的跨界流域,美国和加拿大两国政府在五大湖治理和保护过程中,采取了府际协作、产业结构转型、多主体参与等的治理保护机制,取得了较为显著的成效,成为跨界湖泊治理保护较成功的典型案例。

(2) 北美五大湖治理与保护经验

①制定府际合作协议,建立跨界治理协调机构

加拿大和美国为了有效管理五大湖流域,解决五大湖流域的水污染问题,开展了大量卓有成效的合作。1909年两国政府签订了第一个水质保护协议:《边界水域协定》,该协议强调了两国在利用五大湖的水资源时不得对水资源的系统造成危害并明确了协调解决双边争端和防止水质污染的原则和机制;设立了"国际联合委员会(IJC)"作为五大湖的最高管理机构。1955年,成立了负责五大湖区各州有关决策具体实施的最高决策机构——"大湖委员会(GLC)"[150],1972年两国签署了《大湖水质协议》,该协议规定美国和加拿大要以保护五大湖的水质为共同的目标,减少污染物的排放,防止流域沿岸的两国城市群给五大湖的水质产生污染,对水资源造成危害;1981年美国的八个州和加拿大的两个省签订了五大湖渔业管理协同战略计划(JSP),使各渔业利益相关者进行多主体协同合作,把分散的工作整合到这一战略计划中,构建完善有效的管理结构和运作机制,要求管理、保护五大湖的渔业资源部门为社会和居民提供有价值的渔业资源,满足渔业需求,以此来加强生态环境保护和修复水生环境。1985年两国签署了《五大湖宪章》,规定了流域周边各省及各州共同管理的水资源需要保持的水位和流量。"加美"两国通过签订并不断完善这一系列战略计划协议,不仅突破原有的行政边界,建立开展了长久稳定的合作,还制定了专门符合全流域实际需求的可靠政策,不断

加强两国之间跨界管理合作与协调，实现了从合理使用水资源发展到共同治理流域污染、保护流域整体生态环境系统[151-152]。

对于流域综合管理，美国和加拿大两国主要以经济杠杆调节与融资机制作为流域综合管理的经济基础[153]，其中政府投入、项目投入与流域机构服务收费是流域管理的主要融资渠道[154]，并把水电开发及旅游收入中的部分收益对原住居民进行补偿和用于流域保护和教育活动[155]。除此之外，美国农业部每年投入固定的资金金额，用于补偿农民因农用土地作大湖地区生态水土保持用途而带来的损失等等。

②淘汰污染产业，实现产业结构转型

由于五大湖城市环境污染的实质是一种结构型污染，从 20 世纪 80 年代至今，五大湖城市群的各个中心城市都着力推动经济转型、产业升级和环境重建，积极开展城市群环境合作，各个城市通过技术创新，逐步淘汰污染严重的产业和企业，大力发展服务业。

芝加哥作为五大湖城市群的核心城市，20 世纪初，由于五大湖地区煤、铁资源的开发，使其成为五大湖城市群中最大的城市及交通、工业中心。20 世纪 60 年代至 20 世纪末，经历了制造业衰落与产业调整转型的变革时期，其原有的衰退产业并没有全部淘汰，而是在择优后得到保留与扶持并得到转型发展，这期间芝加哥加大了对技术设施的投资，大力发展服务业、旅游业、期货业、银行业、金融业并取得了空前的发展，在保留与扶持了传统工业的同时，钢铁等重工业逐渐成为淘汰产业，从而使通信设备业、医疗器械业等成为芝加哥新的优势产业。2010 年制造业就业在各产业领域中占比 10.7%，2010—2020 年 IT 业的平均复合增长率高达 5.84%。由此可见，在产业结构调整过程中，芝加哥并没有因为追求现代化服务业等新兴产业而完全放弃传统制造业，而是不断调整优化整个制造业的产业结构。经过 30 多年艰难转型，以芝加哥为代表的五大湖沿岸城市群目前已成功趋向经济结构多元化，从以制造业为主导的五大湖城市群的产业结构转变到以服务业为主的多元化经济，从源头上减少了废弃物对生态环境的破坏。随着这些城市产业结构的成功转型，五大湖区的环境治理取得了全球公认的成效，城市群区域的经济、社会和环境保护也走上可持续发展的轨道[156]。

③非营利组织(非政府组织)等多主体参加

从五大湖区治理和保护的实践来看,加拿大和美国的各级政府、流域管理机构、科研机构、用水户都是环境治理的主体,其中两国政府一直坚定不移地保护着五大湖区,采取了各类创造性的行动和合作,发挥着主导作用;但由于不同利益相关者之间的复杂利益及其不同的利益目标,各主体间的矛盾使其无法为解决问题而达成共识,这种情况下,不能有效解决环境污染等问题。因此,加美两国利用非营利组织具有高度公信力的特点,成立了多个非营利跨域协调机构,与政府、企业、社会公众共同行动,使其成为五大湖区污染治理的一个重要主体[156]。五大湖区的保护和水污染治理取得了显著的成效,成为北美保护自然资源和生态环境的成功典范。

两国通过成立联合国际委员会(该组织是由加美两国各三个成员组成)来进行水资源利用、截流的审批,来调节两国在边界水域产生的矛盾和冲突;通过成立五大湖渔业委员会来负责控制寄生海鳗,恢复和保护五大湖生物多样性,从而使流域生态平衡;通过成立五大湖州长理事会来协调五大湖区 10 个州、省之间的利益关系,鼓励和促进公共部门和私人部门的有效合作,解决经济与环境之间的现实问题[146]。1972 年,两国还邀请了三个非政府组织,即国际性的 ENGOs①——北美大湖、国家级 ENGOs——塞拉俱乐部以及国家级 ENGOs——国家野生动物联盟,参加《北美五大湖水质协定》的讨论与修改,保证水质协定有效地发挥作用,并使该协定在加拿大和美国之间顺利实施[157]。

6.2 国内典型湖泊保护主要经验

我国湖泊数量众多,类型多样且分布广泛,约有 2 万个湖泊,占全世界天然湖泊的 1/10。其中以小型湖泊为主,浅水湖泊占优是我国湖泊固有的特点。目前,我国湖泊存在着湖面萎缩、水质恶化、富营养化、生态功能退化、资源急剧减少等问题,但近年来我国加大了对湖泊水污染与富营养化的治理力

---

① ENGOs 是指"由受雇的工作人员经营并得到国内或国际资金支持的非营利性、正式成立的环境组织",一般分为国家级和国际两类,两者都从事不同类型的环境活动。

度，走过了先污染、后治理的过程，湖泊水质的严峻形势也基本得到遏制，但有些湖泊还是存在边污染边治理的现象，且湖泊富营养化问题也依然突出。王圣瑞[36]指出，2017 年全国 70%以上的湖泊已经受到不同程度的污染，中东部地区湖泊大多呈富营养化。鄱阳湖、洞庭湖、太湖、洪泽湖和巢湖五大淡水湖的水质均不容乐观，除洞庭湖、鄱阳湖目前尚属中营养水平，其余三大淡水湖整体已处于富营养化状态。除了湖泊流域自然环境条件的差异外，在一定程度上中国经济社会发展的不均衡性是造成不同区域湖泊富营养化程度差异的主要原因。我国湖泊保护和治理经历了研究调查阶段、控源治污阶段、综合治理阶段和绿色流域建设阶段等四个发展阶段。从 20 世纪 50 至 60 年代一直到“七五”期间，湖泊水污染与富营养化问题并不严重，期间重点是湖泊资源调查研究；“八五”至“九五”期间，湖泊治理以“控源治污”为主要思路，以重点流域“三湖”治理为抓手，治理重心是湖泊流域的工业和生活点源污染；“十五”期间，提出了湖泊生态修复的“三圈”理论。我国湖泊保护与治理经历了 30 多年发展，也逐步意识到湖泊治理问题不仅是自然科学问题，更是社会问题，认为生产生活方式及发展理念对湖泊生态系统有着直接或间接的影响，因此，治理措施由单一的污染控制转变为建立污染控制、生态修复与综合管理为一体的保护和治理体系；治理范围由以前的水域转变为流域。现如今，各地区湖泊治理取得了一定成效，发展了湖泊生态安全评估技术、绿色流域建设成套技术，为我国亟待治理的湖泊提供了保护和治理新理念，提供了技术支持。

6.2.1　巢湖治理与保护

(1) 巢湖概况

巢湖位于安徽省中部，地处长江中下游地区，是我国五大淡水湖之一。湖泊水域面积约为 760 km^2，流域总面积为 13 486 km^2，具有得天独厚的地理位置和水文条件。根据目前已有的资料可知，巢湖属于流域的相对低洼地，水流容易聚集，从而形成污染。20 世纪 70 年代，随着社会经济的快速发展，巢湖周边城市人口递增，工农业快速发展，工业企业排放未处理的废弃物和农业生产生活的不合理，导致了巢湖水质受到严重影响，湖泊富营养化也持续加重，成为国家重点治理的“三河三湖”之一。2011 年，由于行政区划的调整，合肥从拥有 1/3 湖区面积拓展到全湖（巢湖成为合肥市内湖），从而担起了治理巢湖的重任，正式大规模展开了巢湖综合治理与保护。

巢湖总氮和总磷浓度高、富营养化及蓝藻水华是最为突出的问题。近年来，合肥围绕保护、治理、发展三大任务，强化减排、净化、扩容三大环节，突出水质、水量、水流三大要素，实施了治污、复苏、养生三大步骤，提出了“河湖共生、顶层设计、科学治理”的新思路，“十三五”以来，巢湖水质呈现总体稳定，主要污染指标浓度呈下降趋势[158]。直至 2015 年，巢湖治理取得了初步成效，湖泊水质逐年好转；2017—2020 年巢湖水质连续四年维持轻度污染，全湖平均处于轻度富营养状态，蓝藻水华程度以“轻微水华”为主，未发生影响饮用水安全的水华事件；2020 年巢湖湖区总磷、总氮、化学需氧量和氨氮浓度均值分别下降 35.3％、13.9％、13.1％和 67.5％，整体水质从Ⅴ类水好转为Ⅳ类水，富营养化水平明显减轻。同时，2020 年合肥市环巢湖生态示范区建设领导小组还提出了“三步走”设想，即实施碧水、安澜、富民三大工程，目前已经实现了“碧水”这一目标。此外，巢湖流域还获批首批国家级生态文明先行示范区，说明巢湖治理的实践思路和实施成效受到了国家领导人、国内外专家学者的高度评价，从而引起了社会各界广泛共鸣。

（2）巢湖治理与保护经验

①控源截污，提升综合管理水平

针对巢湖治理，合肥市确立了“治湖先治河，治河先治污”的工作思路，从源头控制污染，开展水污染治理工作。按照河流水系将水环境治理分为若干片区，逐一进行治理，通过推进管网完善，提高污水收集效率，从而实现农村生活污水的有效处理；在治理巢湖水体富营养化方面，还通过调整产业结构和转变发展方式来控源截污，如引进高新技术产业，推动工业企业转型升级，推广生态农业理念，使污染物从源头进行减排[159]。

通过印发《巢湖流域农业面源污染防治实施方案》，系统开展了农业面源污染的防治，推动了化肥农药等农业投入品使用减量、畜禽水产养殖污染治理、农业废弃物资源化利用。在稳定粮食产量的基础上，推广退稻还湿、退稻还林、稻田水改旱等做法，耕地轮作休耕制度，以及“绿肥＋优质稻”等绿色发展模式来实现种植业结构调整；通过推进秸秆还田、种植绿肥养地、休耕养地来提升耕地质量；推进实施测土配方和有机肥替代推广，全面减少化学肥料施用量，实施沟渠扩容，使养殖池塘达标排放等；严格管控环湖旅游污染，加强航运码头污染管控，使巢湖流域成为污染排放低、环境清洁的区域。巢湖流域还启动了“五清”专项整治行动，对行政村内村庄污水处理设施、农家乐等小餐饮、重点建设项目、水产养殖塘、泵站排放污水等现状及存在的问题进行排查，针对各类发现的问题找出具体原因，进行相关整治，并制定了整治验收标准。同时，通过建设集中和分散的生活污水处理设施从源头治理污水来确保入湖水质的安全。

2017 年 12 月 30 日，安徽省印发了《安徽省地表水断面生态补偿暂行办法》，规定自 2018 年起，除新安江街口断面和淠河总干渠罗管闸断面外，在全省建立以市级横向补偿为主、省级纵向补偿为辅的地表水断面水质目标生态补偿机制。但对目前巢湖污染治理及相关的补偿试点开展研究发现，巢湖流域附近的农村地区的生态补偿机制还不成熟[160]，主要问题是其补偿主体、对象相对较为模糊，巢湖上游的政府或企业在农药使用量缩减或严格禁用、规范家禽家畜养殖规模等方面并没有采取一系列措施；中下游没有以农民和农业为保护者进行补偿，融资渠道存在多方面的问题，尤其是企业及政府方面，其他法律法规也没有针对农村地区建立具体的生态补偿机制以维护流域生态公平性[161]。

②流域综合管理，实现生态修复

巢湖综合治理采取了“顶层设计、一龙治水”的模式。合肥市在市级层面成立高规格的环巢湖生态示范区建设领导小组，市委书记亲自任组长，负责顶层设计和统一指挥。在项目推进上，成立了扁平化的管理机构，各县（市）区、开发区及市相关部门成立相应的领导小组，负责建设任务；领导小组下设办公室，负责综合协调、服务保障及建设项目日常调度。高规格的决策机构和扁平化的指挥落实体系，为巢湖治理高效推进奠定了坚实基础。

截至目前，巢湖环湖湿地建设稳步推进，全面实施了总面积达 27.6 平方千米的十八联圩湿地修复项目，并大力推进“十大湿地”项目，扩大生态空间，加强了各入湖河流、河口及湿地的保护。关于巢湖岸线保护工作，以巢湖水陆分界线为依据，确定了“一带四段”巢湖岸线保护格局，实行湖泊岸线分类管理、分区管控，有效保护岸线的自然属性和公共属性。2019 年以来，巢湖实施“增殖放流”，从而促进了流域水域生态修复和保护，并于2020年起，认真贯彻国务院实施十年禁捕的长江大保护要求，积极探索巢湖渔业保护区退补转产试点。由此可见，巢湖流域综合治理，不仅包括系统科学的修复湿地及缓冲带，还包括湖泊岸线管理、湖体内部的藻华、底泥的治理以及水生生物、植物的多样性保护[162-163]。此外，合肥市为实现巢湖流域综合治理，明确流域各地生态环境保护职责，充分发挥省市级河湖长制作用，把河湖长制管理制度和规范纳入地方立法，制定了《合肥市河道管理条例》；规范化实施河长制督查调度，并建立全覆盖河长制监督体系来推进常态化河长制专项整治；创新河湖长制载体，建立了“五长治河”督导机制，推行“河长制＋”工作模式，在全国首创“排污口治理长”机制，并在全省率先建立河湖警长制，聘任民间河长，建立河湖检察长制，创新实施“河湖长＋排长＋民间河长＋警长＋检察长”五长治河模式。

③加强科技投入，缓解湖泊水污染

在巢湖治理和保护过程中，针对污染源风险、湖泊生态系统、精准管控能力、水文明构建等方面，构建了责任明确、协调有序、监管严格、保护有利的长效保护管理机制，并通过完善“数字巢湖”，健全生态监测网络来加强对现代感知手段和大数据运用，推动生态环境治理体系和治理能力现代化建设。

对于巢湖流域农业面源污染问题，合肥市构建了流域四级（省、市、县、乡）农业面源污染大数据，对土壤环境、农田氮磷流失、农田地膜残留等检测，还建设巢湖农业生态环境野外观测站，实现对农业面源污染环境质量影响的动态评估；对于农村生活污水等点源污染，通过建设全市农村生活污水处理设施和管网建设进行专项整治，实现乡镇政府驻地和美丽乡村污水治理全覆盖；对于巢湖水域氮磷含量及底泥等内源污染问题，完善了蓝藻水华预警、应急打捞工作机制，建立健全内源污染应急处置设施体系，以此探索内源污染综合治理模式，此外，还通过建设湿地恢复系统，实施湖区内源生态系统工程和饮用水源生态保护工程，在适宜的湖湾和主要河道入湖口等地区建设生态湖滨带、前置带，提高水体自净能力，减少沿岸地表径流营养盐的输入，在生态修复工作方面取得了良好的成效，治污效果明显。

6.2.2　太湖治理与保护

（1）太湖概况

太湖位于长江三角洲腹地，水域面积 2 338.1 平方公里，平均水深约 1.9 米，流域总面积 36 895 平方公里，是我国第三大淡水湖泊，也是我国最典型的跨行政区域的平原浅水湖泊以及国家重点治理的“三河三湖”之一。太湖流域地跨江苏、浙江、上海两省一市，是长江三角洲的核心区域，也是江苏人口密度最大、城市化程度最高、产业最集中，国内生产总值增长最快的地区。

太湖的治理从 1990 年代就已开始，先后实施了“九五”和“十五”国家重点流域规划，但这期间，治理进程缓慢，治理速度赶不上污染速度，导致太湖水质持续走低。直至 2007 年 5 月 28 日，太湖蓝藻大面积暴发导致 280 万人口的无锡市供水困难，国务院于次年正式批复《太湖流域水环境综合治理总体方案》，此后相继出台《太湖流域管理条例》《太湖流域综合规划》以及地方性的《浙江省太湖流域水环境综合治理实施方案》《江苏省“十三五”太湖流域水环境综合治理行动方案》《江苏省打好太湖治理攻坚战实施方案》等专项规划[164]，太湖流域各地方政府也开始依靠“明确责任、法律监督、创新制度、拓宽融资、科技治太”等手段加强府际协作，太湖水质自此开始逐年走好。

一直以来，太湖流域水污染防治工作受到党中央、国务院的高度重视和社会各界的广泛关注，特别是 2007 年太湖大规模暴发蓝藻引起无锡“供水危机”后，太湖流域地方政府以“两个确保，三个下降”（确保饮用水安全，确保太湖水体不发生大面积水质黑臭；入湖河流劣Ⅴ类数量下降，主要污染物入湖总量下降，湖体综合营养状态指数下降）为目标，及时采取了各类措施，编制并实施《太湖流域水环境总额和治理总体方案》来明确不同阶段的治理目标，还及时修订颁布《江苏省太湖水污染防治条例》，出台严格的污水、氮磷排放标准、实施“六大类工程技术措施”、关停重污染的化工企业，实行排污权有偿使用制度等多种措施，使得“治太十年”取得了明显成效[165]，这一治理经验和教训对我国流域的生态文明建设以及苏北湖泊治理有着重要的现实意义。

（2）太湖治理与保护经验

①严格的治理规划与健全的组织机构相结合

太湖流域水环境治理是一项复杂的、艰巨的、长期的任务，在“治太十年”

过程中，有关部门同地方政府制定了太湖水污染防治“九五计划”和“十五计划”；经过这一期间的治理，两省一市在产业结构调整、工业污染防治、城镇生活污染控制、农业面源污染治理，取得了阶段性的成果。2002 年开始实施“引江济太”，通过望虞河从长江引水，增加了太湖水量，改善了太湖水质，促进了水体流动；太湖水环境治理委员会制定并严格落实了各项方案和规划，其中《太湖流域水综合整治总体方案》提出了太湖 2012 年和 2020 年分阶段的治理目标；《太湖流域水污染防治规划》实施方案则为完善优化河湖治理的总体方案编制了一河（湖）一策方案，通过控源截污、生态修复、打捞清除蓝藻、调水、清淤、整治河道六大类科学集成工程技术，来确保太湖安全供水；两省一市通过整治重点污染行业，限制和淘汰了落后产能，限制不符合行业准入条件和产业政策的生产能力、工艺技术、装备和产品，重点培育和发展节能环保、新一代信息技术、生物技术、新能源等战略性新兴产业来进行产业结构调整，转变经济发展方式，从源头上降低污染物的排放量，取得了较为明显的效果。

在长期的湖泊治理过程中，江苏省还建立了一套完整的组织机构来开展太湖治理工作，即成立了专门的领导机构，建立了工作机制，制定了相关的办法，每年召开太湖水污染防治工作会议，总结上一年治太工作，签订目标责任书，安排年度治太工作[166]，还成立了省（市）政府与相关地市政府、省有关部门主要负责人为成员的省太湖水污染防治委员会、省太湖水污染防治办公室。1984 年组建了太湖流域管理局即“太湖局”，编制了《太湖流域综合治理总体规划方案》，建立国家级治理太湖水环境的指挥体系和工作机构，如省部际联席会议（即由国务院领导牵头，太湖流域三省一市参加的太湖水环境治理省部际联席会议制度），推动了部门、地方之间的沟通协作，协调解决了太湖治理工作中出现的重大问题，从而保证《太湖流域综合治理总体规划方案》的实施。

②创新体制机制，推进府际协作

太湖蓝藻事件后，成为河长制先行地，2008 年江苏省实施“双河长制”，即由省级领导、省级部门同志担任省级层面的河长，各市、县人民政府担任市级层面的河长；2017 年江苏省河长制升级，由省长担任总河长，五级河长一竿子到底，率先在太湖流域全面建立了河长制体系[164]，河长通过保护水资源，管理水域岸线，治理自己所负责的河流流域，通过河长制促进“河长治”，进一步推动了上下级以及同级别政府间的协作治理。作为典型的跨域湖泊，太湖以推行河(湖)长制作为契机，在严格落实“河长制”“湖长制”要求的基础上，以太湖全流域为整体，在府际间塑造共赢的生态治理理念，实施了流域整体化、系统化规划治理，同时水利部与两省一市人民政府成立了太湖流域水环境综合治理水域工作协调小组并建立了流域水环境综合治理水利工作协调协商机制，解决了省际间由于水污染引起的纠纷，不仅在治理方面取得了一定的成效，还加强了太湖全流域的区域合作，实现流域各地方政府合力治污的目的；两省一市把工业点源、农业面源、城镇生活污水治理，以及产业结构调整、生态修复、“引江济太”、加强监测等措施结合起来，实现多管齐下。环太湖的湖州、无锡、苏州、常州和嘉兴五市创立了五市政协联合议政平台，并连续四年推动了行政区域与流域相结合的全局治理模式，建立了流域内资源共享、运行一致的协调管理机制、信息沟通机制、监督检查机制，实现了省内太湖流域水环境的全面治理和保护。

对于太湖流域的生态补偿机制，是以市场补偿为主，即以流域范围内地方政府作为主要承担者自动加入市场参与生产消费过程，补偿方式是采取双向补偿模式，选取河道较宽、水量较大、流向稳定的30个监测断面，检测指标包括COD、NH_3-N、TP，上游出境水质监测结果超标则对下游城市进行补偿，入境水质超标则根据责任向省级财政缴纳补偿金，若优于目标水质则根据情况进行奖励。补偿标准则是按照城镇污水处理厂处理1吨COD、NH_3-N、TP费用核算补偿标准；并根据跨界断面水质监测结果，采取上下游间相互监督的资金补偿方式[167]。然而目前太湖流域生态补偿机制实施还存在不足，首先是在实施效果方面，“两省一市”尚未在顶层决策、重大任务推进、协同治理和保护等方面建立有效的协调联动机制，流域生态保护补偿的范围仍然偏小、标准偏低，保护者和受益者良性互动的体制机制尚不完善，同时市场和社会等流域多元补偿主体也因主体责任不明、主体利益诉求不同等原因不能较好地融入流域生态补偿制度，一定程度上影响了生态环境保护措施行动的成效；其次在补偿标准的核算方面，流域生态补偿标准需要根据流域上游环境保护投入额，以及相应产生的生态产品或服务的效益来确定。最后，在补偿资金保障方面，现行区域补偿工作把地方政府的环境保护责任与环境绩效挂钩，提高其主动治污的积极性和精准治污的针对性，有效拓宽资金渠道，增加了治污投入，有效调动了属地政府治污保水的主动性和积极性。但由于行业部门职能分工差异，各条线、各部门甚至同部门的不同职能处室间在专项资金的使用、管理上存在较大差异，中央、省、市各行业部门所下达的资金，到村(社区)财政后边界就较为模糊，致使下级地方政府使用和管理专项资金难以形成系统合力，甚至出现资金滞留无法拨付使用的问题，不利于发挥专项资金的使用效益[168]。

此外，自 2007 年太湖蓝藻大面积暴发以来，江苏省设立每年 20 亿元的太湖水环境治理专项资金，专项资金向治污行业倾斜，吸引了大量社会资本加入治污，省级政府投资力度的加大进一步促进了纵向府际协作。苏州、无锡、常州各市在资金支持下均建立污水处理厂，并实现全面覆盖。江苏省政府还建立了市场化的污水处理价格机制，提高污水处理的收费标准，让水环境资源由无价索取变成有偿使用，使排污许可证从“无价”变为“有价”，不仅起到了节水减排的作用，还为太湖治理获取了信贷资金、社会和民间资本等可靠的资金来源，成为“政府引导，地方为主，市场运作，社会参与”的多元化投融资机制及实现了水资源、环境资源的市场化配置，为长期的太湖治理资金需求开辟了重要渠道，提供了重要保障。同时，府际间塑造了共赢的生态治理理念，构建了府际协作机制，建立多元的协作治理体系，研究开发新的污水治理技术。

③严格的法规标准发挥监督规制作用

为进一步加强太湖水污染防治、保护和改善湖泊水质，以保障饮用水源安全，地方政府通过立法加强了太湖流域的水资源保护和水污染防治工作，推动了经济发展方式的转变，维护了流域生态安全。2007 年，江苏省人大常委会修订出台了《江苏省太湖水污染防治条例》，提出了最严格的环保法规标准[165]；同年，还出台了《江苏省太湖流域污水处理厂和重点工业行业污水排放限值》，提出了城镇污水处理厂及纺织染整、化学、造纸、钢铁、电镀、食品制造六大行业最严格的氮磷排放限值，从源头上减少污染物的排放，切实改善了太湖水质；2010 年国务院批复了《太湖流域水功能区划》，加强了水功能区的管理；2011 年，我国出台了首部流域综合性行政法规，规定了太湖流域饮用水安全、水资源保护、水污染防治、防汛抗旱水域岸线保护以及保障机制和监督措施等方面。

此外，为了加强横向府际协作治理，2008 年江苏省、浙江省以及上海市签订了《长江三角洲地区环境保护工作合作协议》，在环境治理规划与污染物标准制定上达成统一，加快了环境保护一体化进程。各地方政府相继修订了《江苏省太湖水污染防治条例》《浙江省水污染防治条例》《上海市太湖流域水环境综合治理实施方案》，这些法规的出台都为规范太湖流域水环境治理奠定了基础，同时还加大了对水事违法案件的查处力度和环境执法力度，加强了对重要水功能区和入河排污口的监督管理，有效防范了突发水污染事件和破坏水环境违法行为的发生，进一步强化了规制作用，推进府际协作治理[164]。在治理技术上，无锡市政府进行技术创新，实现了蓝藻资源化处理，引进了淤泥固化技术和相关设备治理太湖，并在一定程度上实现府际技术互助，设立了一个信息共享、紧急预警、应急响应与调度的平台，并在其下成立了太湖流域水科学研究院，逐步实现了府际协作下的科学治太湖。

6.3　国内外湖泊保护经验对苏北地区湖泊保护的启示

6.3.1　完善流域相关法律法规体系，为湖泊保护提供保障

在湖泊治理工作中存在的最主要问题就是流域管理问题，这在很大程度上影响河湖水环境管理工作的效果[170]。由于湖泊水资源既具有经济属性，也具有公共属性，是一种社会公共产品，因此对湖泊水污染的治理，政府义不容辞、责无旁贷。在治理琵琶湖时，日本政府制定实施了一系列相关政策法律；美国和加拿大联合治理五大湖区时，各地政府之间签订的跨域治理协议和合作治理发挥了重要作用；太湖流域治理过程中“两省一市”也制定了各类法规条例来规范湖泊水环境治理。在流域生态补偿方面，日本滋贺县政府对琵琶湖制定了专门法，通过制定相关法律来理顺水资源供给和生态补偿的关系，来确定综合利益补偿制度。因此，要根据湖泊流域的具体情况，制定有针对性的水污染治理及保护的制度，确保其能够达到有法可依，这是当前国内外有效治理湖泊的重要经验。

在苏北地区开展湖泊保护和治理工作的过程中，必须对相关的法律法规进行完善，为湖泊保护以及治理工作提供有效的制度支撑以及法律保障[169]。

在完善相关法律法规的过程中，要从流域层面充分考虑到湖泊水流域环境的具体特点，以湖泊保护和治理工作为目标，通过划定法律法规有效范围，制定生态保护红线、水质防止底线、水域岸线开发总量高线，核定排污限额，取水定额，明确非法圈圩、非法养殖、非法采砂、非法侵占等禁止事项来确保法律法规体系的完善性以及合理性[170]。除此之外，在流域生态补偿方面，政府应该发挥其主导作用，根据上下游情况，结合我国宏观政策制定流域生态补偿政策，将流域生态补偿政策和扶贫政策联系起来，尤其在涉及多方利益时要加强流域组织领导保障，建立符合各方利益的多元化流域生态补偿机制，以及流域生态补偿标准体系和沟通协调平台。

总之，在对具体的湖泊水环境进行保护以及治理的过程中，结合国家及江苏省的相关法律法规制定治理条例，同时，还需要结合各湖泊的具体情况，制定有针对性的保护与治理制度，达到“一湖一策”的治理模式，提高湖泊水环境保护和治理的综合效益。

6.3.2 明确涉水部门管理职责，实现流域协同统一治理

湖泊一般归属于多个部门，包括水利、渔业、交通、环保、市政和林业等十多个部门。各部门由于多头管理、职能分散，权责关系不明晰等很容易出现各自为政、相关机构缺乏沟通和协调等问题，从而严重制约着湖泊的有效管理。因此，如何由多个部门协调负责湖泊的一体化管理在湖泊治理保护实施规划中发挥着极其重要的作用，也是建立湖泊流域管理和协调机制的关键。

在湖泊治理保护过程中，需要把山水林田湖作为一个生命共同体，由一个部门负责管辖范围内所有国土空间用途管制，对山水林田湖进行统一保护与修复；并按照生态系统完整性要求，建立职能有机统一、运行高效的生态环境保护大部门体制。针对跨行政区域的湖泊，应该由共同的上一级水行政主管部门或者其授权的水行政主管部门实施管理。从琵琶湖及五大湖的治理保护经验可以看出，国外在开展水流域规划以及湖泊保护管理工作的过程中，除了对污染物进行控制之外，还将对湖泊河流进行有效评估作为重点，其主要是对河流中的生物质量、水文情势、物理化学指标等进行准确评估，并以此为基础，开展湖泊水环境保护以及治理的综合管理工作。我国太湖流域通过源头减排与提高水环境承载力相结合、污染治理与生态修复相结合，从而

实现了站在生态系统维护的高度来统筹治水，目前我国湖泊保护治理模式更多是通过重视控制污染物来对水体本身进行净化，在一定程度上忽视了污染物入湖前的过程，以及水量和湖泊水生态系统的综合管理。在苏北湖泊环境治理保护工作中，要坚持以水量、水质以及水生态系统为重点，开展全方位的综合管理工作。苏北地区各级人民政府有关部门要明确各涉水部门的管理职责，按照职责分工，做好湖泊的有关管理和保护工作。在此过程中，除了要加强对污染物的控制以及水质保护工作之外，还要重视利用有效的措施恢复水文条件，保证河流地貌的多样性发展。同时，要构建栖息地保护系统，恢复生物群落的多样性，这样才能够在最大程度上提升湖泊水生态系统的稳定性以及平衡性。除此之外，还要加强湖泊水质的监测及评价工作，重视水生生物监测以及评价工作，提高水质的监测质量。对湖泊生态系统进行修复时，要坚持以自然生态特征为基础，开展恢复以及治理工作，对一般污染物和重点污染物进行区分的标准，采取不同程度的排放控制措施，提高污染物的控制质量。这样可以建立水质、水量以及水生态系统为一体的水域管理体系，提高湖泊保护以及治理工作的效果。

在河湖长制实施方面，结合巢湖及太湖的经验，结合苏北湖泊当前存在的难以形成多部门统筹合力治理、镇级河湖长办工作人员少而不专、社会参与度不高、资金保障压力大、培训工作的针对性不足以及跨区域缺乏上下联动、协调配合机制，湖泊管理难度较大等的挑战，应该从以下三方面的创新来完善苏北湖泊河湖长制。首先是制度创新，制定实施诸如年度工作方案、水质监测抽查、河湖管护指引等指导性文件；使相关工作标准化、规范化，编制河长制湖长制规定、河长制述职方案、河湖长履职标准化管理流程等制度文件，从而规范河湖长的工作职责及履职、述职要求。其次是机制创新，为推进各项河湖管理保护工作，从河长负责制的角度出发，制定各级领导的监督、协调措施，如：领导挂点监督机制，即由各级人大代表联动的方式加强对整治效果的监督，通过常态化巡查和定期通报的方式，督促各级政府及相关职能部门加快整治工作；搭建上下游协调统筹机制。推进跨行政区的水体治理，由上下游的河长制办公室出面协调召集上下游的河长，协调上下游的治水工作。最后是手段创新，在河长巡河、清四乱的工作中，积极采用新的技术手段，如使用卫星遥感、无人机等，来提高河湖管护工作的智能化，在行政管理的技术手段应用上不断创新[171]。

6.3.3 实施多主体合作协调机制，增强湖泊保护意识

在湖泊水污染治理中，政府发挥着主导作用。但是，单纯依靠政府还不足以解决水污染问题，借鉴美国、日本治理湖泊水污染的经验，政府、企业、非营利组织、社会公众都是湖泊水污染治理的重要主体，为了取得良好的治理效果，各个治理主体内部要建立健全协调机制，各个主体之间也要构建良好的合作机制。因此，发挥企业、非营利组织、社会公众等治理主体的作用尤为重要。在治理实践中各个治理主体还要建立合作机制，一致行动，协同治理。很多湖泊往往跨越多个行政区划，其水污染防治既涉及区域管理问题，也涉及流域管理问题，因此，在治理过程中，地方政府和流域管理部门以及不同地方政府之间往往存在很多矛盾，这降低了政府治理效果，导致单纯依靠政府难以解决湖泊水污染问题[172]。因此，以政府主导型模式治理湖泊水污染，在短期内能够取得成效，但是不能从根本上解决问题。

在治理琵琶湖时，日本政府及滋贺县政府在引导社会公众参与琵琶湖治理过程中除了进行水污染治理政策制定、开展流域研究会、环保科普教育等活动来掌握水污染治理信息，还制定实施了一系列相关政策法律；在美国和加拿大联合治理五大湖区的实践中，为进行跨域协调，两国不仅成立了一批非营利组织，政府之间还签订了相关协议，在两国合作治理跨域水污染和生态环境保护方面发挥了重要作用，取得了成功经验。琵琶湖治理过程中政府引导社会公众参与琵琶湖治理；北美五大湖治理实践中，为进行跨域协调，美国和加拿大成立了相关机构，从而在跨域水污染治理和生态环境保护方面取得了成功经验[36]。

从我国湖泊水污染防治的实际情况看，政府、企业、非营利组织、社会公众等治理主体之间的合作还处于萌芽状态。其中起着主导作用的政府这一治理主体的内部合作协调机制也需加强。因此，在苏北湖泊治理过程中应以科学发展观为指导，创新管理机制，树立跨域治理观念，在继续发挥政府作用的同时，做好湖泊保护的宣传工作，调动企业、非营利组织、社会公众等主体的积极性，增强社会公众的湖泊保护意识，实现多主体共同参与、协力合作，共同防治湖泊水污染。

6.3.4　科学规划与治理，探索因地制宜治理方式

湖泊治理是一项长期、艰巨的任务，我国很多湖泊从20世纪90年代前后才开始得以研究和治理，在治理技术上仍处于初步的摸索和实践阶段，因此，在湖泊治理过程中对其长期性一定要有充分认识和准备，不能急于求成，要尊重自然规律，从人与湖泊和谐共生的角度出发，全面恢复湖泊的生态环境。同时湖泊的污染不是一年造成的，需要花费大量的精力财力，在治理过程中需要制定一个科学的规划，设立湖泊分阶段治理目标，进行分阶段治理[146]。

根据巢湖具有的自身特点和相应问题，需要采取针对性的治理技术。例如，水位变化很大，湖泊滩地和植被易损且不易恢复，因此需要在水位调节工作的配合下才有可能进行生态修复技术的使用；流域山体磷背景值高，涉及区域广，因此要实施全过程磷流失控制技术；主要被污染的入湖河流缺乏生态基流，因此使得河道治理过程中发生截污断流，不截污则污染入湖的状况，因此要适时开展入湖河流多源补水的优化调度技术[173]。县级以上水行政主管部门应当会同农业、渔业行政主管部门和其他有关部门，按照湖泊保护规划和防洪要求，在湖泊内划定用于种植、养殖的水域，报本级人民政府批准。并按照依法批准的种植、养殖规划实施，并服从湖泊蓄水调洪的需要，对已经围垦或者圈圩养殖的，制定实施退田（渔）还湖、退圩还湖方案，恢复湖泊生态条件[174]；在琵琶湖治理过程中，利用GIS等技术为琵琶湖综合保护计划提供适当利用土地信息的分析工具，提出了流域土地利用与湖泊环境的关系[175]。

湖泊富营养化的本质是湖泊与流域间过多氮磷等营养物在湖内累积，导致湖泊营养物代谢失衡。苏北湖泊都为浅水湖泊，富营养化污染较严重，氮磷等污染物长期累积，在湖内形成了一定规模的内负荷[33]。流域经济社会快速发展等导致入湖污染负荷较高是湖泊水质下降的重要原因，因此重视流域保护与治理才是湖泊保护治理的关键。控制负荷要点是控源截污，精准治污，持续减污。从源头上对湖泊的污染源进行有效控制是提高湖泊环境保护以及污染治理工作质量的关键措施。加强对污染源的治理工作，能够有效减少废水的排放量，从而可以开展有效的富营养化治理工作，保证湖泊水环境的质量。严格的污水排放管理工作，能够有效减轻水污染，这也是我国太湖水污染治理过程中的主要手段。在进行污染源头控制的过程中，要对工业废

水排放进行严格控制。除了加强工业废水排放的行政审批制度以及许可制度之外，在审批过程中必须采取先进的设施以及程序对废水进行有效处理，防止产生水污染。而在苏北开展湖泊水环境保护以及治理工作时，必须加强源头污染物的控制管理工作，加强废水排放过程的截污控制措施，促进湖泊环境保护及污染治理工作系统的有效建设，这能够在很大程度上解决湖泊富营养化问题，提高湖泊水环境治理的综合效果。

地方各级人民政府也应当组织水利、渔业、生态环境、林业、建设等有关部门在科学论证的基础上，有计划地种植有利于净化水体的植物，有计划地放养有利于净化水体的底栖动物和鱼类，并对各类水生植物的残体进行清除。重视流域保护与生态建设，特别是要重视湖滨缓冲区的保护与建设；制定科学的清淤取土方案，防止破坏湖泊生态环境。

6.4 本章小结

湖泊具有重要的生态服务功能，保护好湖泊环境对社会经济发展具有重要作用。而湖泊污染治理与保护一直以来是一项历时长久、耗资巨大的复杂的系统工程，需要动员全社会的力量共同参与。本章选取与苏北湖泊污染类型、湖泊属性相似的国内外治理较为成功的典型湖泊，分析这些典型湖泊的治理历程和经验，为苏北湖泊的治理和保护提供经验和启示。

从国内外湖泊水体污染和富营养化治理经验可以看出，有效地控制面源和点源污染仍然是湖泊富营养化治理的重要前提。如果要打破“先污染、后治理”的恶性循环，需要综合考虑，系统治理，将技术手段和管理措施并用，颁布严格的保护水资源的法规来确保饮用水安全；同时，转变地方政府的发展理念，正确处理发展与保护的关系，建立全流域统一的水资源保护合作机制，将“河（湖）长制”与湖泊治理相结合进行考核，重视湖泊的长期监测与研究，在此基础上，制定良好的湖泊治理长期规划，细化具体的分阶段治理目标，持续治理，坚持不懈[176]。

因此，苏北地区在开展湖泊治理与保护工作中，首先，政府应该完善各湖泊流域的法律法规，包括生态补偿政策等，为湖泊治理与保护提供有力、有效的法律保障。其次，明确各级涉水部门的管理职责，协调多部门及跨域部门间的权责、“河(湖)长制”的考核及评价等,从而实现流域的协调统一治理。再次,政府引导社会公众、企业、非营利组织等社会各主体共同参与,增强湖泊保护意识,建立实施多主体合作协调机制。最后,针对不同湖泊的现状,设立治理目标,制定科学的治理规划,对于各类污染现象采取针对性的治理技术,即将科学规划与治理技术相结合,采取“因地制宜、因湖而异”的治理方式。

第七章

苏北地区湖泊保护战略建议

7.1 总体思路

7.1.1 思路确定

水是人类赖以生存的基础，水资源的合理分配与利用对经济与生活有重要影响，湖泊淡水资源量是城市供水与用水的重要基础，但由于经济发展的需要对湖泊造成了一定的破坏。国家及省市级地方政府近年来出台了许多相关政策，促进环境保护与湖泊治理，对湖泊保护提出针对性的政策。江苏省出台了《江苏省湖泊管理条例》(以下简称《条例》)，《条例》中对湖泊管辖主体、管辖范围、整治方法等作出了明确规定，在《江苏省湖泊保护名录》中，省级以上保护湖泊共有 28 个，苏北地区包括洪泽湖、高邮湖、骆马湖、白马湖、微山湖等 10 个湖泊以及里下河湖泊群中的湖泊，同时也包括由各市级政府管辖的其他众多湖泊，苏北地区湖泊保护对各地区及全省水资源及湖泊治理都至关重要。

湖泊保护与经济发展存在相互作用与反作用力，两者在发展前期步调不一，湖泊资源在发展过程中发挥了重要作用，推动了经济的大力发展，发展过程中的资源与保护问题也逐渐凸显，随着对湖泊资源保护意识的加强以及资源在经济可持续发展中扮演的重要角色，经济效益与生态效益的协调共进日益重要，这是解决问题的最终愿景。从苏北地区湖泊保护出发，同时协调区域流域发展，针对湖泊存在的普遍性问题，包括水体富营养化、湖泊水域面积缩减、水资源利用不合理、生态功能退化，进行综合性治理。其次，由于地理位置与发展水平的差异以及湖泊的异质性，不同湖泊存在不同问题，如产业结构与利用方式的单一化、城镇化水平较低、管理组织与机制的不足等，因而，也需对不同湖泊实施差异化管理。湖泊的管理主要依靠各职能部门，湖泊管辖各责任主体应明确问题，整体上实施统一治理模式，但要注意问题的差异性与独特性，实施分层、分区域管理，明确责任与范围，从而对湖泊水质进行有效改善，维护与修复湖泊生态多样性，流域内实施生态补偿策略，充分有效利用财政手段与行政手段，合理设计税费标准，并完善组织管理机构与相关法律法规。

湖泊保护战略的实施需要各主体的支持，由上而下，国家政府、水利部、省级政府、市级政府、企业、媒体、公民，各主体应该在各自的责任范围内正确发挥作用，同时进行信息共享，共同参与治理，公民应该提高湖泊保护意识，积极主动参与相关活动；企业、媒体等应关注生态与环境治理，在相应的产品生产中创新技术，减少污染排放等，媒体应积极传播湖泊保护相关报道与新闻，提高大众认可与意识；政府主体在立法与协调方面占据主要位置，应充分调研，了解相关信息，从而确保其政策法律制定的有效性与正确性。

湖泊保护应从源头出发，明确污染来源，以湖泊为主体，同时促进湖泊周边区域的发展，对湖泊以及湖泊周边进行合理布局与规划，针对不同地区与区域的发展状况，调整产业结构，促进产业发展的合理化，充分意识到农业、工业等对湖泊水体形成的污染，并对不同原因形成的污染进行有效识别，从而有针对性地实施生态补偿策略与财政税收政策。另外，应加强信息共享，确立并实施河湖长制，充分借鉴国内外湖泊治理经验，取其精华，推动苏北湖泊治理取得实效，促进经济与环境的可持续发展。

7.1.2　总体框架

湖泊保护战略基于生态保护与可持续发展理念，旨在促进经济与环境的协调发展，推动湖泊周边流域区域的发展水平的提升，基本解决当前苏北湖泊存在的主要问题。前文首先对苏北湖泊当前存在问题与发展现状做了详细总结与阐述，明确湖泊保护的主要内容，各湖泊保护与管理部门已提出并采取相关措施，河(湖)长制的实施确立了领导机制，明确了责任，加强了监管；对于当前经济发展与环境保护不平衡问题，本书首先利用CGE模型下对环境模块的引入，提出不同产业相关部门征收水环境污染税的差异，不同产业及企业的效益与负担，以及针对农业面源污染对湖泊水体造成的危害所引进的产品次优税率，构建成本分担博弈模型，指出上下游政府间应加强合作，中央政府应确定合理的补偿系数，提高湖泊治理的效率与效益；四阶段DEA模型也进一步说明了生态补偿效率提高的几个主要层面；此外，通过对国内外湖泊保护经验的借鉴，推动了苏北地区湖泊保护进程。

根据本书以上内容梳理，结合苏北地区的发展以及苏北地区湖泊治理现状，对苏北地区湖泊保护提出了相对综合性的战略建议，包括制度化保障战略，以河(湖)长制、国内外湖泊治理经验借鉴和相关法律保障为主要内容；绿色保护发展战略，以湖泊保护与生态化建设为主要内容；经济与环境协同发展战略，以生态补偿机制、水环境污染税与产品次优税率为主要内容；组织管理战略，以组织管理体系的构建与完善、公民意识的加强、考核体系的改进为主要内容。具体如图7-1所示。

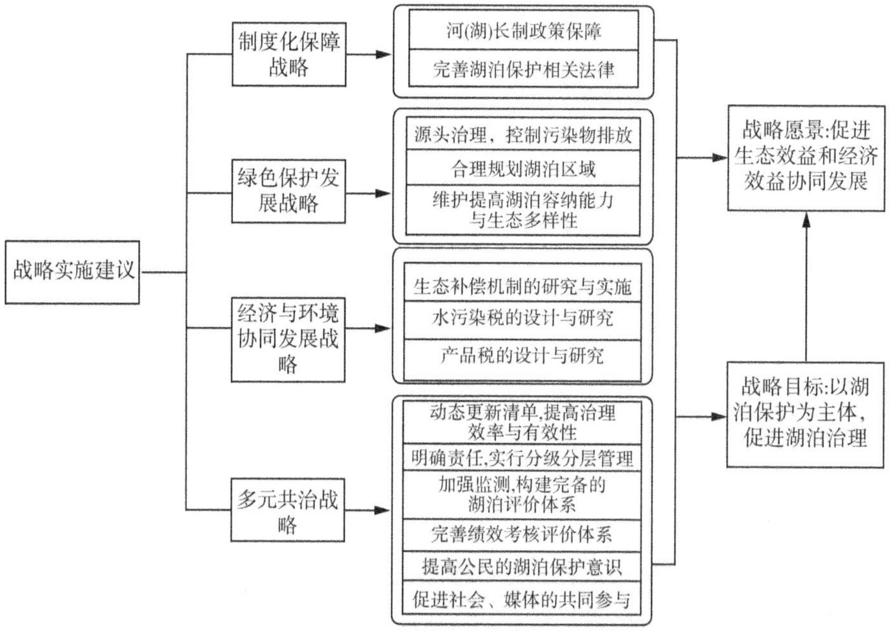

图7-1　苏北地区湖泊保护战略实施建议框架图

7.2 战略愿景

随着经济的发展，生态问题逐渐显现，并对我国长期可持续发展带来重要影响，中央及地方政府开始将生态保护与修复置于战略布局的重要地位，从生态的重点治理到生态功能空间划分与保护。2022年，习近平总书记提出新的生态理念，从"绿水青山就是金山银山"到"山水林田湖草沙是生命共同体"，我国现在处于由局部到全局的系统性恢复阶段。湖泊作为资源的多功能集合体，处于环境保护与生态建设的重要地位，对湖泊资源的合理利用与规划，能有力推动经济发展，进而推动生态效益、经济效益与社会效益的协同发展。苏北地区相对江苏其他区域，经济正处于上升期，有巨大的发展空间与潜力，在其发展进程中要注意经验的借鉴，要避免过度重视经济增长速度而忽视环境保护与治理，湖泊保护的最终愿景是生态与经济的协同，具体主要体现在以下四个方面。

7.2.1 产业结构优化与生产消费方式转变

产业结构作为联系人类经济活动与生态环境之间的重要纽带，不仅是"资源配置器"，更是环境消耗和污染物产生的"控制体"，产业结构调整优化是我国工业化进程中大力推进生态文明建设的关键切入点。基于我国国情，仍须以工业化制造业为经济驱动力，不能单纯为了生态环境与节能减排而违背产业发展的客观规律，刻意改变产业结构。可以对其实施绿色发展、推行绿色制造，加大对新兴产业与第三产业的投入力度，逐步转型与升级改造，同时不同区域要因地制宜。产业结构变化的资源环境效应包括环境效应(也称为减排效应)和节能效应。产业生态化是生产方式转变的根本途径，其本质是，人类产业系统模拟自然生态系统，建立可循环的"产业生态系统"，从而把产业活动对自然环境的影响尽可能降到最低的程度。

湖泊流域的工业化、人类活动是点源污染与面源污染的主要污染源，产业结构的优化与生产方式的机械化、绿色化、有机化可推动湖泊问题的改善。第一产业(包括农林牧渔)是湖泊及其周边区域(湖泊水域、湖滨带、缓冲区)的主要经济来源，以水为载体，包括养殖业、航运业、种植业等，它们承水之恩,受水之惠,同时对水形成反作用力。对水造成的压力来源于产业的不合理布局,过分倾向于水带来的经济价值,持续过度开发与利用,使得湖泊水资源无法维持已有经济活动,产业结构的优化升级与资源的合理配置成为湖泊流域治理关键。考虑区域特点,结合城镇化水平,整体上对第一、二、三产业合理布局,对第一产业内的各个行业进行调整与规划,尽量减少农业、畜牧业比重,降低污染,保持渔业比重在湖泊可承载范围内,提高林业比重,确保植被覆盖率,提高生态修复能力;对制造业实施绿色改造升级,充分发挥"资源调节器"的作用;加大第三产业发展,促使旅游业、交通业等服务业参与治理,有效改善当前治理管理局面。

转变生产方式与消费方式,以绿色发展、可持续发展为理念,实施农业、渔业等机械化生产,改进农田灌溉方式,节约资源,实施有机绿色生产,减少污染排放;享受技术进步带来的工业发展,提高固、液废弃物净化技术;注重一、二、三产业的协调发展,不可盲目改进,注意因地制宜。同时,对生产改造中的企业与个人实施鼓励激励政策,协调义务与权利、责任与利益,进行合理生态补偿。

7.2.2 湖泊水资源合理利用与开发

人类对于湖泊的认识,起初看重的主要是湖泊在调蓄洪水、发展养殖业等方面的经济价值,但过度、无序地开发利用湖泊的经济价值,导致湖泊的生态价值大受影响。湖泊生态功能的减损反过来也制约了其经济功能的发挥,随后人类逐步认识到保护优先的重要性。但湖泊及其周边自古以来就是最适宜人类生存的区域之一,人类对湖泊资源的利用不可避免地会影响湖泊生态环境。这就要求湖泊保护必须限制人类对水资源和土地的开发活动,将其限定在一个适度的、不从根基上危害自然生态系统的阈值之内。

资源是有限的,资源的合理配置可以提高效率与效益。我国淡水湖泊资源量约占全国水资源量的 8.5%,是城市供水主要水源地。湖泊还具有蓄滞洪水、净化水体水质、改善气候、维持生物多样性等功能[177],不同湖泊有不同的功能侧重点,承载力也各有不同,如纳污能力、蓄水总量。近年来,国家注重湖泊保护与水资源的合理利用,省市级政府依据相关法律出台相应政策,但湖泊污染问题尚未得到解决,水质的下降、面积的缩减,造成水资源量的严重损失，从而致使湖泊无法发挥原有功能。中央政府、省级政府、市级地方政府应综合考虑，听取基层群众意见，加强日常巡查，结合不同湖泊的特点，因湖施策，对不同湖泊水资源实行不同配置，最大限度地确保水资源的合理利用。苏北地区湖泊位于南水北调东线工程区，湖泊及周边流域建设会对湖泊水资源有所影响，可实施湖湖连通、河湖连通等水系工程，补充调节水源，尽量维持与保护周边区域水资源[178]，同时，对季节性充沛水资源进行合理开发与利用，对洪水资源实施合理丢弃与应用，对流域上游来水进行科学检测与对比，调蓄入湖，确保水资源物质含量的一致性。以水资源环境承载力为约束，制定流域、区域水量分配方案，实施覆盖流域、区域的取水许可总量控制；提高用水效率和效益，发展节水产业，完善生态补水机制，保障生态需水。开展流域土地资源评价，根据苏北地区湖泊流域各地区的主体功能定位，进一步强化国土空间管控，对流域土地利用结构和土地利用布局进行优化。

建立全流域视野的河湖水资源配置模式，以生态可持续发展为理念，协调解决经济用水与生态用水的不平衡问题，实施流域水资源的全面、合理规划，建立统一的有效机制，进行流域水量控制、水资源合理配置，制定水资源利用和开发的生态阈值。

7.2.3 湖泊保护与流域治理协同

湖泊保护与流域治理具有协同作用，湖泊保护不仅是狭义范围内的保护，也指广义范围的治理。目前有关政策文件中将湖泊保护划分为三个层次：湖泊水域、湖滨带、缓冲区。但由于对湖泊功能定位与治理的认识不足，对三个层次的区域管理存在较大问题，无法显现层次的有效性，且缺乏具体的政策支持。国家及行政部门应科学调研环境容量与承载力，合理规划缓冲带范围，加强湖滨带管理。湖滨带是自然形成的，是介于水域与陆域之间的生态过渡带；缓冲带是从湖泊管理角度出发，为了更好保护湖泊而大多由人为创造的空间。湖滨带具有缓冲功能、护岸功能、生境保护功能与经济价值，湖滨带湿地系统由于受到人类活动的干扰，退化严重，湖泊管理部门需充分意识到湖滨带建设的重要性，增加植被多样性，合理利用资源，加强监管力度，提高群众意识，科学调整湿地建设，维护生态功能。缓冲带是位于湖滨带外侧的生态结构，能有效减轻径流携带物质对湖泊水体的污染，促进生态环境的改善[188]。缓冲带的建设重点在于宽度的确定，适宜的范围对功能的发挥有重要作用，如果仅追求面积的广泛，不仅耗费资金、人力，也无法发挥有效缓冲功能与经济价值；其次是缓冲带内部结构的建设，应注重对产业结构与土地利用方式的合理规划，保证生物多样性，规范土地利用强度，保障功能实施；此外，对缓冲带区域加强监管，对缓冲带内形成的淤积物进行定期清理，确保径流容纳性，有效发挥拦截与缓冲功能。

制约湖泊治理与保护的另一因素是土地利用方式的不合理性。由于大多数湖泊周边城镇化建设水平较低，土地利用以耕地为主，种植结构单一。有数据显示，洪泽湖区域耕地面积占54%以上，且种植以农作物为主；水域次之，约占24%；第三为建设用地，占15%～16%；林地和草地面积相对较少[180]。合理的土地利用方式可有效减少水体污染，改善生态环境，湖滨带、缓冲区及开发区都需重视土地资源的利用与开发，因其对湖泊水域治理有直接或间接的影响。增加植被覆盖率对缓解泥沙冲刷压力有显著作用，且可以在提高林地比例时相对地降低耕地用地，在减少面源污染源的同时减少二氧化碳排放，净化环境。习总书记提出的建设山水林田湖草沙的生命共同体理念讲究协调性与完整性，它们是交流交换频繁的“交互式系统”，能否进行有效“信息共享”与“互惠互利”是建设的关键。对于湖泊水域与周边湿地、开发区建设与管理，相关行政管理部门应按照统一的思想，以生态平衡为基本原则，以流域保护为目标，协调各方利益，正确充分利用资源，同时实现生态效益与经济效益。

7.2.4 环境-水文-生态-经济系统

当前湖泊保护是在“自然—人工”双重因素影响下的实施过程，不仅是对湖泊自然水资源的保护，也是在建设过程中对湖泊的保护[181]。自然环境与资源是人类赖以生存的基础，推动人类社会发展进程，在资源充沛与富余的状态下，经济发展进程不断加快，从而促进第一、二、三产业的发展，产业间的联系加强，并和环境与资源相互影响，形成不同的自然景观与水文景观，包括苏北地区在淮安与宿迁片区具有不同表现的洪泽湖，以及白马湖所形成的旅游观赏区等。优质的水资源是基本条件，在此基础上的水文景观建设才得以显现，良好的生态环境修复才有可能，最终才可建立以湖泊水资源环境保护为内涵的高效经济体系。因此，为促进环境-水文-生态-经济系统的协调发展，应明确范围与目标，确保单一建设的同时考虑相互间的作用与发展，明确责任主体，实施合理有效管理，实施环境工程控制入湖污染；加强河湖水系连通工程建设，改善湖泊自然水文节律；提高清洁技术、清洁能源的应用，实施生态修复工程以增强生物自净能力，加强湖泊承载力；转变经济杠杆方式，实施涵盖环境生态评价指标体系的经济制度，建立湖泊保护和治理的激励和约束机制；加强监管组织管理，构建湖泊生态系统健康评价体系，对区域及流域实施适应性管理。

7.3　战略目标与重点

7.3.1　目标

湖泊具有供水、防洪、旅游、调节气候、净化环境、维护生态与生物多样性以及提供水产品等多种生态服务价值，湖泊保护与治理对各主体活动的开展有重要影响。随着对湖泊资源的利用与对周边环境的影响，以及对经济发展进程的阻碍性作用，对湖泊本体及周边资源的保护与合理分配显得愈发重要。应以湖泊保护为主要目标，指导政府及相关主体的策略与行为。明确湖泊保护内容，确保内容的完整性与综合性，明确湖泊保护重点；明确湖泊保护主体，切实有效进行职能与部门划分，同时也要保证联系的紧密性，共享信息、共同维护；明确湖泊保护责任，相关部门应明确自身职责，实施监督与检测，对违法行为进行惩戒；明确湖泊本身容纳能力，不进行过度开发与利用，维持湖泊功能的稳定性；明确湖泊保护实施路径，实地、实时调研，明确问题后合理规划路径与方法，可借鉴国内外湖泊治理经验。

7.3.2　重点

湖泊所在区域流域是一个系统，他们之间联系紧密。流域上下游有不同的利益集团与关系，而作为水资源的共同使用者，容易发生不同程度的利益纠纷，各主体间相互博弈，追求各自的成本最小化或利益最大化。此时政府可发挥重要协调作用，对流域上游实施生态补偿策略，同时上下游实施共同成本分担策略，对各利益主体更为有利、更有效率、流域治理更有成效。区域建设与维护对湖泊保护也有重要作用，根据功能与自然差异，对湖泊周边区域进行合理规划与建设，正确有效发挥自然资源的作用，合理利用与开发土地资源，合理安排产业结构，充分发挥屏障作用，为湖泊保护增加防线。

湖泊治理与保护是一项长期、持续性工程，需要多主体的共同参与，明确保护的内容，根据湖泊水质、沉积物、生物等指标，加强信息的公开化、透明化与简单化，明确治理方向、范围与相应的职责，实现湖泊治理的有效性。伴随苏北地区经济发展与相关政策的不断推进，在考虑各地区实际发展情况和苏北各湖泊特点的基础上，通过现状剖析、实证研究以及绩效研究和国内外湖泊总结研究，提出本书的苏北湖泊保护战略，包括以下几个方面：

首先，区分湖泊保护与湖泊治理，湖泊治理是湖泊保护的内容之一，在湖泊资源与周边环境不断恶化的情况下，促进湖泊水资源的合理利用与产业的合理调整是湖泊保护的重要目标，湖泊周边环境与基础建设包括湖滨带、缓冲区等，同时也需优化周边产业结构，协同推进湖泊保护进展。

其次，明确苏北地区湖泊保护的核心，在确保湖泊容纳能力有效恢复与不被破坏的基础上，以湖泊本体保护为主要的、基本的内容，实现湖泊资源的合理利用，保护湖泊水体各类生物资源的合理配置，提高湖泊保护意识，保护苏北湖泊水资源不被继续污染与破坏，同时在以上基础上协同湖泊周边区域规划建设与产业的合理规划，为苏北湖泊的保护与治理提供地理与经济上的双重保障，即下文所提出的湖泊保护中的绿色保护发展战略主要内容。

最后，湖泊保护是多层面的、多层次的，逐渐递进与完善的，有关法律与制度是重要保障，公民与团体的积极参与是加快进程的基础，二者结合有助于全面推进实施苏北地区的湖泊保护战略。

7.4 战略建议

苏北地区大大小小湖泊众多，与淮河流域、长江流域等联系密切，且经济发展有巨大潜力，但在发展过程中要避免“先污染后治理”的老路，应明确环境生态的保护对经济可持续发展的重要作用，而湖泊作为水资源、生物资源以及产业协调发展等的重要供应者，对推进生态效益与经济效益共同发展有重要作用。因此,在结合苏北地区发展特点与阶段的基础上,提出制度化保障、绿色保护发展、经济与环境协同发展、多元共治四大苏北湖泊保护战略。制度化策略是苏北湖泊保护的法律性、政策性保障,是推进湖泊保护的主要内容,在各个环节都发挥作用;绿色保护发展战略是湖泊保护的主体内容,明确主要问题并进行针对性的合理规划治理;经济与环境协同战略是苏北湖泊保护的最终目标,同时贯穿湖泊保护各环节;多元共治战略要求政府、职能部门、企业、社会媒体、公众各自明确责任与义务,在能力范围内为湖泊保护贡献力量,并加强信息交流,提高湖泊保护与治理的效率与有效性。苏北湖泊保护各战略间相互联系,相互依赖,湖泊保护的相关部门应从大局出发,以全局的思想与理念对待苏北湖泊的保护与治理,推动环境与经济的共同发展。

7.4.1　制度化保障战略

(1) 河湖长制政策的保障

河湖长制政策是典型的地方性环境治理政策,是随着水污染的日益严重逐渐被提出与运用的制度性保障措施。河湖长制,顾名思义,即让每一条河流都有河长、每一个湖泊都有湖长,各级总河长和总湖长由对应的党政主要领导担任[182]。自 2007 年无锡太湖暴发蓝藻危机后,无锡市政府首先开始尝试推行河湖长制,并取得显著成效,而后在江苏省全省不断推进与实行。随着污染的加重与国家及地方的重视,国家不断出台相关政策文件,将河湖长制纳入有关指导意见中,在全国范围内全面推行河湖长制。江苏省作为湖泊水域面积较大的省份,湖泊治理一直处于政策的先行位置,2018 年 8 月,江苏省在全省湖泊实施湖长制,建立"一湖一档"五级湖长体系;《江苏省在全省湖泊实施湖长制意见》明确,全省境内所有湖泊实现湖长制全覆盖,建立健全省、市、县(市、区)、乡(镇、街道)、村(居委会)五级湖长体系。同时苏北各市在河湖长制方面的建设也有很大推进,淮安市政府于 2018 年 10 月出台《关于进一步加强湖长制工作的实施方案》,明确在全面推行河长制的基础上,进一步全面推行湖长制,加强湖泊保护管理,改善湖泊生态环境,维护湖泊健康生命,实现湖泊功能永续利用;盐城市政府于 2018 年印发《盐城市全面推行湖长制工作实施方案》,建立健全市、县(市、区)、镇(街道、园区)、村(社区)四级湖长体系;宿迁市河湖长制建设严格实施,并于 2020 年被推选为十大河长制、湖长制激励市之一，有关部门加快推进《宿迁市2020年河湖长制工作要点》《宿迁市河湖长制“童年的河”行动方案》，大力实施河湖生态修复治理，深入开展全民护河活动，推动河湖治理和管护更加快速、高效、持久[183]。因此，江苏省及苏北地区各市重视河湖长制的建设与推进，并不断出台相关政策文件作为支撑，河湖长制是治理保护湖泊的有效手段，应继续加快建设，促进一体化管理，推进机制、体制与技术的协调统一发展。

整体上看，河湖长制实施四级（或五级）湖长管理体系，自上而下，由总到分，共同治理与保护湖泊。苏北部分地区在总文件指导下，结合当地湖泊实际情况，建立了独特的组织领导架构，如洪泽湖作为苏北地区的重要湖泊，政策先行，网格化管理模式责任到人，区域管理划分明确细致，在水资源保护工作、水污染防治工作、生态湿地建设等方面取得显著成效。由于各地区差异，政策性建议的实施需因地制宜，不可一概而论。骆马湖加强监督管理措施，对过度捕捞、点面源污染问题等严格管控；白马湖形成组织合力，有效恢复湖泊水域面积，加强生态建设等；微山湖作为跨省际湖泊，人员组织管理是湖泊保护的关键。目前河湖长制政策已相对完善，但仍存在一定的问题，包括各职能部门尚未形成合力，实施不充分，存在利益冲突；河（湖）长制资金保障不足，无法充分发挥作用；湖泊流域的协同治理机构不完善，无法有效推进治理进程等。因此，河湖长制应在现有的指导性文件基础上，根据实际情况不断更新与递进，国家及省市级、县级政府应逐步递进，同时相互监督与影响，共同参与与合作，在实施层次分明的湖长政策的基础上，相应湖长充分发挥领头作用，明确相应规章与职责范围，突出重点，均衡治理。

（2）完善湖泊保护相关法律法规

法制化条款可有效规范各主体行为，从而改进目前湖泊管理现状。我国湖泊管理法律制定的基石有《中华人民共和国水法》《中华人民共和国防洪法》《中华人民共和国环境保护法》等，在此基础上，结合湖泊资源的特色，制定总领性与地方性法律法规、政策等。近年来，我国湖泊立法发展较快，如江西省、湖北省及江苏省都出台了省市级地方综合性湖泊保护条例；云南等省针对滇池、抚仙湖等重要湖泊还制定了“一湖一策”性质的地方性专门法规[184]；太湖流域还出台了层级更高的《太湖流域管理条例》等，在湖泊保护区域主体、划分标准、治理的针对性等方面有所改善与提高。但现有法律条例主要讨论对于非法采砂、围网养殖等“禁止性”、“限制性”行为的惩罚及湖泊中心保护区域的内容，而对以湖泊为中心的生态系统中的缓冲带、过渡区建设有所忽略，这对湖泊整体流域的改善不利；同时，当前省市湖泊保护条例存在诸多片面性，只考虑单功能或双边利益，局限性较强，缺乏全面性与条理性。因而，当前法制化发展不健全，非法采砂、围湖造田、非法排污等行为时有发生，一是法律意识的缺乏及宣传力度较低，二是法律本身强度不足，惩罚性措施未落到实处，监管体制未发挥有效作用[185]。

湖泊是集多功能为一体的复杂生态区域，资源为多方所开发利用，但资源的有限性决定其必须以法律手段规制行为，要基于生态效益与经济效益协调共进发展理念，以湖泊保护为实质内容，拓宽法律的广度，加强法律的深度，由全国性湖泊到地方性湖泊，深入分析了解现状，提高法律条例的针对性、可实施性与有效性，将法律进行横向扩展而不仅是纵向发展。同时，湖泊组织管理涉及多职能部门，因而并不是一对多的关系，而是多对多的联系。水产部门要限制捕捞等生产活动，农业部门要及时对湖泊水质与土壤进行监测，环保部门需特别关注湖泊污染物总量与类别，行政部门着重强调区域的总体规划与人员管理等。这说明湖泊的综合治理需多方的合作，《渔业法》（围网养殖）《河道管理办法》《水土保持法》等环境相关法律与湖泊保护管理条例相辅相成，相互监督与改进[186]。例如，对于城镇生活污染造成的水体污染，可以根据《固体废物防治法》规范处理城市生活垃圾收集处理问题；对于船舶造成的水体污染，可以根据《航运法》加强船舶污染治理，增强航道污染防治能力，制定相关船舶污染防治措施。各部门需要加强信息共享，避免一方先进、一方落后的局面，协调步调一致，共同商讨确定，国家与地方立法、执法部门应明确产业与产业间的依存关系，衡量多方面因素，明确对应责任，落实法律相应机制。

湖泊的治理是一项长期性的任务，随着经济的发展，其保护内容也在不断更新与补充。法律法规是政策实施的保障，能有效推动各个项目的进展，是在综合经济现状与环境保护现状的基础上设立的，最终目标是实现资源的有效配置与经济的可持续发展。环境与资源的破坏涉及多利益主体，存在矛盾与冲突，因此苏北湖泊治理的法律支撑一定和多利益主体有关。生态补偿机制对相关利益主体作出了阐述，并规定了补偿主体、补偿客体、补偿范围等，但我国及地方对生态补偿机制的构建与研究尚集中于政策性文件，暂未有明确法律规定，因而在实施过程中受到严重影响，生态补偿相关利益主体在实践中难以依法确定其权利义务关系，存在地方违法性行为、各职能部门消极怠工等现象，同时对生态补偿的内涵规定不统一，无法明确限定生态补偿的有关标准与对象。从国家立法层面上看，2015 年修订的《环境保护法》增加了有关生态保护补偿的规定，其第三十一条规定："国家建立、健全生态保护补偿制度[186]。国家加大对生态保护地区的财政转移支付力度。有关地方人民政府应当落实生态保护补偿资金，确保其用于生态保护补偿。国家指导受益地区和生态保护地区人民政府通过协商或者按照市场规则进行生态保护补偿。"《水污染防治法》第八条以及《水土保持法》第三十一条等都对生态补偿与生态补偿效益进行有关规定，2003 年施行的《退耕还林条例》，对退耕还林中的规划、造林、管护、检查验收、资金和粮食补助等等作了较为全面的规定，《自然资源保护条例》《森林法实施条例》等的相关规定则比较泛泛，不够详细[186]。在地方立法层面[187]，浙江省出台的《浙江省生态环保财力转移支付试行办法》，成为全国第一个实施省内全流域生态补偿的省份；2012 年《广东省生态保护补偿办法》出台；江苏省在 2007 年颁布《江苏省太湖流域环境资源区域补偿试点方案》，2008 年江苏省政府常务会议审议并通过了《江苏省环境资源区域补偿办法》，2014 年江苏省人大常委会批准《苏州市生态补偿条例》，2015 年苏州市政府又随后制定了《苏州市生态补偿条例实施细则》，为生态补偿的综合性立法进行了初步的地方性尝试。但生态补偿文件的出台目前多集中于经济发达地区，这与经济发展进程密切相关，苏北地区由于所处相对滞后的发展阶段，对湖泊流域的生态补偿相关措施未充分重视，因而应有目的、有意识地转变职能部门与地方政府的传统发展思想，构建生态效益与经济效益共同发展的管理与实施机制。在国家不断推进《生态补偿条例》的情形下，各省市级地方政府应加快跟进，从而实现统一的生态补偿综合性法规与不同类型、领域的单行法规或规章并行的局面。在此基础上，《生态补偿条例》应当以行政补偿基本理论为根基构筑起生态补偿的基本法律规则，《民法典》合同编以及物权编应当融入环境保护的相关制度以体现"绿色化"理念[186]。至于目前倡导较多的市场化补偿、社会化补偿等应当落入政策调控范畴。此外，《环境保护税法》也是推进环境经济发展的重要法律文件[189]，对大气污染物、水污染物、固体废弃物和噪声进行征税，从而促进企业污染物排放的减少，有利于促进产业结构调整和转型升级，通过优化资源配置和提高效率来实现调控经济的功能，引导资源向低消耗和低污染的产业和地区集聚，提高整个经济系统的效率和绿色竞争力。同时还应考虑对消费税、资源税等现有税制进行绿色化改良，如逐步将污染产品税纳入消费税征收范围，将资源税税率进行改革，以体现矿产开采的生态破坏成本和各个产业发展特点，有针对性地实施改革，提高效率。加大环保税法的法制化程度，使机制更加规范透明，有利于促进形成公平竞争的市场环境，苏北地区政府的全面跟进有利于提高其产业与市场竞争力，从而实现经济与生态效益双赢的局面，真正实现可持续发展。

7.4.2　绿色保护发展战略

（1）源头治理，控制污染物排放

湖泊富营养化是当前中国湖泊中最为普遍的问题，引起营养化的是水中过高的氮磷含量及不符合标准的比例，根本原因在于污染物排放的增加。随着生活水平的提高和工业化进程的加快，生活废水、工业废水及农业面源污染成为氮磷含量增加的主要诱因。同时，入湖河流水质及航行船只对湖泊污染现象也有重要影响。

根据2020年《中国生态环境状况公报》中对全国112个重要湖泊（水库）水质监测结果，劣Ⅴ类湖泊比重在治理下相比2019年下降1.9个百分点，大多数湖泊处于中营养状态，富营养状态湖泊约占29%。同时苏北湖泊水质监测结果未达预期目标，营养化程度多数处于中轻度。2019年，洪泽湖淮安片区水质为Ⅴ类，属中度污染，宿迁片区水质达标；云龙湖综合营养状态为轻度富营养化，与往年相比无明显变化；白马湖总体水质达标，综合营养状态属轻度富营养化。

污染主要指标为总氮、总磷、高锰酸盐指数，根据相关文献研究，可将污染源分为内源污染与外源污染，内源污染包括湖泊底泥、饵料及鱼类等排泄物；外源污染主要指陆域面源污染，也包括点源污染[190]。就洪泽湖而言，其化肥农药施用量超国家平均水平近1.5倍，农业灌溉大多是传统方式，造成环洪泽湖区域氮磷处于盈余状态，农业面源污染严重。为促进水质改善，应实施科学种植、减少化肥农药使用量，大力发展有机农业，引用先进技术，为保证措施的有效性，可设立科学试验区，在湖泊范围内推广时，要考虑到湖泊不同位置水质的差异，如湖区北部与南部因入湖河流的差异在水质方面存在较大差别[191]；加强对排放污水的处置工作，提高固体废弃物处理的技术，加强管控，对随意排放行为予以惩罚，提高企业与公众的自觉性；湖泊底泥的溶氧能力造成的湖泊的二次污染随季节呈现一定的规律性，可采用生物法、化学法及工程措施进行改善，对底泥进行分解及疏浚工作，减少底泥的溶氧行为和底泥总量[192]；对湖区内的养殖业实施科学化管理，合理规划养殖规模，推广生态化养殖模式，减少饵料的投放，控制氮磷含量。

湖泊与入湖河流关系密切，河流水质对湖泊水影响较大，河流的泥沙、水流速度等对湖泊泥沙的淤积和湖泊实际深度有决定性作用。因此要规整入湖河道，对淤泥进行清洁处理，对入湖水质及水量实施实时监测，从源头进行污染控制；对航行船只的总量进行控制，对材料运用实施严格控制，尽量减少对湖泊的污染。

(2) 合理规划湖泊区域

根据苏北地区各市统计年鉴数据显示，近年来渔业产值呈持续增长模式，且比重有所增加。数据显示，围网养殖面积不断增加，已远远超出湖泊适宜养殖容量，洪泽湖 2007—2018 年湖区水面面积比 1970 年减少了 541 km^2，缩小了近 1/4；白马湖(建国初期)原有湖面面积 150 km^2，但近几十年来，受围湖造田、圈网(圩)养殖等人为活动影响，2017 年现状水域面积缩减至 82.68 km^2[193]，通过对围网养殖业等的有效规范，当前水域面积为 113.4 km^2；高邮湖自然水域面积呈缩减趋势，围网养殖区域面积增加，且由湖区边缘向湖泊内部不断扩大，但趋势放缓[194]。

湖泊的最基本功能是蓄水，但近年来因为渔业的发展，围网养殖、圈圩养殖等现象愈发增加，对湖泊蓄水功能与蓄水面积影响极大。一是在于鱼类的投放与饵料的使用对湖泊水造成的直接污染；二是养殖区不均衡的水生动植物数量对区域内及区域外生态功能的破坏；三是对湖泊水资源的不合理使用造成的水资源短缺。由前文数据可知，苏北地区湖泊自然水域面积与围网养殖区面积成反比关系，由于围网养殖行为与公众的经济利益直接相关，造成了当前渔业、养殖业的发展，但不合理的、过度的围网养殖会降低湖泊的承载力，破坏湖泊的蓄水、调节等功能。因此，各行政主管部门应加强宏观调控，在确定水域承载力和环境容量的基础上，主动合理调整水产养殖生产力布局，划定养殖区、明确禁养区，并对养殖业退出者依法给予合理补偿，避免社会问题和矛盾的发生[195]；推广养殖业机械化生产，水产机械的应用可以减少饵料和鱼药的使用，降低对水体的污染，提高水产品质量，增氧机的使用可以加快水体物质的循环，改善水质；调整农林牧渔产业的比重与结构，合理布局，保障湖泊生态功能的实现。同时，形成湖泊的多层级保护圈，例如湖滨带的设计、缓冲区的保护，减少对湖泊污染的直接冲击，分散或降低入湖污染物的浓度，提高湖泊的生态多样性与修复能力。对于湖泊周边的经济规划与设计，应充分考虑湖泊容纳特点，在合理利用湖泊资源的基础上，加强管理，保护湖泊功能不受损害，实现经济效益与生态效益共同发展的湖泊保护战略愿景。

(3) 维护提高湖泊容纳能力与生态多样性

湖泊本身即是一个生态系统，藻类、浮游动物等与湖泊泥沙、湖泊水维持在一个稳定平衡水平，而随着人类对湖泊的开发利用，调水、运水等各种工程的开发实施，逐渐超出了湖泊负荷能力，逐渐破坏湖泊生态功能，损坏了其原有的稳定平衡域。湖泊当前存在问题的机理一致，例如人类活动产生的污水、固体废弃物的排放、农药的过度使用等，致使湖泊内营养物质含量及比例超出标准水平，影响并阻碍湖泊原有生态过程，生态系统不复平衡稳定，水体自净能力、水域面积都呈现下降趋势，最终导致湖泊整体的能力下降或消失。湖泊恢复与治理是一个长期的过程，短期的围网拆除、退田还湖等措施成效并不显著，水生动植物的比例协调需长时间的自然恢复，但可通过前文中提及的污染物控制、养殖业的合理规划与机械化绿色生产为其恢复创造良好环境，同时，对湖泊进行科学调研，适量投放比例合适的水生植物、浮游动物类，促进水体循环，改善底泥淤积情况，提高水体自净能力，推进生态功能的恢复。

按照自然修复为主的方针，围绕“一湖四圈”加强生态保护及生态系统建设，实施退耕(退圩)、退塘还湖还湿，恢复湖泊自然岸线，实现河湖连通，增强湖泊自然修复能力和稀有物种保护等，确保湖泊生态系统、生态功能稳定[196]。

湖泊流域是一个复杂的生态系统，系统内水体、土地、植被和水生生物等各种要素都不是孤立的，它们处在一个相互联系的系统中，它们以复杂方式相互作用、相互依存而实现良性循环，人为割裂自然要素进行分别管理，势必会破坏生态系统的循环能力。因此要以生命共同体理念为指导，从生态系统完整性角度出发，补齐生态系统各要素的短板，实现生态系统内部各要素和谐共生，提高湖泊生态系统的稳定性。涉及湖泊生态系统的标准，如湖泊水生生物相关标准、沉积物相关标准、生态健康及安全标准等尚属空白，需进一步完善。

7.4.3 经济与环境协同发展战略

经济发展在超过一定限度时，资源被不断开发，对生态环境可持续发展产生不利影响。习近平总书记提出经济高质量发展的理念，强调经济高质量发展的同时要重视生态效益，其内涵包括绿色发展，需要依靠市场与经济手段进行调节。财政性手段最为直接与显著，对企业或个体实施征税，并予以相关主体生态补偿。征税与补偿实质上是两方的交互活动，本书所述征税的对象主要是企业，实施主体则为同级或上级政府；补偿对象则是下级政府以及相关企业，实施主体以中央政府为主，市场为辅。因而，双方活动是动态平衡的，只有一方的行为，无法取得预计成效，或者会造成环境保护与经济发展不平衡的加剧，只有依靠双方的共同参与和信息交换，才能共同提高生态效益与经济效益。

(1) 生态补偿机制的研究与实施

苏北地区大大小小的湖泊众多，洪泽湖、白马湖、微山湖等都属跨区域湖泊，相较而言，跨区域湖泊管理与治理更为复杂，需要部门与部门之间、区域与区域之间、上游与下游之间相互推动、共同治理。作为理性的最大经济利益的追求者，治污成本投入对各自的制约作用不一。对上游与下游政府而言，下游政府的湖泊水资源利用程度受限制较多，而上游水资源利用程度较高；下游通常情况下会付出比上游更高的成本投入，而上游治污费用的投入会出现权责不对等的情况（生产限度一定的情况下，治污投入只体现为收益账户的减少；下游是出于需要情形下的治理）。对于以上不协调的情况，国内外学者提出并建立了生态补偿模式，由政府给予治污补贴，提高治理效率。本书以洪泽湖为主要研究对象，就洪泽湖环境横纵向生态补偿合作治理污染问题，构建了分散式、集中式、引入成本分担契约的三种微分博弈策略，并使用逆向归纳法解得这三种策略的博弈均衡值，对宿迁、淮安两市政府的生态补偿机制的完善提出动态性的、稳定的策略建议。流域作为一种特殊的经济系统，上游地方政府做出的决策对流域整体环境往往具有最直接的影响，所以下游地方政府和中央政府应该优先考虑通过建立完善的纵向转移支付机制和签订成本分担契约来保证上游地方政府的长期受益。完善中央政府财政补偿机制，设立专项资金，同时调整生态补偿内容，作为转移支付收入的有效补充，优化资源配置；污染治理量和治理成本为反比关系，随着治理成本投入的增加，污染治理量会随之减少，因而双方或多方之间应加强合作，综合相关政策，提高治污积极性，提高生态治理效率；政府间的补贴系数设定，需要综合考虑多方面的因素，在确保基本利益不受损害的同时，在对其它方面有促进作用的前提下，合理商定各自的补偿系数，加强双方的合作治理，共同建设美好的湖泊生态环境。

苏北地区湖泊保护生态补偿绩效评价的四阶段 DEA 模型也表明，生态补偿技术的实施可有效改善洪泽湖的污染治理，绩效明显，政府应加大投入，合理制定生态补偿的财政政策。本书结合引文分析法和主成分分析法，确定相应的投入产出指标，而后进行生态补偿绩效分析，选取生态补偿拨款金额、集中式污水处理设施数量、湖泊保护从业人员数作为四阶段 DEA 分析的投入指标；选择农业废水排放量、所在地区降水量作为四阶段 DEA 分析的产出指标，探究分析了环境变量对生态补偿效率的影响，结果表明政府对于生态补偿的资金投入与治理效率的提高成正比，因此地方政府应加大对生态补偿的公共投入，对当前有关洪泽湖湖泊生态补偿的财政政策进行系统梳理并且创新地对我国有关湖泊生态补偿的财政政策进行构建是关系到洪泽湖生态补偿实践成功的关键，这与博弈分析结果一致，都表明政府资金投入对生态补偿机制实施的重要性。同时，政府自身的管理以及彼此间的合作也是促进实施的重要内容，应重视湖泊治理与保护，作为渐进性目标而非阶段性目标，实时管理与监测，提高生态补偿治理的效果与效率。

(2) 水环境污染税的设计与研究

科斯定理指出，只要财产权是明确的，并且交易成本为零或者很小，那么，无论在开始时将财产权赋予谁，市场均衡的最终结果都是有效率的，实现资源配置的帕累托最优；在交易费用不为零的情况下，不同的权利配置界定会带来不同效益的资源配置。

当前湖泊产权界定较不明晰，存在公共物品属性危险，与此相应的排污权交易当前已有较快发展，排污费的制定有不同的标准，但在经济收益与生产发展的制约下，排污费用占总生产效益的百分比较低，因而乱排放、不按标量排放现象时有发生。随着环境保护与经济的发展，排污税相应出现，替代排污费的征收，提高了征收范围的同时有了法律保障的加持，对改善湖泊环境污染，促进环境保护与生态效益有重要作用。因而本书运用一般均衡模型(CGE)对江苏省整体进行了水环境污染税的分析，根据2017年江苏省投入产出表，编制了江苏省SAM表，通过引入环境模块到传统的CGE模型中，构建适用于研究水环境污染税的环境CGE模型，并设置四种不同的税率，研究不同税率对水污染物减排、宏观经济、行业产出和贸易结构产生的影响，从而提出相应的策略建议。水环境污染税的征收可以促进减排工作的进行，但当前水污染税标准过低且存在不合理现象，应适当提高水污染税水平，促进环境改善；宏观经济指导水污染税的制定，水污染税与GDP、企业收入、进出口量等呈负相关，且税率越高，表现越明显，因而水环境污染税的制定应考虑苏北各地区不同的发展情况，设定不同的税率标准，确保合理有效，环境税政策应循序渐进；不同行业有不同的发展特点与需要，水污染排放重点行业受水污染税影响最大，因而税收政策应因地制宜，并且需要和税收减免或者补贴政策结合使用，在保证调整产业结构的同时不过分损害发展；水污染税征收在贸易进出口方面也有负向影响，对重污染行业进出口影响最大，水污染税的征收能够减少重污染行业产品的进出口，增加清洁行业的竞争力，减少贸易顺差在环境方面带来的影响。综合来看，水污染税的作用在于有效规范水污染重点行业和相关行业的环境保护行为，根据苏北各地市的不同特点，制定不同的税收标准，结合税收减免与补贴政策，合理有效地进行政策的调整，循序渐进，提高各行业的接收力度，持续性地进行湖泊环境治理与保护。

(3) 产品次优税率的设计与研究

农业发展相较于工业发展起步早，作为首先带动经济发展的产业以及农业自身的特点和发展的限制性，在不同发展阶段，国家对其施以不同的政策，总体上是实施优惠的利农政策，如税收减免和相应的补贴。但农业的粗放、无序发展对土地、水资源等造成了不同程度的破坏，工业企业有固定排放点，污染量容易观测与计量，而农业分布较为分散，且农业生产主体在文化程度、认知程度方面有较大差异，因而造成农业面源污染的不断扩散，对资源与农业可持续发展产生不利影响。苏北地区相比江苏省的苏中、苏南地区，农业仍占据相对主要位置，且近年来农药、化肥、塑料薄膜等的使用量也呈增加趋势，给经济的总体发展和产业的协调发展带来压力，因此，在追求生态与经济效益协调发展的战略愿景下，运用合理有效的环境经济手段有极大的必要性。对农业面源污染的税费研究已有较多学者提出，点源污染的稳定性与可估量性，决定了排污税的有效性，而面源污染的广泛性与不确定性则不适用，选用次优税率下的产品税率则能克服高监督成本与不易测量的缺点，直接对农药、化肥、塑料薄膜等输入品按照价格或者施用量进行征税，税基简单且容易管理，能有效提高政府治理的积极性；同时综合运用相应的补贴政策，避免产品税的征收对农户造成经济利益的损失，促进有机环保农业的发展，推动绿色农业的发展，实现机械化、智能化发展。苏北五市各自经济发展水平不一，连云港、徐州发展相对较好，在农业产品税制定时应考虑经济发展状况，但差距不宜过大，避免利益投机行为，从而提高产品税征收的有效性。农业面源污染的税补政策仍处于发展中，有较大发展潜力，但目前发展不完善，且借鉴经验较少，相关政策指导者与制定者应以长远的目光分析发展情况，以长期投资收益作为发展目标，不应简单追求短期利益与自身利益。湖泊保护与环境保护对经济发展具有正向的、长期的可持续发展效用，应切实改变相应理念与信念，推动促进农业的绿色发展。

7.4.4　多元共治战略

（1）动态更新清单，提高治理效率与有效性

湖泊自身及周边情况是在不断变化中的，且随着治理工程的开展，湖泊的水质情况也在不断更新，不同周期下的水质监测结果会表现为不同水质类型，从而影响政府及有关部门的下一步工作开展。对湖泊的实时监测以及相应的湖泊清单的动态更新有利于促进湖泊保护与治理的效率。因此，应关注湖泊治理成效和湖泊本身以及周边的情形变化，从多方面进行综合考察，同时，考察对比不同湖泊特点，分湖泊进行阐述。通过对国外湖泊相关文献研

究发现，可以借鉴美国湖泊清单的建立经验[206]，研究论证湖泊清单的准入条件，充分利用水利普查、卫星遥感数据、生态环境保护信息化工程等资源，将完善湖泊清单纳入地方申报江河湖泊生态环境保护专项资金的前置条件，并动态更新湖泊水域面积，根据实际面积确定准入标准。从国家层面来看，重视对湖泊的监测并加强相关技术的应用，设立重点湖泊保护名录，明确我国重点湖泊监管对象，综合考虑行政跨界、湖面面积、水深、使用功能、生境等因素，实施我国湖泊的国控、省控、市控等分级管理。具体来看，江苏省在2021年3月修订了2005年颁布的《江苏省湖泊保护名录》，规定省级以及市级管理湖泊，从而为其项目管理申报以及湖泊治理提供有效支撑。但从时间跨度来看，间隔较长，且特点变化不明显，职能管理部门也会不同程度地忽视小型湖泊的管理，从而对湖泊所在流域造成不可挽回的损失。因此，江苏省应充分发挥引导作用，缩短湖泊清单修编时间，及时动态更新，为苏北以及江苏其他地区湖泊保护与治理提供基本依据，苏北地区应根据省级文件，明确不同湖泊所处层级管理地位，并根据宿迁、淮安、盐城、连云港和徐州各地的地理位置以及湖泊流域，明确管理范围，细化湖泊管理内容，设定苏北五市各自的重点治理名录，申报和确定专项治理资金，提高湖泊治理和保护的有效性，提高项目进展的效率，进而促进湖泊恢复与生态性的提高。

(2) 明确责任，实行分级分层管理

河(湖)长制的实施需要组织管理体系的建构，包括内部结构与外部结构。内部是指实施湖长体系相应的组织构架，外部则指其他相应各个职能部门。河(湖)长制在不同地域有不同划分，主要由省、市、县、乡(村)体系构成，受总领性文件指导，具体建构根据各地实际情况，上一级湖长对下一级湖长有领导与监督职权，同级湖长共同合作与交流，促进信息化湖长体系的建立，共同推进湖泊治理。同时，湖泊资源的公共性与非排他性决定其不可独立治理的特点，湖泊受多职能部门管辖，包括水产、渔业、林业、交通、环保、水利、公安等10多个职能部门。他们共同参与管理，但职能分割的湖泊管理体制导致多部门在湖泊保护上都有职责，但都无法单独履行湖泊保护的所有职责，因而体制不顺，条块分割，管理权责极不明晰[197]。各政府职能部门在具体的管理上，存在着“水面陆地分散管理，水量水质分别管理，湖岸湖心不同管理，物理、化学和生物单独管理”的问题。已经建立的管理制度偏重于“线状”水域管理，而不能充分体现和结合湖泊的“面状”特点，从而导致这些通用的水域管理制度在应用于湖泊管理时，存在严重的“线面不同”问题，上下级之间、部门之间、地区之间协调不够，存在“多头管理，各自为政”的现象。

《江苏省湖泊管理条例》第六条中规定“本省境内的洪泽湖、太湖、骆马湖、微山湖、里下河腹部地区湖泊湖荡、白马湖、高邮湖、宝应湖、邵伯湖、滆湖、长荡湖、石臼湖、固城湖，除水利部流域管理机构直接管理的外，由省水行政主管部门管理”。同时，“其他湖泊由设区市、县（市、区，下同）水行政主管部门管理，城市市区内的湖泊按照现有管理权限进行管理”，“跨行政区域的湖泊，由共同的上一级水行政主管部门或者其授权的水行政主管部门实施管理”。以洪泽湖为例，属省属湖泊，成立省洪泽湖管理委员会对其实施管理，但在具体履职时各成员单位尺度把握不一致、衔接配合不够，特别是在水环境整治上没有形成合力，各部门之间没有统一的协调管理机制。沿湖各县区、乡镇在洪泽湖的管理上各行其道，对洪泽湖的开发与利用力度逐步扩大，对洪泽湖的管理与保护却没有随之跟进，导致涉湖违法建设、围网养殖、非法圈圩、非法采砂、违规排放等现象屡禁不止。

管理体制与组织对湖泊治理与保护至关重要，管理的失效造成湖泊问题不断涌现，要有效改善当前湖泊管理，要处理好各职能部门之间的关系，正确修正、改进管理体制，加强各部门之间的联系与合作，建立信息共享机制，确保信息的透明化、公开化；加强湖泊的实时监测，科学合理地解决湖泊存在的问题；改进“线状”管理模式，实施“网格化”管理，将湖泊保护范围进行网状划分，各职能主体在相应范围内发挥作用和履行职责，相互协调，形成管理闭环，实施现代、主动、定量和系统的管理[199]。

此外，需要明确的是湖泊保护应是自上而下，而后由下及上的互动模式。湖泊保护涉及多主体、跨区域相关内容，湖泊归属权及所有权由其地理位置决定，整体上由中央政府统一管辖，省级政府总体负责，地方市级政府组织管理与执行。首先，湖泊保护应符合国家统一规划，省市级政府根据经济发展情况、环境保护、水资源特征等要求下发具体湖泊保护政策与内容，对于跨省湖泊，政府相关负责人应沟通协调，信息共享，对于湖泊的规划、保护达成一致意见，有效实施相关政策，实现湖泊水资源的合理、有效利用与保护；其次，国家与省市级政府是宏观调控者，总体规划与财政政策都由他们制定，但制定过程中不可忽略社会的影响与作用，包括企业、媒体、环保组织等。企业既是用水者也是供水者，湖泊的运水、储水、调水等功能与企业息息相关，技术的研发与创新可有效改善湖泊水质情况，良好的运行系统有助于效率的提高，同时企业要减少向湖泊水排放污染物，重新调整与建设排水系统，重新选择、建立排水路径，避免与湖泊水的直接往来；媒体是重要的中介力量，应正确发挥信息的作用，起到正确引导作用；此外，湖泊保护的基本个体是公民，公众对湖泊水资源的影响是持续的、最直接的，公众应意识到湖泊保护的重要性，改进日常行为，发挥湖泊治理与保护的主体作用，发挥监督作用，积极反馈湖泊治理有关的信息。综上，应建立以政府为主导，社会组织、公众多元参与的保护机制；明确各级各部门的责任，加强信息共享，完善组织管理体制，促进“网格化”管理模式的实施。

(3) 加强监测，构建完备的湖泊评价体系

湖泊治理与保护的前提是对湖泊情况的全面了解，情况了解的来源是对湖泊的全面动态监测，实时把握湖泊的实际情况。但由于当前湖泊管理部门的监管力度较差，各部门间合作不足，信息共享以及信息的透明化未达预期目标，导致湖泊的监测力度缺乏，湖泊治理内容与实际情况不相符，重点存在偏差，降低了湖泊治理的有效性，延迟了湖泊保护等项目的进展，同时，尚未广泛应用先进技术，也导致监测工作的推进遇到障碍。因此，为了充分推进湖泊保护，提高治理效率，应完善国家、省级、市级重点湖泊信息化管理系统，利用环境卫星加强遥感监测，形成水陆空“三位一体”监测网，加强湖泊蓝藻水华预警平台建设，强化湖泊水生态监测网络建设，实时掌握湖泊水环境变化情况，防止生态退化或灾变[197]。综合相关法律、河(湖)长制以及环境与经济考核评价体系，加强各市级政府和职能部门的实际监测工作，保障工作的顺利、有效开展，实现部门间的合作与信息共享[200]。

湖泊各项工作的实时推进有利于湖泊的恢复，具体恢复程度与下一步工作内容的制定需要从不同方面对湖泊进行评价。不同湖泊有不同特点，受污染情况不同，治理重点也存在较大差异，对湖泊与周边建设的工作内容也不同，以洪泽湖为例，江苏省与宿迁、淮安市级政府近年来重视洪泽湖生态系统的恢复与建设，并建立洪泽湖湿地以及旅游观赏区，从而提高洪泽湖区域的整体生态环境，同时也增加了经济效益；白马湖的富营养状态通过有效治理，

转为轻度富营养化，湖泊水质状况良好，水生态系统进一步恢复。因此，考虑苏北地区和其他湖泊的分区特征，以及行政管理部门的跨省际特点，应尽快建立包括湖泊生态、休闲娱乐、富营养化评价的方法体系，重点评价湖泊是否能支撑水生态植物及动物的种群、湖泊的娱乐适用性及藻类毒性的暴露风险、基于叶绿素的营养态评价。研究种群损失指标、生物完整性指数的适宜性，建立我国的浮游植物及浮游动物的种群评价方法，为全面评估各湖泊生态状况提供借鉴，进而协助其他各项工作的进行。

(4) 完善绩效考核评价体系

我国要建成富强、民主、文明、和谐、美丽的社会主义国家，就要把生态建设摆在重要位置，将相应环境指标纳入考核体系，改变原有的以经济发展为重的评价体系。但由于相互竞争的关系及监督体系的不完善，以及最根本的以经济利益为主的刻板理念难以改变，该项措施未全面落到实处。苏北地区相较苏南、苏中，经济发展相对落后，地区间的不平衡一直存在，竞争无法避免，而对应的环境与生态则被放于下位，缺乏关注。但另一方面，近年来，湖泊水质监测工作不断加强，地方政府已逐渐意识到资源发展的重要性，逐步将环境改善理念融入目标与计划中，部分地区实施的环境改善考核体系的具体内容需要进一步完善与改进。

经济对环境有明显的溢出效应，环境改善要消耗经济成本与机会成本，对宏观经济调控有一定的负向效应，但从长期发展来看，会由负向转为持续的正向，因而，环境评价指标体系的构建及其与经济指标的综合考量非常有必要，国家、地方以及各部门应明确、细化环境指标，综合多种制定标准，坚持可操作性原则、公平性原则与有效性原则，分别考核、分别管理。由于苏北相比全省所处发展阶段的差异，在设定相关评价考核体系时，可以以省级政策为指导，但不完全应用，应该有效综合实际发展情况，如洪泽湖的治理相比高邮湖、白马湖等治理较为完善，且成效显著，原因主要在于面积大以及问题的影响程度较为深远，从而促使有关部门加强对其的治理和监管，建立有针对性和适应性的考核评价体系，因此，实地考察和意见的广泛征收有重要意义。此外，从经济学的角度来看，湖泊保护与治理的相关利益主体都是“经济人”，都是在“有限理性”的基础上，因此，为了有效推动考核评价体系的实施，需要建立和其相统一的物质激励政策，促进地方和职能部门、公众、社会团体等的实际行动，为美丽家园的建设共同努力。

(5) 提高公民湖泊保护意识

湖泊作为共有资源，同时具有非竞争性和非排他性两种特征。这使得所有群体、公众都拥有对湖泊的使用权，同时也无法阻止他人对湖泊资源的滥用，而形成“搭便车”现象，最终导致“公地悲剧”，这源于公众对资源配置认知的不足。在公民未被约束时对湖泊资源过度使用，却又未承担相应责任，权不对责，损坏资源的同时降低了效率。从居民活动来看，对湖泊造成危害的有过度围网养殖、化肥农药的过度使用、生活污水的直接排放、垃圾处理方式的不当等，满足自身利益需求后，未支付相应的使用费用，付出相应的代价，从而使湖泊面积缩减，功能日益下降，富营养化程度加剧。另外，公众对湖泊保护参与度不高的原因则是与自身利益存在矛盾，养殖业、航运业、种植业是湖泊周边居民收入的重要来源，而在对湖泊保护规划工作中，与居民个人预期不符，从而对相关治理保护工作消极应对。

公众作为湖泊保护的重要基础力量，政府应重视培养公众意识，加强宣传，加强信息公开的透明度，提高公众参与度。可以将加强公众参与的内容分为三个层面，一是立法层面，二是公共决策层面，三是公共治理层面。苏北地区公众应充分发挥法律赋予的参与权，积极听取与参与政府召开的各项会议，向政府反映湖泊污染的有关问题、不法行为与事件，发表对政府湖泊治理与保护的意见；湖泊是与群众生活息息相关的，周边公民的居住环境与湖泊自身有很大关系，湖泊受污染严重，不仅影响供水量及用水价格，对住房价格、景观价值及相关契约签订也有很大影响，对湖泊的治理与改造都应征集群众意见，使得群众参与规划整合，提高群众参与的积极性；湖泊治理与保护应在恰当的时间与范围内展开，湖泊是公共资源，治理也是整个社会共同的责任，公众应在自身能力条件下，积极参与湖泊治理，参加环保组织的志愿者服务，传播湖泊保护的意义与重要性。理论知识的学习是基础，通过政府公布的环境白皮书、学校教育、新闻媒体等途径，学习环境保护政策、法律，参加环保科普教育活动，深入了解苏北湖泊的环境状况、湖泊保护政策和法律，提升环境保护意识，积极参与湖泊流域与湖泊保护的交流活动，积极宣传，增强积极性；实践是成功的必经路径，当与自身利益发生冲突时，公众应积极配合在科学发展观指导下的湖泊治理与保护政策，实现水资源的可持续发展与利用，而不是追求短期利益，充分参与各种环保组织，为湖泊资源的保护贡献一份力量。

（6）促进社会媒体的共同参与

报刊、电视、广播等传统媒体的优势在于其拥有丰富的信息采集与编辑人才、强大的财力物力支持以及长期积累的舆论引导实践经验；而网络媒体、移动端媒体、数字报纸杂志等新媒体的优势则在于其具备交互性、即时性、海量性、共享性等特性，拥有大量不同年龄、职业、文化程度的受众[201]。随着科技的日新月异，传播手段不断丰富，新媒体逐渐成为新闻媒体和社会公众交换思想观点的重要平台。可见，传统媒体与新媒体间的优势互补开辟出多样化舆论传播途径，使新闻舆论引导力在更大范围内发挥正能量“放大效应”。正因如此，新闻媒体发挥舆论引导作用时应该综合利用新老媒体的优势，把握正确新闻舆论的主动权和控制权。首先，苏北各市新闻媒体应当及时捕捉舆情热点，增强对洪泽湖、骆马湖、白马湖等湖泊热点问题的预见性。通过对湖泊环境保护方面的舆情热点形成、发展的规律分析，新闻媒体可以总结出公众关注相关湖泊问题的焦点、相关舆情热点出现的规律，并根据以往经验做出合理的预测。其次，在苏北湖泊治理领域出现舆情热点的初期，本地新闻媒体应该主动为舆论“设定议程”，通过正面宣传挤压各种负面的、偏激的言论生存空间。再就是，当社会讨论热度暂时消减时，新闻媒体不应该立即转移对舆论事件的关注，而应该进行持续追踪报道。新闻媒体作为公众的“眼睛”，应当发挥舆论监督作用，持续向公众反馈政府治理工作和“问题企业”履行整改承诺的实际情况。

同时，苏北各地的临湖企业及与湖泊生态建设有关的企业应主动贯彻绿色发展战略指导思想，践行绿色经营模式构建企业治污减排管理体系，走绿色合作互助的道路。社会民间团体受众普遍，限制性较少，有关环保组织应充分发挥“政社”间的“桥梁”作用，建设环保组织联盟，从而壮大湖泊保护力量、加强公信力建设、扩大群众基础，进而优化环保组织与企业之间的互动关系，进行适时合理的培训，促进人才队伍的发展。通过公民意识的提高、传统与新兴媒体的传播与引导、企业的绿色发展以及环保社会组织的力量，共建、培养苏北地区湖泊环境共治的公共精神和社会认同，实现合作网络的有效衔接，推动湖泊保护治理进展，实现湖泊生态系统的有效恢复。

7.5 本章小结

苏北地区经济正处于调整期与发展期，在推动经济增长与战略实施布局方面，应避免“先污染后治理”的传统路径，相比发展完善的地区，苏北地区有更大的改进空间与上升空间，因此，更要以环境生态保护为抓手，促进经济与环境的协同发展。湖泊及其所拥有的资源对相关产业的可持续发展与结构调整发挥重要作用，对人文、生态景观的建设有重要影响，从而在整体上表现地区或城市的全局面貌，影响其他地区的城市建设与策略调整。

本章在前文基础上，总结了湖泊现状与存在的问题，结合当前湖泊与流域研究的主要方法以及湖泊调查问卷，从湖泊保护、经济与生态效益协同发展战略目标与愿景出发，提出制度化保障、绿色保护发展、经济与环境协同发展以及多元共治战略，以期为苏北地区湖泊保护提供合理有效的建议。湖泊治理是一项长期的、持续的、综合的、复杂的、科学的系统工程，既需要全局观，同时又要注重个体差异；需要政府的领导与监督，也要求公民、社会的共同参与；既要重视湖泊水体治理，也需关注周边建设与重新规划；组织管理体系是实施的基础，但不能忽视对考核体系的重新完善；政府是主要的政策颁布者，经济手段是重要的辅助；法律是湖泊保护的基本保障，也需确保可行性与公开参与性。总结而言，湖泊保护需要由上及下，分级分层次管理，明确保护目标，确定保护内容，进行针对化的治理，并加强实时监测与管理。政府是主要参与者与领导者，关系到湖泊保护的内容、主体、范围以及湖泊周边的整体规划；企业、社会媒体是重要践行者与宣传者，企业与湖泊治理存在利益关系，在确保利益不受损害或接受补偿的情形下，要重视对环境与生态治理的承诺，切实执行；社会媒体是重要传播媒介，宣传湖泊保护的重要性、保护的成果及与湖泊和生活的紧密性，促进公众参与的主动性；公民是实行的基本单元，也是政策落实的终端，同时又对上级领导者有监督作用，传递真实信息，从而避免实施内容的滞后性与空洞性，与政策上游实现信息的循环。政府通过动态实时更新湖泊保护成效与内容上的改进，提高治理保护的效率，推动经济发展，促进生态效益、社会效益、经济效益三者的协调发展，提高资源配置与资源利用效率，促进城市与地区建设。

附　录

苏北地区湖泊保护调查问卷

尊敬的女士/先生：

您好！为持续打好蓝天、碧水、净土保卫战，湖泊治理至关重要。为探寻苏北地区湖泊保护有效途径，为苏北地区的湖泊保护战略制定和生态保护政策实施提供实质性的依据和指导性的建议，需要您的配合，该问卷大约需要十分钟完成，调查完全匿名，您的认真填写对我们的研究至关重要，感谢您的配合！

对象：农户

一、农户对湖泊现状的认知（在答案处填写对应选项 1、2、3、4、5）

问题	选项	答案
1. 您平时是否关心湖泊水质问题？	1＝非常不关心；2＝不关心；3＝一般；4＝关心；5＝非常关心	
2. 您对湖泊水质污染的了解状况是？	1＝非常不了解；2＝不了解；3＝一般；4＝了解；5＝非常了解	
3. 您所在地区湖泊水质是否被污染？	1＝没有污染；2＝污染；3＝不知道；	
4. 您获取湖泊水质信息的途径？	1＝亲眼所见；2＝电视、广播、报纸；3＝政府的宣传教育；4＝听别人说的；5＝不清楚	
5. 您是否同意您所在地区湖泊的水质与前十年相比变差了？	1＝非常不同意；2＝不同意；3＝不一定；4＝同意；5＝非常同意	
6. 您所在地区湖泊水质的污染程度是？	1＝较轻；2＝一般；3＝严重	
7. 您所在地区湖泊水质污染的主要表现是？	1＝气味，水有异味；2＝颜色，颜色浑浊；3＝湖滨浮游生物增多；4＝生活垃圾；5＝不清楚	

（续表）

问题	选项	答案
8. 您是否了解您所在地区湖泊水质污染的来源？（可多选）	1＝工业企业排污；2＝农业化肥流失；3＝畜禽粪便排放；4＝生活污水排放；5＝生活垃圾；6＝不清楚	
9. 您是否同意湖泊水质污染对空气环境有影响？	1＝非常不同意；2＝不同意；3＝不一定；4＝同意；5＝非常同意	
10. 您是否同意湖泊水质污染会影响村民/居民健康状况？	1＝非常不同意；2＝不同意；3＝不一定；4＝同意；5＝非常同意	
11. 您是否同意周边居民/村民有必要保护所在地区湖泊水质	1＝非常不同意；2＝不同意；3＝不一定；4＝同意；5＝非常同意	
12. 您认为目前当地政府对湖泊水质污染情况的重视程度为？	1＝不重视；2＝一般；3＝重视；4＝不清楚	

二、农户行为（在答案处填写对应选项1、2、3、4、5）

问题	选项	答案
1. 您所在村、镇、社区宣传过湖泊保护知识吗？	1＝经常；2＝偶尔；3＝没有；4＝不清楚	
2. 您家对生活垃圾有分类处理的习惯吗？	1＝经常；2＝偶尔；3＝没有	
3. 您目前处理垃圾的方式主要是？	1＝露天焚烧；2＝随意丢弃；3＝固定垃圾堆放点；4＝其他（请补充）	
4. 您所在村、镇、社区的垃圾集中收集后如何处理？	1＝集中焚烧；2＝填埋；3＝倾倒在湖泊堤坝上；4＝不知道	
5. 您对于农药瓶、电池等有毒垃圾如何处理？	1＝随意丢弃；2＝丢进附近湖泊；3＝丢入垃圾箱；4＝回收变卖；5＝其他	
6. 您所在的村、镇或社区是否有固定的垃圾箱并足够满足大家的需要？	1＝有且够用；2 有但不够用；3＝有但不知道够不够用；4＝没有	
7. 您在种植过程中对化肥的依赖程度如何？	1＝无依赖；2＝轻微；3＝一般；4＝依赖；5＝非常依赖	
8. 您所在村、镇、社区会提供测土配方施肥技术服务吗？	1＝经常；2＝偶尔；3＝没有；4＝不清楚	
9. 您是否采用过测土配方施肥技术？	1＝是；2＝否	
10. 您会对植物秸秆进行综合利用吗（如秸秆肥料化等）？	1＝经常；2＝偶尔；3＝没有	
11. 您会对畜禽粪污进行综合利用吗？	1＝经常；2＝偶尔；3＝没有	

三、湖泊环境及影响因素调查(在答案处填写对应选项1、2、3、4、5)

问题	选项	答案
1. 性别	1=男;2=女	
2. 年龄	1.18～30岁;2.31～40岁;3.41～50岁;4.50岁以上	
3. 家庭月均收入	1.1 000～2 000;2.2 000～3 000;3.3 000～4 000;4.4 000～5 000;5.5 000及以上	
4. 家庭主要收入来源	1. 农业种植;2. 养殖业;3. 外出打工;4. 个体	
5. 是否从事与养殖业相关工作	1=是;2=否	
6. 您认为湖泊当前规划是否合理	1=是;2=否	
7. 是否承认湖泊与生活息息相关	1=是;2=否	
8. 所在地是否设立专门的湖泊保护管理处	1=是;2=否	
9. 您认为湖泊保护应由谁负责	1=政府;2=谁破坏谁负责;3=公民	
10. 您认为经济增长与环境保护是否矛盾	1=是;2=否	
11. 您是否同意征收环境保护税	1=是;2=否	
12. 若组织湖泊保护志愿活动,会不会积极参加	1=是;2=否	
13. 是否愿意为环境保护做出一定牺牲	1=是;2=否	

14. 您认为你们村所在地区湖泊环境问题严重吗?(在答案处填写对应选项1、2)

问题	选项	答案
1. 富营养化程度	1=严重;2=不严重	
2. 湖泊面积萎缩	1=严重;2=不严重	
3. 湖泊生物资源退化	1=严重;2=不严重	
4. 入湖污染物增加	1=严重;2=不严重	
5. 湖泊数量减少	1=严重;2=不严重	

注:1. 富营养化程度:在人类活动的影响下,生物所需的氮、磷等营养物质大量进入湖泊缓流水体,引起藻类及其他浮游生物迅速繁殖,水体溶解氧量下降,水质恶化,鱼类及其他生物大量死亡的现象。

2. 湖泊面积萎缩:内流湖泊面积缩小的原因是蒸发旺盛,过度取水,环境污染。外流湖泊面积缩小原因一般是围湖造田,泥沙淤积和环境污染。

3. 湖泊生物资源退化:物种减少,鱼类资源种类减少,湖泊水生植被严重退化,覆盖度下降。

4. 入湖污染物增加:湖泊水质下降明显,部分湖泊水质不达标。

15. 您认为下列原因是导致湖泊富营养化的成因吗?(在答案处填写对应选项1、2)

原因	选项	答案
1. 生活污水排放	1=是;2=否	
2. 工业废水排放	1=是;2=否	
3. 化肥污染	1=是;2=否	
4. 集约化养殖污染	1=是;2=否	
5. 垃圾污染	1=是;2=否	
6. 空气污染	1=是;2=否	

16. 您认为下列原因是导致湖泊面积萎缩的原因吗?(在答案处填写对应选项1、2)

原因	选项	答案
1. 气候变化	1=是;2=否	
2. 土质原因	1=是;2=否	
3. 过度开发(植被减少、水土流失)	1=是;2=否	
4. 围湖造田、围湖养鱼	1=是;2=否	
5. 过度引用(农业灌溉、工业用水)	1=是;2=否	
6. 人类工程(修建水库、市政建设、旅游业及房地产开发的热潮)	1=是;2=否	

17. 您认为下列原因是导致湖泊生物资源退化的成因吗?(在答案处填写对应选项1、2)

原因	选项	答案
1. 水域环境恶化	1=是;2=否	
2. 养殖污染	1=是;2=否	
3. 放养水产动物的品种单一	1=是;2=否	
4. 涸泽而渔	1=是;2=否	
5. 生物入侵	1=是;2=否	

（续表）

原因	选项	答案
6. 设施的不合理建造	1=是;2=否	
7. 养殖技术科技含量低，种质资源退化	1=是;2=否	

18. 您认为下列原因是导致湖泊污染物增加的成因吗？（在答案处填写对应选项1、2）

原因	选项	答案
1. 自然污染	1=是;2=否	
2. 工业废水污染	1=是;2=否	
3. 农业污染	1=是;2=否	
4. 生活污水污染	1=是;2=否	
5. 垃圾污染	1=是;2=否	
6. 空气污染	1=是;2=否	

19. 针对湖泊治理情况，您认为下列湖泊治理的措施有用吗？（在答案处填写对应选项1、2）

措施	选项	答案
1. 湖长制建设	1=有用，2=没用	
2. 政府干预度（政府专项整治工作完成率）	1=有用，2=没用	
3. 公众对湖泊景观的满意度	1=有用，2=没用	

注：1. 湖长制建设：

①严格湖泊水域空间管控，严格控制开发利用行为；

②加强湖泊岸线管理保护，实行分区管理，强化岸线用途管制；

③加强湖泊水资源保护和水污染防治，落实最严格水资源管理制度和排污许可证制度，严格控制入湖污染物总量；

④加大湖泊水环境综合整治力度；

⑤开展湖泊生态治理与修复；

⑥健全湖泊执法监管机制。

2. 政府干预度：指对湖泊管理的行政手段。

3. 公众对湖泊景观的满意度：公众对于湖泊景观环境的主观评价。

20. 针对湖泊服务，您认为公众对下列湖泊治理的措施的满意度是怎么样的？（在答案处填写对应选项1、2）

措施	选项	答案
1. 水资源供应率	1=满意,2=不满意	
2. 水环境净化程度	1=满意,2=不满意	
3. 水生态维持情况	1=满意,2=不满意	
4. 水安全调蓄能力	1=满意,2=不满意	
5. 水文化景观适宜指数	1=满意,2=不满意	
6. 生态补偿	1=满意,2=不满意	

注:1. 水资源供应率:指在一定时间内,为用户实际供应水资源物资数量与用户计划水资源物资需要量的比值,是否满足人们的生活要求。

2. 水环境净化程度:衡量从原水中除去污染物的净化效果好坏的指标,通过该指标可将水用作不同的用途。

3. 水生态维持情况:水生态维持情况可用水生态健康指数构成,水生态健康指数由水生生物和水质两大部分指数加和而成,水生生物指数的高低主要反映水生生物完整性的状况,水质指数则反映水质的好坏。

4. 水安全调蓄能力:要从流域整体着眼,把握洪水发生和演进规律,进一步优化流域防洪工程布局,提高河道泄洪能力,增强洪水调蓄能力,确保分蓄洪区分蓄洪功能,保证水安全调蓄能力。

5. 水文化景观适宜指数:评定水文景观对于人们生活是否适宜以及适宜的程度。

21. 您认为以下农业生态补偿方式有用吗?(在答案处填写对应选项 1、2)

方式	选项	答案
1. 资金补偿	1=有用,2=没用	
2. 增加实物	1=有用,2=没用	
3. 技术补偿	1=有用,2=没用	
4. 政策补偿	1=有用,2=没用	
5. 教育补偿	1=有用,2=没用	

参考文献

[1] 朱卫彬. 洪泽湖管理与保护体制探析[J]. 水利发展研究，2011(10)：46-49,66.

[2] 刘劲松，戴小琳，吴苏舒. 基于河长制网格化管理的湖泊管护模式研究[J]. 水利发展研究，2017(05)：9-11,14.

[3] 范成泰，朱兴华. 洪泽湖的水域变迁及保护[J]. 河海大学学报，2000,28(增)：56-61.

[4] 郑丙辉，曹晶，王坤，等. 水质较好湖泊环境保护的理论基础及中国实践[J]. 湖泊科学，2022，34(03)：699-710.

[5] 申震，张磊，沈军，等. 高邮湖水环境质量评价与分析[J]. 黑龙江工程学院学报，2019，33(06)：28-32.

[6] 李树平，刘遂庆. 城市排水管渠系统[M]. 北京：中国建筑工业出版社，2009.

[7] 吴人韦. 支持城市生态建设：城市绿地系统规划专题研究[J]. 城市规划，2000,24(04)：31-33.

[8] 李敏. 现代城市绿地系统规划[M]. 北京：中国建筑工业出版社，2002.

[9] 莫琳，俞孔坚. 构建城市绿色海绵—生态雨洪调蓄系统规划研究[J]. 城市发展研究，2012,19(05)：4-8.

[10] 张维理，徐爱国，冀宏杰，等. 中国农业面源污染形势估计及控制对策Ⅲ. 中国农业面源污染控制中存在问题分析[J]. 中国农业科学，2004,

37(07):1026-1033.

[11] 付菊英,高懋芳,王晓燕.生态工程技术在农业非点源污染控制中的应用[J].环境科学与技术, 2014, 37(05):169-175.

[12] 周美跃.以农业服务体系重构防治农业面源污染[D].上海:复旦大学, 2011.

[13] 柴世伟,裴晓梅,张亚雷,等.农业面源污染及其控制技术研究[J].水土保持学报, 2006,20(06):192-195.

[14] Scheel H. Undesirable outputs in efficiency valuations [J]. European Journal of Operation Research,2001,132(02):400-410.

[15] Fare R,Grosskopf S, Pasurka CA,et al. Substitutability among undesirable outputs [J]. Applied Economics,2012,44(01):39-47.

[16] 王根绪,程国栋,徐中民.中国西北干旱区水资源利用及其生态环境问题[J].自然资源学报,1999,14(02):109-116.

[17] 王红娟,姜加虎,李新国.岱海湖泊岸线形态变化研究[J].长江流域资源与环境,2006,15(05):674-677.

[18] 王俊,冯伟业,张利,等.呼伦湖水质和生物资源质量监测及评价[J].水生态学杂志,2011,32(05):64-68.

[19] 王苏民,窦鸿身.中国湖泊志[M].北京:科学出版社,1998.

[20] 张振克,杨达源.中国西北干旱区湖泊水资源-环境问题与对策[J].干旱区资源与环境,2011,5(02):7-10.

[21] 郑松林,罗丽萍.巴里坤湖水质18年变化及水资源保护方案研究[J].环境科学与技术,2011,34(08):85-88+119.

[22] 周驰,何隆华,杨娜.人类活动和气候变化对艾比湖湖泊面积的影响[J].海洋地质与第四纪地质,2010,30(02):121-126.

[23] 左其亭,马军霞,陈曦.博斯腾湖水体矿化度变化趋势及调控研究[J].水科学进展,2004,15(03):307-311.

[24] 张守营.加强长江经济带重要湖泊保护和治理探索推进重要湖泊自然资源统一确权登记[N].中国经济导报,2021-11-26(01).

[25] 陈彬,高长安,张美一,等.水专项突破湖泊内源污染治理成套技术为白洋淀内源污染治理试点提供技术支撑[N].中国科学报,2021-11-25

(02).

[26] 余冬元,汪东亮.浅水湖泊水体富营养化治理技术研究进展[J].中国资源综合利用,2021,39(06):95-97+101.

[27] 赵华,张先智,肖娴.氮磷营养盐控制与湖泊蓝藻水华治理研究进展[J].环境科学导刊,2021,40(03):12-15.

[28] 刘永,蒋青松,梁中耀,等.湖泊富营养化响应与流域优化调控决策的模型研究进展[J].湖泊科学,2021,33(01):49-63.

[29] 王洪铸,王海军,李艳,等.湖泊富营养化治理:集中控磷,或氮磷皆控?[J].水生生物学报,2020,44(05):938-960.

[30] 羊向东,董旭辉,陈旭,等.长江经济带湖泊环境演变与保护、治理建议[J].中国科学院院刊,2020,35(08):977-987.

[31] 刘韩,王汉席,盛连喜.中国湖泊水体富营养化生态治理技术研究进展[J].湖北农业科学,2020,59(01):5-10.

[32] 徐若冰.湖泊水体富营养化的来源、危害及治理研究[J].环境与发展,2019,31(04):56+58.

[33] 王圣瑞,段彪.我国湖泊富营养化及保护治理需求[J].民主与科学,2018,45(05):21-24.

[34] 李军.湖泊富营养化治理技术探究[J].科技创新与应用,2017,32(34):50+52.

[35] 熊春茂.科学治理保护湖泊服务湖北绿色发展[J].中国水利,2017,22(18):9-11.

[36] 王圣瑞,李贵宝.国外湖泊水环境保护和治理对我国的启示[J].环境保护,2017,45(10):64-68.

[37] 王书明,蔡萌萌.基于新制度经济学视角的“河长制”评析[J].中国人口·资源与环境,2011,21(09):8-13.

[38] 沈晓梅,姜明栋.基于DPSIRM模型的河长制综合评价指标体系研究[J].人民黄河,2018,40(08):78-84+90.

[39] 李红梅,祝诗羽,张维宇.我国“河长制”绩效评价体系构建研究[J].环境与发展,2018,30(11):207-209.

[40] 姜明栋,沈晓梅,王彦滢,等.江苏省河长制推行成效评价和时空差

异研究[J]. 南水北调与水利科技,2018,16(03):201-208.

[41] 熊烨,周建国. 政策转移中的政策再生产:影响因素与模式概化——基于江苏省"河长制"的 QCA 分析[J]. 甘肃行政学院学报,2017(01):37-47+126-127.

[42] 章运超,王家生,朱孔贤,等. 基于 TOPSIS 模型的河长制绩效评价研究——以江苏省为例[J]. 人民长江,2020,51(01):237-242.

[43] 左其亭,郝明辉,姜龙,等. 幸福河评价体系及其应用[J]. 水科学进展,2021,32(01):45-58.

[44] 沈坤荣,金刚. 中国地方政府环境治理的政策效应——基于"河长制"演进的研究[J]. 中国社会科学,2018(05):92-115+206.

[45] 王美慧,唐德善,尚静. 基于 G1-EVM-SPA 模型的河长制实施效果及协调发展度评价[J]. 中国农村水利水电,2022(01):21-27.

[46] Constanza R, Mageau M. What is a healthy ecosystem? [J]. Aquatic Ecology,1999,33(01):105-115.

[47] Karr J R. Defining and measuring river health [J]. Freshwater Biology,1999,41(02):221-224.

[48] Vugteveen P, Leuven R, Huijbregts M, et al. Redefinition and Elaboration of River Ecosystem Health: Perspective for River Management [J]. Hydrobiologia, 2006, 565(01):289-308.

[49] Kim J Y, An K G. Integrated Ecological River Health Assessments, Based on Water Chemistry, Physical Habitat Quality and Biological Integrity [J]. Water,2015,7(11):6378-6403.

[50] 孙然好,魏琳沅,张海萍,等. 河流生态系统健康研究现状与展望——基于文献计量研究[J]. 生态学报,2020,40(10):3526-3536.

[51] 冯文娟,李海英,徐力刚,等. 河流健康评价:内涵、指标、方法与尺度问题探讨[J]. 灌溉排水学报,2015,34(03):34-39.

[52] 高凡,蓝利,黄强. 变化环境下河流健康评价研究进展[J]. 水利水电科技进展,2017,37(06):81-87.

[53] 周上博,袁兴中,刘红,等. 基于不同指示生物的河流健康评价研究进展[J]. 生态学杂志,2013,32(08):2211-2219.

[54] 谢孟星,钱新,刘彤,等. 基于微生物完整性指数的河流健康评价——以无锡市为例[J]. 环境科学学报,2020,40(03):1112-1120.

[55] 王莉,于鲁冀,徐聪. 清洁河流的内涵与定义初探[J]. 四川环境,2017,36(02):34-39.

[56] 刘欢,杨少荣,王小明. 基于河流生态系统健康的生态修复技术研究进展[J]. 水生态学杂志,2019,40(02):1-6.

[57] 徐斌,杨悦锁,王咏,等. 生态修复工程条件下污染河流水质模拟和应用[J]. 应用生态学报,2017,28(08):2714-2722.

[58] 百度百科. 洪泽湖概况[EB/OL]. [2018-09-18] https://baike.baidu.com/item/%E6%B4%AA%E6%B3%BD%E6%B9%96/322834?fr=aladdin.

[59] Fletcher R, Buscher B. The PES Conceit: Revisiting the relationship between payments for environmental services and neoliberal conservation [J]. Ecological Economics, 2017,132(02):224-231.

[60] 李胜. 跨行政区流域水污染府际博弈研究[D]. 长沙:湖南大学,2011.

[61] 毛显强,钟瑜,张胜. 生态补偿的理论探讨[J]. 中国人口·资源与环境,2002,10(04):40-43.

[62] Yu H, Xie W, Yang L, et al. From payments for ecosystem services to eco-compensation: Conceptual change or paradigm shift? [J]. The Science of the total environment,2020,700(01):134627.

[63] 庞洁,靳乐山. 基于渔民受偿意愿的鄱阳湖禁捕补偿标准研究[J]. 中国人口·资源与环境,2020,30(07):169-176.

[64] 污水过境,洪泽湖大量鱼蟹死亡 环保部门:系特大暴雨自然洪灾造成[EB/OL]. 中国青年报. [2018-09-18]. http://www.why.com.cn/epaper/webpc/qnb/html/2018-09/18/content_69906.html.

[65] Coq J F L, Froger G, Pesche D, et al. Understanding the governance of the PES programme in Costa Rica: a policy process perspective [J]. Ecosystem services, 2015(16) : 253-265.

[66] 曲超,刘桂环,吴文俊,等. 长江经济带国家重点生态功能区生态补

偿环境效率评价[J]. 环境科学研究,2020,33(02):471-477.

[67] 刘小娜. 基于 PCA-DEA 的中国区域生态效率研究[J]. 山西科技,2019,34(01):33-36+42.

[68] 卢子芳,邓文敏,朱卫未. 江苏省生态环境治理绩效动态评价研究——基于 PCA-SBM 模型和 TFP 指数[J]. 华东经济管理,2019,33(09):32-38.

[69] 柯丽娜,阴曙升,刘万波. 基于 CiteSpace 中国海洋生态经济的文献计量分析[J]. 生态学报,2018,38(15):5602-5610.

[70] 吕靖,张新放. 基于主成分分析法和三阶段数据包络分析模型的港口效率评价[J]. 水运管理,2018,40(06):10-12+27.

[71] 权进民,周圣,史本山. 基于主成分和数据包络分析的四川省投资环境效率评价[J]. 财经科学,2013(09):116-124.

[72] Fried OH, Lovell A K C,Schmidt S S,et al. Accounting for environmental effects and statistical noise in data envelopment analysis [J]. Journal of Productivity Analysis,2002,17(1-2):157-174.

[73] 赵晶晶,葛颜祥,接玉梅. 基于 CiteSpace 中国生态补偿研究的知识图谱分析[J]. 中国环境管理,2019,11(04):79-85.

[74] 聂莹,樊胜岳. 西部民族地区生态治理政策公共价值分析与绩效评价——以内蒙古翁牛特旗为例[J]. 中央民族大学学报(哲学社会科学版),2017,44(06):110-119.

[75] 孔德帅,胡振通,靳乐山. 草原生态补偿机制中的资金分配模式研究——基于内蒙古 34 个嘎查的实证分析[J]. 干旱区资源与环境,2016,30(05):1-6.

[76] 靳乐山,刘晋宏,孔德帅. 将 GEP 纳入生态补偿绩效考核评估分析[J]. 生态学报,2019,39(01):24-36.

[77] 陈宝新. 内蒙古草原生态补偿实践与效益评价研究[J]. 内蒙古科技与经济,2016,25(13):46-47.

[78] 薛颖. 跨界水污染治理中的地方政府合作研究——以洪泽湖水污染治理为例[D]. 南京:南京理工大学,2017.

[79] 葛察忠,高树婷,龙凤,等. 生态文明建设的环境财税架构[J]. 环境

保护,2012,49(23):26-28.

[80] 董战峰,郝春旭,璩爱玉,等.黄河流域生态补偿机制建设的思路与重点[J].生态经济,2020,36(02):196-201.

[81] 张永平.建立生态补偿机制的财政政策研究[J].中国国土资源经济,2007,39(08):21-23+47.

[82] 何可.苏州市生态补偿机制的问题与优化[D].苏州:苏州大学,2017.

[83] 李敏慧,马海龙.基于 CiteSpace 的生态承载力知识图谱可视化研究[J].河南科技,2019(35):12-14.

[84] 薛佳明,魏雯.基于 CiteSpace 知识图谱的中国河流生态修复研究进展[J].园林,2021,38(11):47-54.

[85] 周景博,冯相昭.流域绿色发展路径探索——基于生态系统服务供需平衡的视角[J].环境保护,2019,47(21):48-51.

[86] 吕望舒.踏上美丽中国新征程　谱写绿色发展新篇章[N].中国环境报,2021-11-19(01).

[87] 王珍.基于主成分分析的黄河流域生态环境质量评估研究[J].环境与发展,2021,33(03):74-79.

[88] 王金南,刘桂环,张惠远.流域生态补偿与污染赔偿机制研究[M].北京:中国环境出版社,2014.

[89] 赵金凯,杨万平.中国各地区绿色发展效率测算[J].统计与决策,2017,37(24):115-120.

[90] 侯娟.基于主成分分析及 TOPSIS 模型的山西省土地利用绩效评价研究[D].黑龙江:哈尔滨师范大学,2020.

[91] 蔡婉莹.基于主成分分析的陕西省工业生态化评价研究[D].西安:西安建筑科技大学,2015.

[92] 田雨丰.山西省大气环境管理绩效评价及提升研究[D].太原:山西财经大学,2019.

[93] 范丹.低碳视角下的中国能源效率研究[D].大连:东北财经大学,2013.

[94] 周志波,张卫国.环境税规制农业面源污染研究综述[J].重庆大学

学报(社会科学版),2017,23(04):37-45.

[95] 张晖,胡浩.农业面源污染的环境库兹涅茨曲线验证——基于江苏省时序数据的分析[J].中国农村经济,2009(04):48-53+71.

[96] 张锋,胡浩,张晖.江苏省农业面源污染与经济增长关系的实证[J].中国人口·资源与环境,2010,20(08):80-85.

[97] 赖斯芸,杜鹏飞,陈吉宁.基于单元分析的非点源污染调查评估方法[J].清华大学学报(自然科学版),2004(09):1184-1187.

[98] 葛继红,周曙东.农业面源污染的经济影响因素分析——基于1978—2009年的江苏省数据[J].中国农村经济,2011(05):72-81.

[99] 梁流涛,曲福田,冯淑怡.经济发展与农业面源污染:分解模型与实证研究[J].长江流域资源与环境,2013,22(10):1369-1374.

[100] 李正升.农业面源污染控制的一体化环境经济政策体系研究[J].生态经济(学术版),2011(02):254-256.

[101] 秦天,彭珏,邓宗兵,等.环境分权、环境规制对农业面源污染的影响[J].中国人口·资源与环境,2021,31(02):61-70.

[102] 司言武.农业非点源水污染税收政策研究[J].中央财经大学学报,2010(09):6-9.

[103] 罗倩文,姜松.农业面源污染治理的环境保护税政策改进[J].税务研究,2020(05):130-135.

[104] 胡保卫,李怀恩.农业非点源污染环境补偿机制研究[J].改革与战略,2009,25(03):103-105+137.

[105] 栾若芳,文高辉,胡贤辉.基于农户受偿意愿的农业面源污染治理生态补偿标准及影响因素[J].生态学杂志,2021,40(09):2954-2966.

[106] 郑云虹,高茹,李岩.基于环境规制的污染企业区际间转移决策[J].东北大学学报(自然科学版),2019,40(01):144-149.

[107] 李创.环境政策CGE模型研究综述[J].工业技术经济,2012,31(11):148-153.

[108] 黄英娜,王学军.环境CGE模型的发展及特征分析[J].中国人口·资源与环境,2002(02):36-40.

[109] Dixon P B. A general equilibrium approach to public utility pri-

cing: determining prices for a water authority [J]. Journal of Policy Modeling, 1990, 12(04):745-767.

[110] Berck P, Robinson S, Goldman G E. The use of computable general equilibrium models to assess water policies [J]. Economics & Management of Water & Drainage in Agriculture, 1990,52(03):489-509.

[111] Diao X, Roe T. Can a water market avert the "double-whammy" of trade reform and lead to a "win-win" outcome? [J]. Journal of Environmental Economics and Management,2003,45(03):708-723.

[112] Luckmann J, Grethe H, McDonald S. When water saving limits recycling: modelling economy-wide linkages of wastewater use [J]. Water research, 2016,88(01):972-980.

[113] Koopman J F L, Kuik O, Tol R S J, et al. The potential of water markets to allocate water between industry, agriculture, and public water utilities as an adaptation mechanism to climate change [J]. Mitigation and Adaptation Strategies for Global Change, 2017,22(02):325-347.

[114] Yahoo M, Othman J. Employing a CGE model in analysing the environmental and economy-wide impacts of CO2 emission abatement policies in Malaysia [J]. The Science of the Total Environment, 2017,584(01): 234-243.

[115] Janne J, Päivi M, Antti S. Public health and economic risk assessment of waterborne contaminants and pathogens in Finland [J]. The Science of the Total Environment,2017,599(01):873-882.

[116] 翟凡,冯珊,李善同. 一个中国经济的可计算一般均衡模型[J]. 数量经济技术经济研究,1997(03):38-44.

[117] 沈大军,梁瑞驹,王浩,等. 水价理论与实践[M]. 北京:科学出版社,1999.

[118] 周芳,马中. 基于CGE模型的水价改革影响研究——以重庆市为例[J]. 中国地质大学学报(社会科学版),2014,14(01):47-54+140.

[119] 夏军,黄浩. 海河流域水污染及水资源短缺对经济发展的影响[J]. 资源科学,2006(02):2-7.

［120］王克强，邓光耀，刘红梅. 基于多区域 CGE 模型的中国农业用水效率和水资源税政策模拟研究［J］. 财经研究，2015，41(03)：40-52＋144.

［121］邓光耀. 贸易政策调整对水资源环境影响的多区域 CGE 模拟研究［J］. 上海对外经贸大学学报，2020，27(03)：14-24.

［122］马骏，李亚芳. 基于环境 CGE 模型的江苏省水污染治理政策的影响研究［J］. 统计与决策，2019，35(06)：62-65.

［123］石敏俊，郑丹，雷平，等. 中国工业水污染排放的空间格局及结构演变研究［J］. 中国人口・资源与环境，2017，27(05)：1-7.

［124］邓祥征. 湖泊营养物氮磷削减达标管理［M］. 北京：科学出版社，2012.

［125］杨龙元，范成新，张路. 太湖典型地区工矿企业废水中主要污染物排放特征研究——以江苏溧阳市为例［J］. 湖泊科学，2003(02)：139-146.

［126］张欣. 可计算一般均衡模型的基本原理与编程［M］. 上海：格致出版社，2010.

［127］王灿. 基于动态 CGE 模型的中国气候政策模拟与分析［D］. 北京：清华大学，2003.

［128］梁伟，张慧颖，姜巍，等. 环境税"双重红利"假说的再检验——基于地方税视角的分析［J］. 财贸研究，2013，24(04)：110-117＋125：9.

［129］贺菊煌，沈可挺，徐嵩龄. 碳税与二氧化碳减排的 CGE 模型［J］. 数量经济技术经济研究，2002(10)：39-47.

［130］樊明太，郑玉歆. 贸易自由化对中国经济影响的一般均衡分析［J］. 世界经济，2000(04)：16-26.

［131］汤旖璆. 中国工业废水污染治理税收制度研究［D］. 沈阳：辽宁大学，2015.

［132］樊勇，籍冠珩. 工业水环境污染税税率测算模型的构建与应用［J］. 经济理论与经济管理，2014(09)：85-95.

［133］秦昌波，王金南，葛察忠，等. 征收环境税对经济和污染排放的影响［J］. 中国人口・资源与环境，2015，25(01)：17-23.

［134］丰茂武，吴云海. 湖泊富营养化的防治对策与展望［J］. 江苏环境科技，2007(01)：69-71.

[135] 朱颖，马骏，陈睿哲. 富营养化的湖泊[J]. 生态经济，2018，34(12)：4.

[136] Okubo T. Pollutants loadings to Lake Biwa from watershed and their influence on water quality of Lake Biwa [J]. Lake Biwa Res Inst Rep, 2003(22): 55-72.

[137] 余辉. 日本琵琶湖的治理历程、效果与经验[J]. 环境科学研究，2013，26(09)：956-965.

[138] Nakamura M. Water problems in Lake Biwa and its catchment. Water resource and environment of Lake Biwa [J]. Journal of Environmental Conservation Engineering, 1997, 26(01): 474-479.

[139] 於岳峰. 浅谈日本琵琶湖水环境治理经验[J]. 干旱环境监测，2006，(03)：184-186.

[140] 余辉. 日本琵琶湖流域生态系统的修复与重建[J]. 环境科学研究，2016，29(01)：36-43.

[141] Kondo Y, Fujisawa E, Ishikawa K, et al. Community capability building for environmental conservation in Lake Biwa (Japan) through an adaptive and abductive approach [J]. Socio-Ecological Practice Research, 2021, 3(02): 167-183.

[142] 田鸣，张阳，汪群，等. 河(湖)长制推进水生态文明建设的战略路径研究[J]. 中国环境管理，2019，11(06)：32-37.

[143] 夏朋，刘蒨. 国外水生态系统保护与修复的经验及启示[J]. 水利发展研究，2011，11(06)：72-78.

[144] 樊万选，方珺. 国外流域生态补偿对我国区域经济平衡协调发展的启示与借鉴[J]. 创新科技，2013(10)：8-10.

[145] 宋菲菲，胡小贞，金相灿，等. 国外不同类型湖泊治理思路分析与启示[J]. 环境工程技术学报，2013，3(02)：156-162.

[146] 吴湘玲，叶汉雄. 国外湖泊水污染跨域治理的经验与启示[J]. 中共贵州省委党校学报，2013(05)：77-81.

[147] 王明杰. 湖泊保护的公众参与模式探讨——日本琵琶湖治理经验的启示[C]. 首届中国湖泊论坛论文集，2011：512-515.

[148] Yamada K, Ono A, Hirai S. Basic study of process of decision making by citizens for environmental conservation of lake biwa [J]. Environmental Systems Research, 2005,33(01):423-430.

[149] Xie D T, Zhang W. Non-point source pollution control in the Great Lakes region of North America: Experience and enlightenment [J]. Journal of Southwest University (Natural Science Edition),2008,30(11):81-91.

[150] 王锋. 国际跨界流域治理经验分析及其启示[J]. 湖州师范学院学报,2017,39(05):1-8.

[151] Song A M, Hickey G M, Temby O, et al. Assessing transboundary scientific collaboration in the Great Lakes of North America [J]. Journal of Great Lakes Research,2016,42(01):156-161.

[152] Verweij M. Transboundary environmental problems and cultural theory:The protection of the Rhine and the Great Lakes [M]. Basingstoke/New York, Palgrave Macmillan,2000.

[153] Wu H, Gu S, Guo D, et al. Study on theory and practice of transboundary water resources management -A case study of the Great Lakes watershed [C]. 2011 International Conference on Management and Service Science,2011:1-3.

[154] 李媛媛,刘金森,黄新皓,等. 北美五大湖恢复行动计划经验及对中国湖泊生态环境保护的建议[J]. 世界环境,2018(02):33-36.

[155] 陈洁敏,赵九洲,柳根水,等. 北美五大湖流域综合管理的经验与启示[J]. 湿地科学,2010,8(02):189-192.

[156] 王玉明. 北美五大湖区城市群环境合作治理的经验[J]. 四川行政学院学报,2016(06):16-19.

[157] 刘星辰. 非政府组织如何有效处理跨国环境难题[J]. 区域治理,2019(44):99-101.

[158] 夏文博,朱青. 基于“城湖共生,绿色发展”理念的巢湖治理与保护策略研究[J]. 中国防汛抗旱,2018,28(12):30-32.

[159] 朱庆春. 巢湖水体富营养化成因分析及治理对策[J]. 安徽农学通

报,2017,23(09):97-98.

[160] 汪洁,栾敬东,马友华,等.巢湖农业面源污染控制的生态补偿措施和政策思考[J].中国农学通报,2009,25(02):295-299.

[161] 钱晟,陈荣,舒华.基于环保视角谈巢湖流域农村生态补偿机制的法律构建[J].环境与发展,2019,31(12):180-181.

[162] 吴明华.大湖治理的“巢湖模式”[J].决策,2016(10):18-21.

[163] 钱以兰.受污染湖泊的生态修复[J].资源节约与环保,2021(06):25-26.

[164] 孙星,周定财.太湖跨域水污染府际协作治理新路径[J].科学发展,2019(12):77-82.

[165] 朱玫.太湖流域治理十年回顾与展望[J].环境保护,2017,45(24):34-38.

[166] 胡惠良,谈俊益.江苏太湖流域水环境综合治理回顾与思考[J].中国工程咨询,2019(03):92-96.

[167] 孙翔,王玢,董战峰.流域生态补偿:理论基础与模式创新[J].改革,2021(08):145-155.

[168] 谈俊益,王子轩,林囿任,等.太湖流域多元化、市场化生态保护补偿机制研究[J].黑龙江粮食,2020(10):60-61+64.

[169] 邱德斌,刘阳.国外湖泊水环境保护和治理对我国的启示[J].中国标准化,2019(24):120-121.

[170] 陈昌仁,张立师.提高洪泽湖治理保护能力的思考[J].江苏水利,2021(04):58-60+65.

[171] 代晓炫,王丽影,杨戴思.河湖长制推行成效及经验探索[J].广东水利水电,2021(01):97-101.

[172] 刘谟炎.论中国湖长制的制度创新[J].中国井冈山干部学院学报,2018,11(02):108-116.

[173] 吴亚伟,王岚.国家“三湖”治理经验总结及其对巢湖生态文明示范区的启示[J].城市建设理论研究(电子版),2014,4(26):2014S5752.

[174] 唐荣桂,许静波.推进里下河湖区退圩(围)还湖的实践与研究[J].江苏水利,2021(04):29-32.

[175] Yamamoto K. Present state and future prospects for GIS as an environmental information system: A case study of land-use analysis in the Lake Biwa drainage basin [J]. Environmental Science, 2009, 22(02): 143-154.

[176] 虞孝感,Josef Nipper,燕乃玲. 从国际治湖经验探讨太湖富营养化的治理[J]. 地理学报,2007(09):899-906.

[177] 陈娟,陈锦. 我国湖泊流域水环境保护中存在的问题及对策分析[J]. 资源节约与环保,2017(10):44-45.

[178] 李宗礼,刘昌明,郝秀平,等. 河湖水系连通理论基础与优先领域[J]. 地理学报,2021,76(03):513-524.

[179] 叶春,李春华,邓婷婷. 湖泊缓冲带功能、建设与管理[J]. 环境科学研究,2013,26(12):1283-1289.

[180] 徐勇峰,陈子鹏,吴翼,等. 环洪泽湖区域农业面源污染特征及控制对策[J]. 南京林业大学学报(自然科学版),2016,40(02):1-8.

[181] 王洪铸,王海军,刘学勤,等. 实施环境-水文-生态-经济协同管理战略,保护和修复长江湖泊群生态环境[J]. 长江流域资源与环境,2015,24(03):353-357.

[182] 朱德米. 中国水环境治理机制创新探索——河湖长制研究[J]. 南京社会科学,2020(01):79-86+115.

[183] 朱程亮,王燕妮,龚甜甜,等. 宿迁实现河长制湖长制从"有名"到"有实"的思考与实践[J]. 治淮,2021(08):45-46.

[184] 刘佳奇. 我国湖泊保护区域划定的立法问题研究[C]. 区域环境资源综合整治和合作治理法律问题研究——2017 年全国环境资源法学研讨会(年会)论文集,2017:132-136.

[185] 陈星辰,李欣,何洋. 洪泽湖管理现状与对策思考[J]. 水利发展研究,2021,21(03):50-53.

[186] 李芳. 落实河长制推进湖长制:建立全流域管理维护良好生态环境[J]. 广西民族大学学报(哲学社会科学版),2018,40(06):204-209.

[187] 车东晟. 政策与法律双重维度下生态补偿的法理溯源与制度重构[J]. 中国人口·资源与环境,2020,30(08):148-157.

[188] 于君刚. 我国生态补偿法律制度体系的构建研究[J]. 兰州教育学院学报,2019,35(12):150-152+155.

[189] 葛察忠,龙凤,任雅娟,等. 基于绿色发展理念的《环境保护税法》解析[J]. 环境保护,2017,45(Z1):15-18.

[190] 宋磊. 我国湖泊污染现状及治理模式的探讨[J]. 化工管理,2020(02):46-47.

[191] 袁哲,奚璐翊,吴燕. 洪泽湖流域生态环境现状调查与研究[J]. 给水排水,2017,53(S1):77-80.

[192] 高俊峰,李睿. 中国湖泊保护与发展战略研究[J]. 世界环境,2012(04):22-24.

[193] 代丹,李小菠,胡小贞,等. 白马湖水污染特征及其成因分析[J]. 长江流域资源与环境,2018,27(06):1287-1297.

[194] 管玉莹,虞功亮,韩睿明,等. 近 30 年来高邮湖(含邵伯湖)自然水域面积变化及其影响因素[J]. 环境科学研究,2019,32(12):2057-2064.

[195] 常虹. 江苏湖泊管理保护实践与保护规划编制探讨[J]. 人民长江,2014,45(11):48-51+77.

[196] 王坤. 中国湖泊生态环境质量现状及对策建议[J]. 世界环境,2018(02):16-18.

[197] 郜志云,陈晓娟,文一,等. 美国湖泊调查评价技术及对我国湖泊生态环境管理的启示[J]. 中国环境管理,2020,12(01):18-23.

[198] 尤伟静,冯伦,张田田. 我国湖泊保护过程中存在的问题分析及对策探讨[J]. 环境保护与循环经济,2020,40(06):49-51.

[199] 唐荣桂,郑福寿,吴晓兵. 洪泽湖网格化管理探索[J]. 江苏水利,2017(03):34-36.

[200] 陈瑾,马欢欢,许悦,等. 湖泊生态环境保护监管能力建设与提升建议[J]. 环境保护,2017,45(17):72-74.

[201] 张世恒. 多元共治视角下的武汉市东湖治理研究[D]. 武汉:武汉科技大学,2018.